U0051789

前言

本書收錄基本款、口金設計等各種不同款式的波奇包，

依照不同款式以圖解說明作法，並詳細教學拉鍊及口金的安裝方法，

以及能漂亮地製作出完美袋形的小祕訣，

讓大家都能輕鬆上手，希望在製作波奇包時，本書能成為最好的幫手。

完全拼接圖解！

可愛風✕生活感の
拼布波奇包

82款初學者也能輕鬆完成的手作布小物

CONTENTS

基本款

拉鍊包款

※本書作品收錄自《パッチワーク拼布教室》部分內容編輯彙整而成。

依用途分類

獨特造型波奇包

各式口金包

基本款

{ 拉鍊包款 }

周圍滾邊後，加上拉鍊，對摺後組合而成的波奇包。
是十分適合初學者的入門作品。

對摺拉鍊波奇包

改變花朵設計，增加變化的3款組合。
以白底襯托出花朵貼布縫。
本體的配色則搭配花色選擇。

設計・製作／丸山靜江　15.5×23cm（3件相同）

作法

材料（1個的用量）

各式貼布縫用零碼布　台布25×15cm　A用布55×30cm（含滾邊部分）　棉襯、胚布、裡布各40×30cm　30cm拉鍊1條　No.3需要直徑1.2cm包釦用芯釦1個（No.2需要直徑1.2cm・No.1需要1.5cm包釦用芯釦各3個）　25號繡線適量

作法順序

在台布上進行花朵貼布縫→將A完成貼布縫後，製作表布→疊合棉襯及胚布後壓線→疊合裡布，周圍滾邊→裝上拉鍊→從底部中心正面相對，脇邊以捲針縫縫至拉鍊止縫處→縫合側身。

※包釦作法參考P.73

※原寸紙型&貼布縫圖案B面④

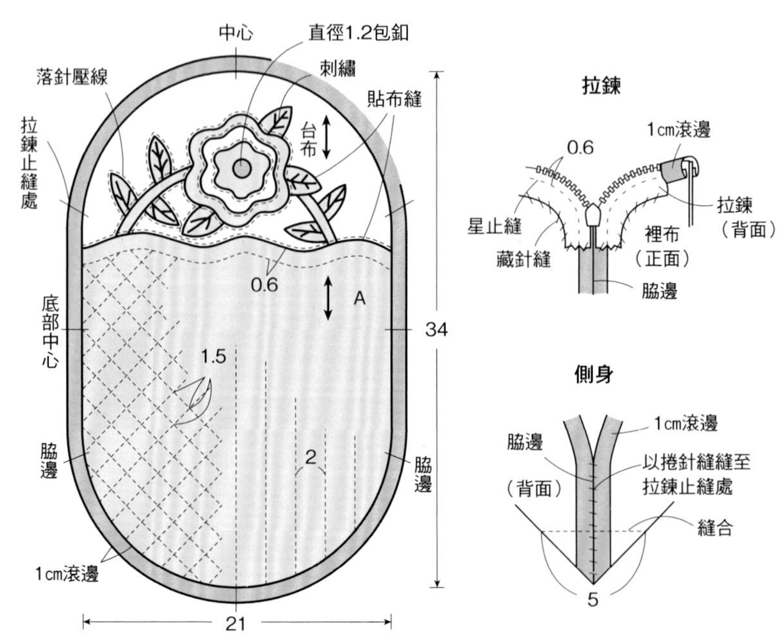

「扇子」造型波奇包

以珊瑚色的花朵圖案及浪漫的配色製作，
打開的「扇子」圖案，是畫面中的主角。

設計・製作／円座佳代　15×27.5cm

作法

材料

各式滾邊用零碼布　D至E用布30×25cm　滾邊用寬3.5cm斜紋布110cm　棉襯、胚布各40×30cm　30cm拉鍊1條　直徑0.3cm串珠12個

作法順序

滾邊A至E，製作表布→疊合棉襯與胚布後，壓線→周圍滾邊→裝上串珠→加上拉鍊→從底部中心正面相對，脇邊以捲針縫縫至拉鍊止縫處→縫合側身

※A至C原寸紙型A面②

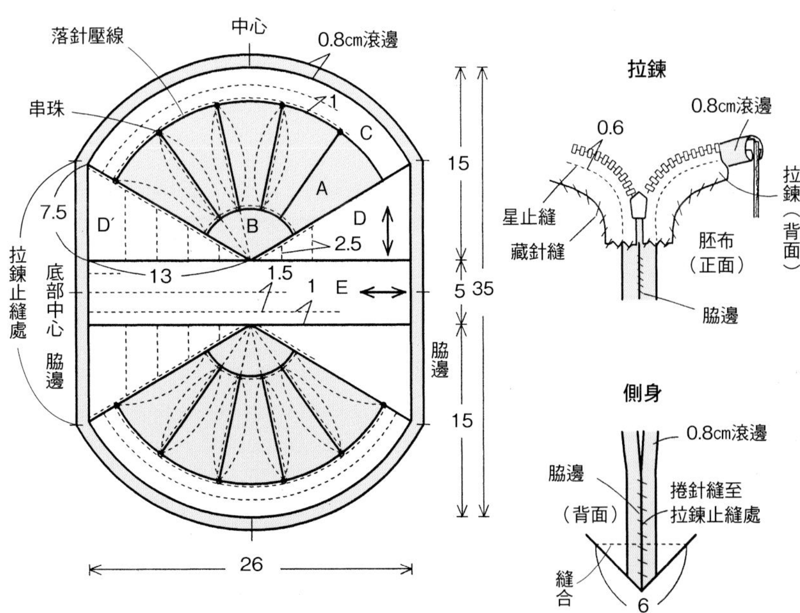

「雙重婚戒」・以一片布製作的波奇包

拼接圓形戒指圖案。
依對摺的位置不同，圖案的花紋也會隨之改變。

設計／加藤礼子　製作／阪野節子　9×22cm

[作法→P.75]

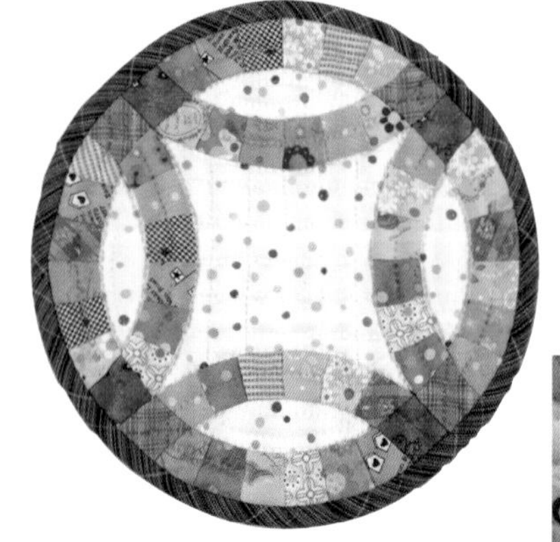

拆下拉鍊鍊頭拉把，
以繡線縫上牛角釦。

拼布波奇包

選用30's印花布製作的兩款作品。
各自使用同色系的零碼布，非常可愛。

設計・製作／橋本直子　8×17㎝（2件相同）

［ 作法步驟 → P.8 ］

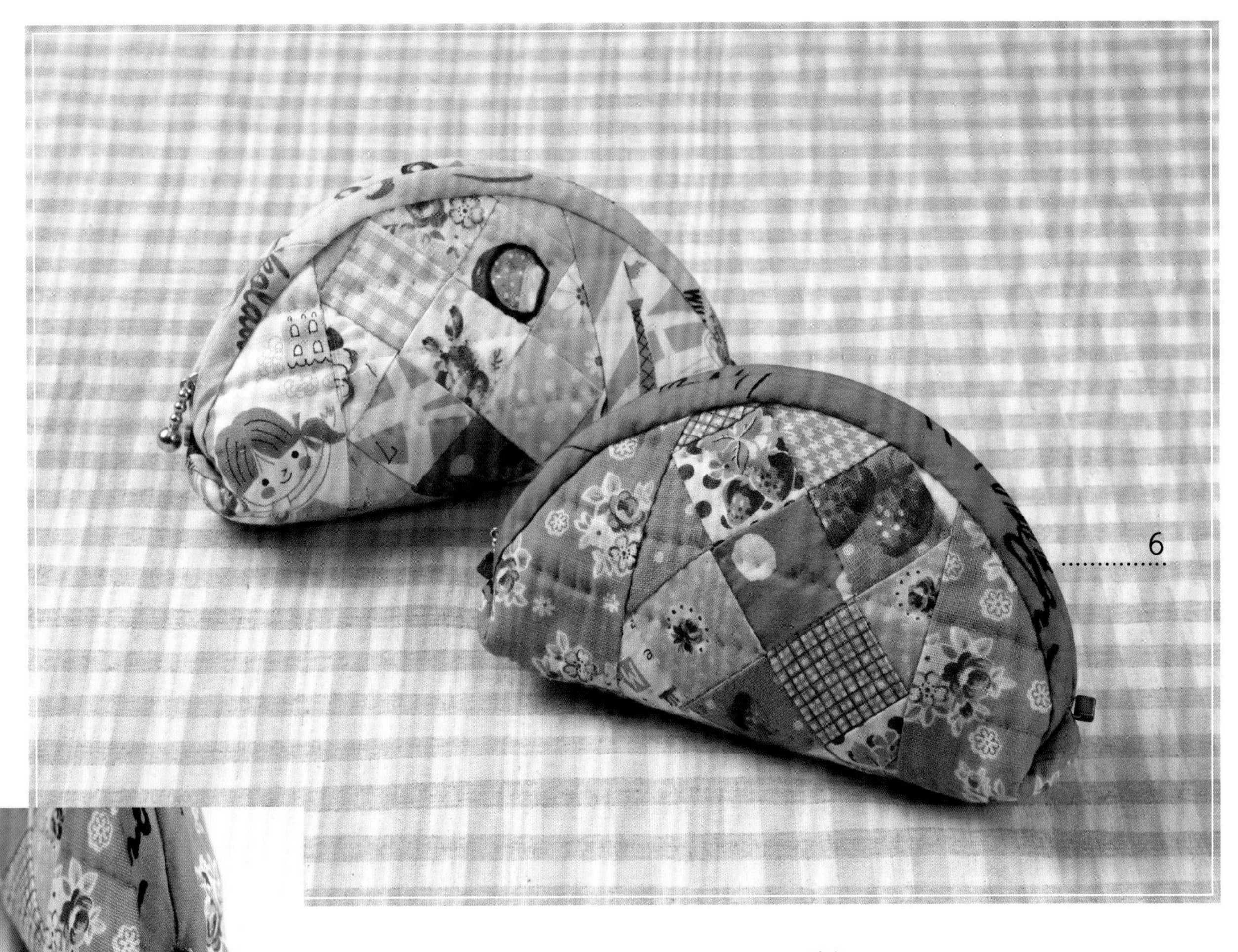

側身由正面摺合固定，
以串珠裝飾。

材料（1個的用量）

各式滾邊用零碼布　滾邊用寬3.5㎝斜紋布65㎝
棉襯、胚布各25×20㎝　20㎝拉鍊1條　喜歡的
裝飾鈕釦（或串珠）2個

※C與整體的原寸紙型參考P.101

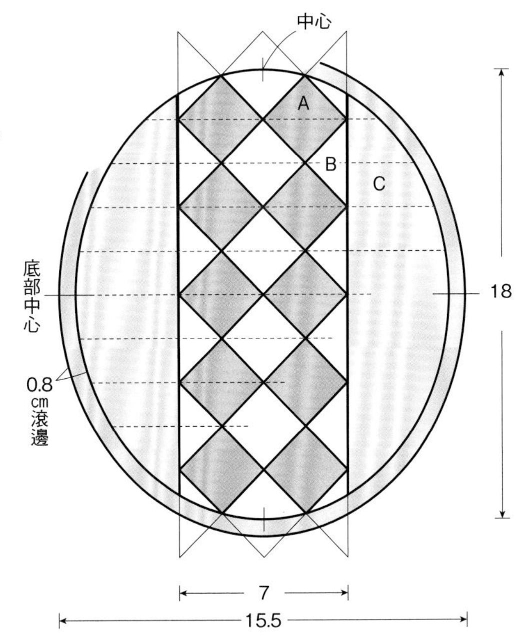

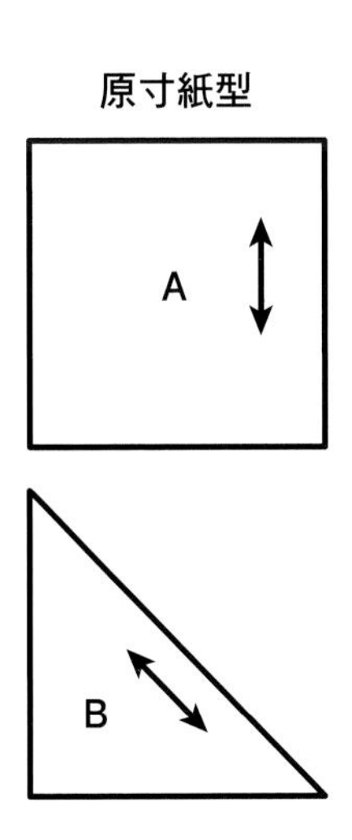

對摺拉鍊波奇包……………………… 指導／橋本直子

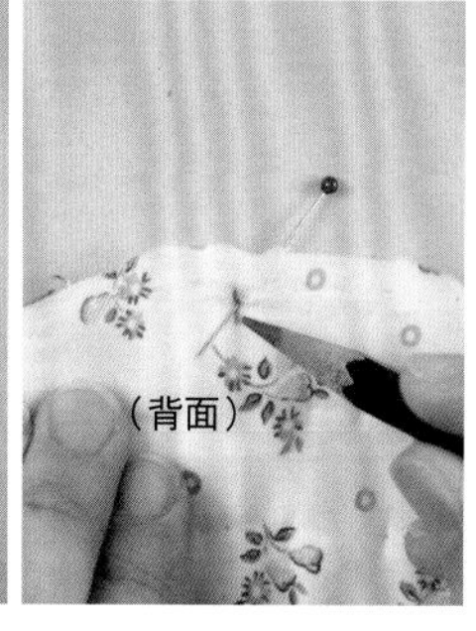

1 表布進行滾邊，疊上棉襯與胚布後壓線。
正面側放上紙型，畫出完成線，中心從正面入針後，背面也作記號。

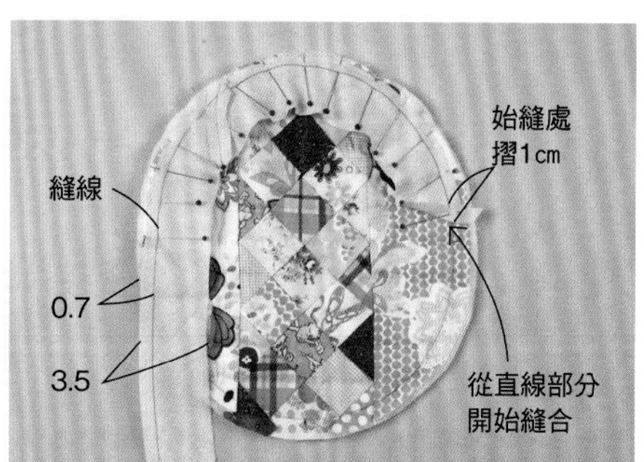

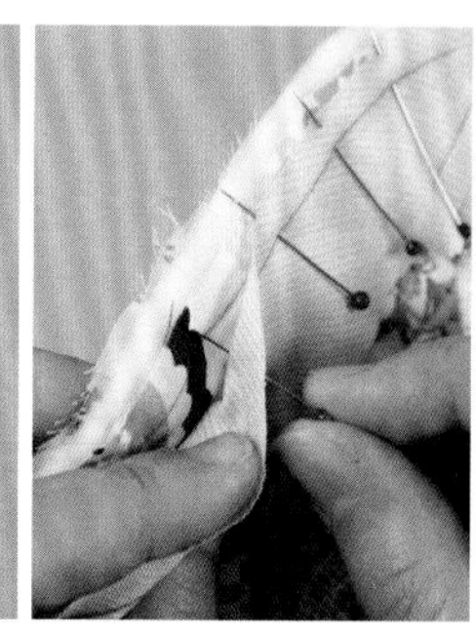

2 以直接裁剪寬3.5cm的斜紋布，車縫0.7cm固定線，正面相對疊合，將記號對齊後，以珠針固定。彎弧處製作抽褶，以細針趾固定。

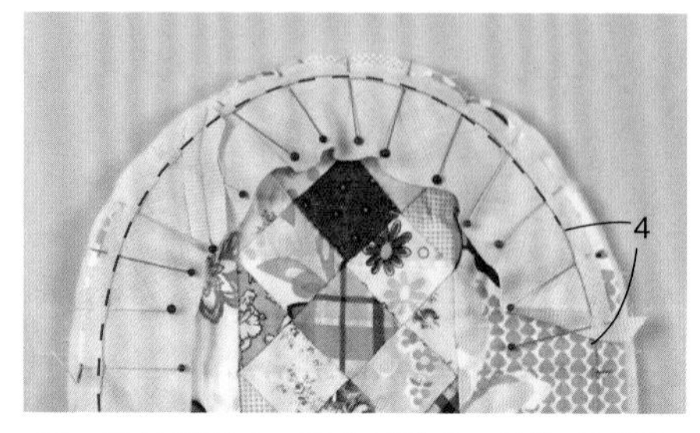

3 挑針至胚布，縫合斜紋布，始縫處預留4cm。

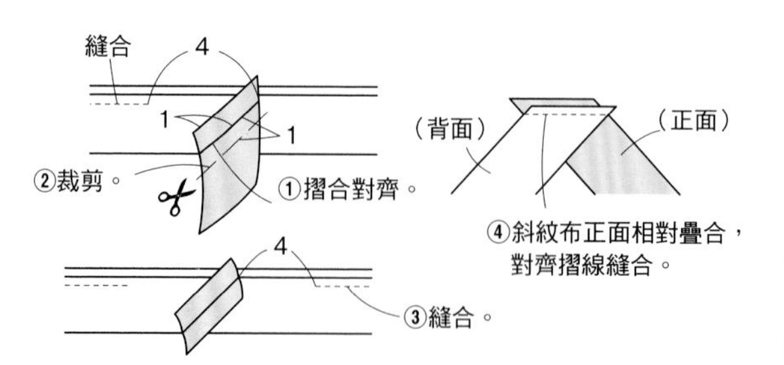

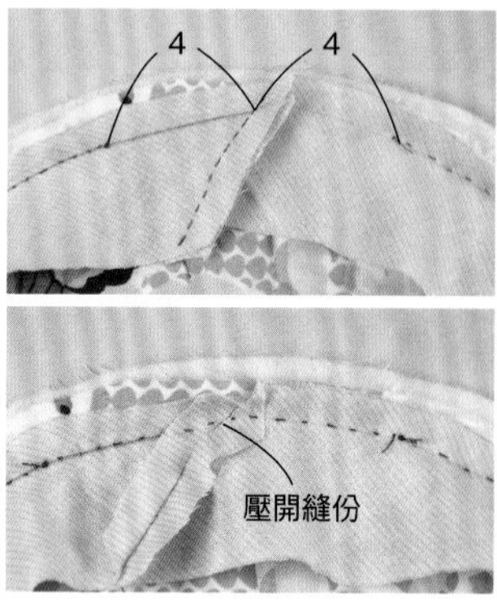

4 止縫處與始縫處對齊摺合，裁剪多餘部分，預留4cm空間。接著，斜紋布邊與邊正面相對疊合後，對齊摺線縫合（右上）。接著如圖所示，縫合預留部分。

5 沿著斜紋布邊，以剪刀裁掉多餘的棉襯及布。

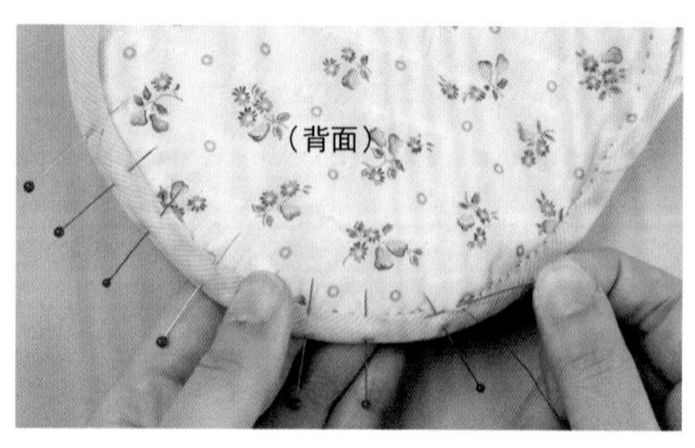

6 將斜紋布翻回正面，包住縫份以珠針固定，進行藏針縫。以 3 縫線為準進行藏針縫。

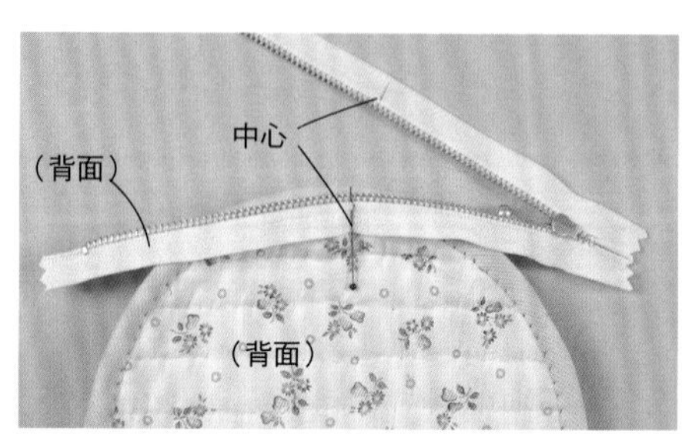

7 本體的背面疊上拉鍊，對齊中心。對齊拉鍊鍊齒與滾邊邊緣，以珠針固定。

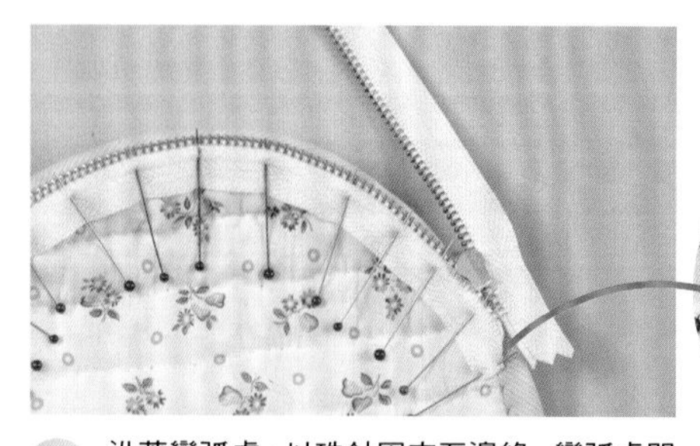

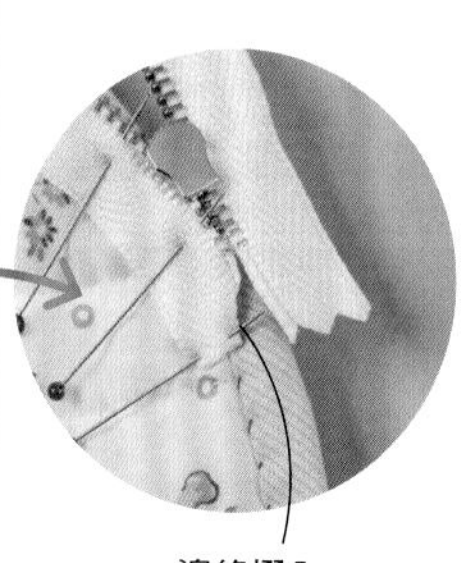

8 沿著彎弧處，以珠針固定至邊緣。彎弧處間隔密集地固定住為其訣竅，拉鍊邊緣斜向摺入。

邊緣摺入。

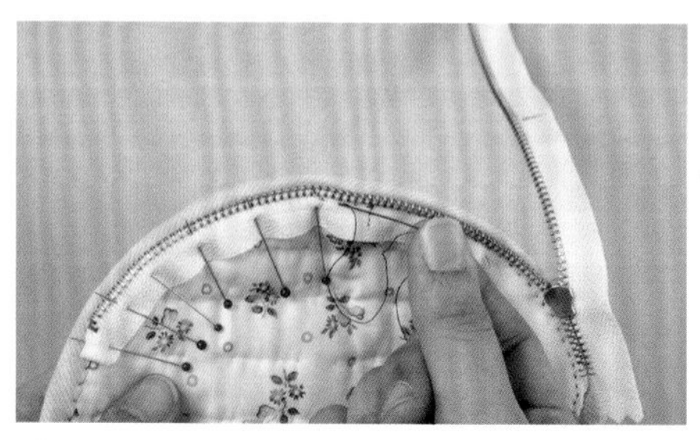

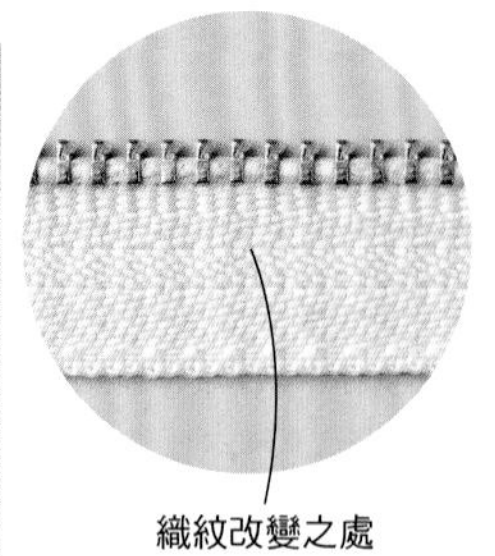

織紋改變之處

9 從拉鍊鍊齒往下0.6cm的位置（織紋改變的地方）進行星止縫。挑針至棉襯，正面不要露出縫線。

※不太想看到拉鍊時，可以稍微往上方位置進行縫合。

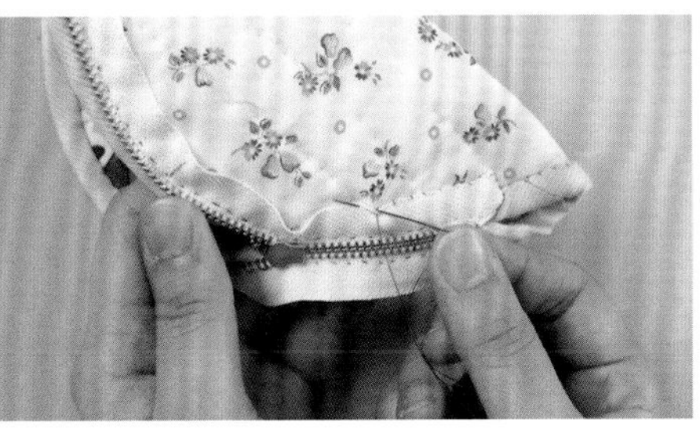

10 另一側也進行星止縫。縫至邊緣的前方，保持原狀不剪線，從邊緣部分出針，拉鍊縫緣以細針趾進行藏針縫。

11 兩邊加上拉鍊。再以捲針縫縫脇邊。

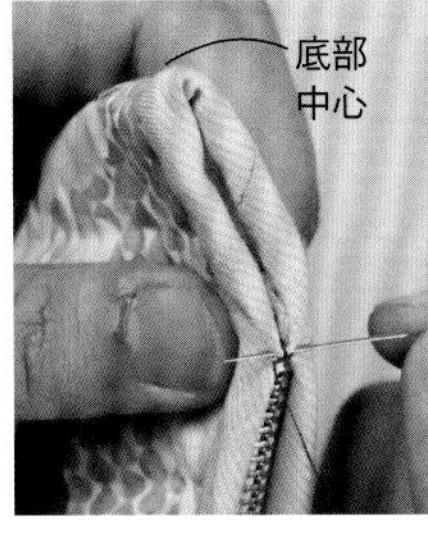

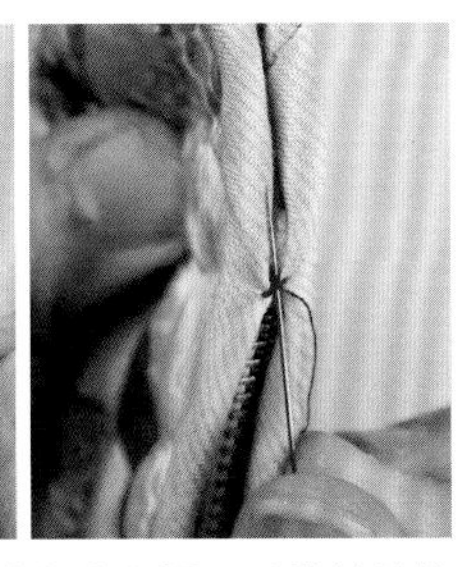

12 背面相對後，自底部中心摺。以捲針縫縫合之前，拉鍊止縫處補強。橫向重覆縫2至3次（左），捲線2至3次（右）。

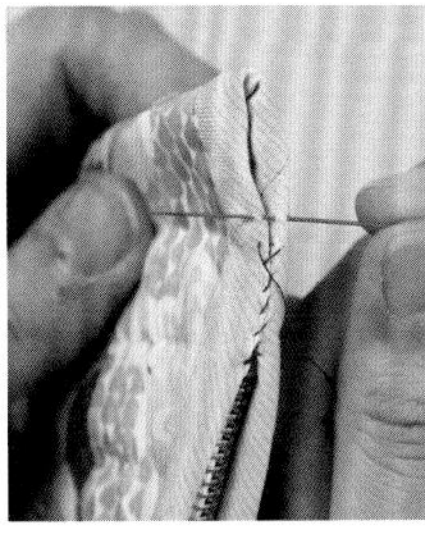

13 從拉鍊止縫處到底部中心進行捲針縫。表面雖然會出現縫線，之後會摺成側身藏起，止縫處以2次捲針縫補強。

14 波奇包袋形已完成，接著摺出角製作側身。

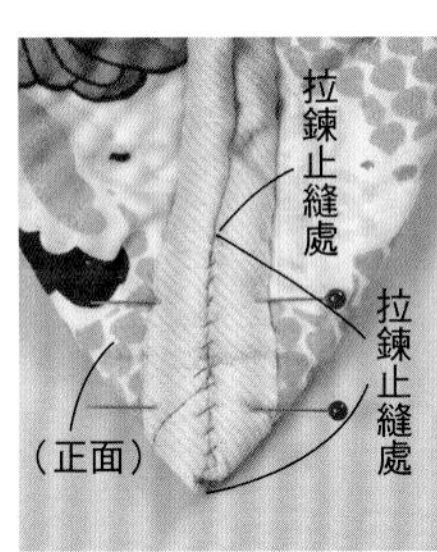

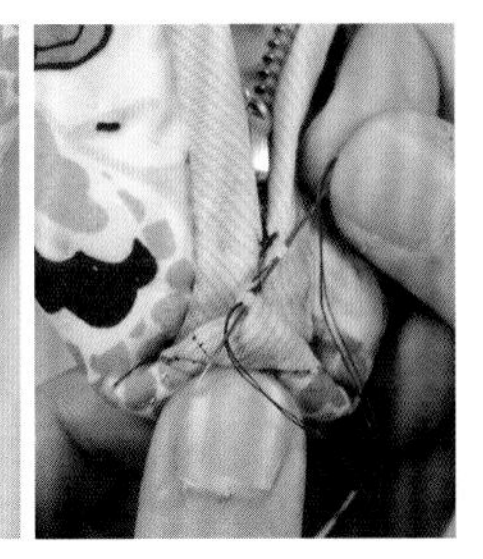

15 底部的角摺疊成三角形，兩處以珠針固定，避免中心錯位。底部的角與拉鍊的止縫處對齊，往上摺，取2股線，進行2至3次的藏針縫。

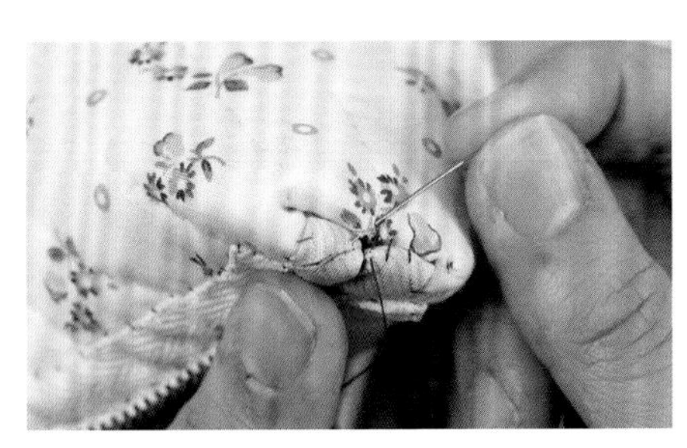

16 翻回背面，正面的側身部分進行藏針縫。正面勿露出縫線，挑針至棉襯，側身形狀會比較固定。

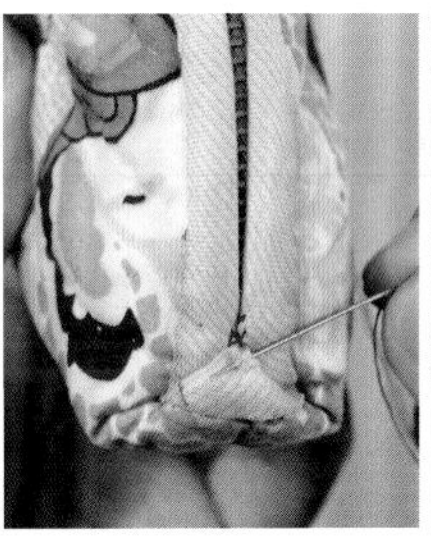

17 最後正面縫上鈕釦。取2股線，從角的背面出針，縫合。

側身正面相對

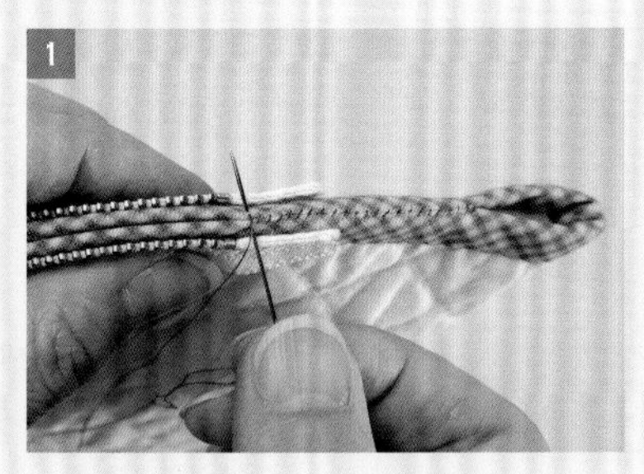

側身正面相對縫合時，**12**以後的順序如下。首先，從底部中心，正面相對摺合，脇邊以捲針縫縫至拉鍊止縫處。

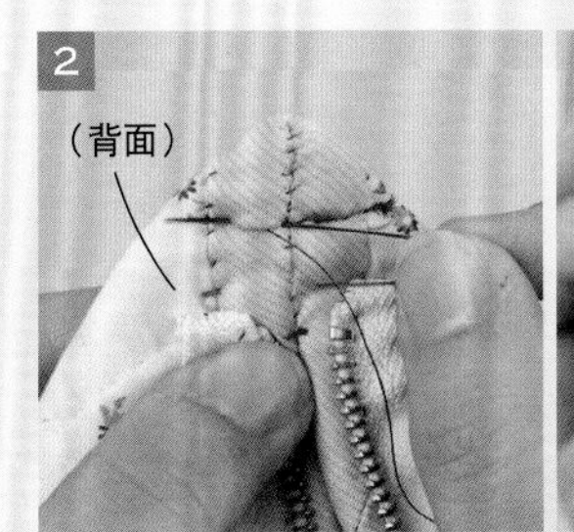

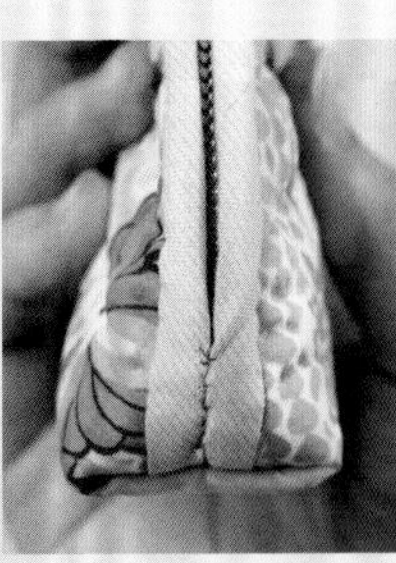

保持正面相對的狀態，底部摺疊成三角形，以珠針固定，避免中心錯位。以量尺畫出喜歡的側身寬度，線上方進行半回針縫（左）。翻回正面如右圖所示。

「雙重婚戒」・使用兩片布製作的波奇包

接合兩片布的戒指圖案，對摺的扁平包款。如同薄荷巧克力般的沉穩配色十分吸引人。

設計／加藤礼子　製作／有原美恵子　18×22㎝

[作法 → P.11]

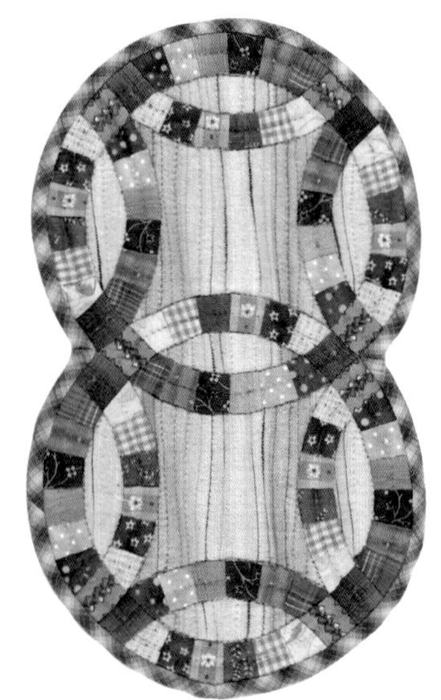

內側附內口袋，
分成3個空間。

作法

材料

各式滾邊用零碼布　D・E用布35×20cm　滾邊用寬3.5cm斜紋布105cm　內口袋用布50×25cm　棉襯、胚布各40×30cm　雙面貼布襯、薄貼布襯各25×25cm　30cm拉鍊1條　寬2cm的木釦1個

作法順序

A至E進行滾邊（參考P.75）製作表布→疊合棉襯與胚布後，壓線→周圍滾邊→以下參考圖示作法。

※內口袋原寸紙型A面⑥
※A至E原寸紙型參考P.100

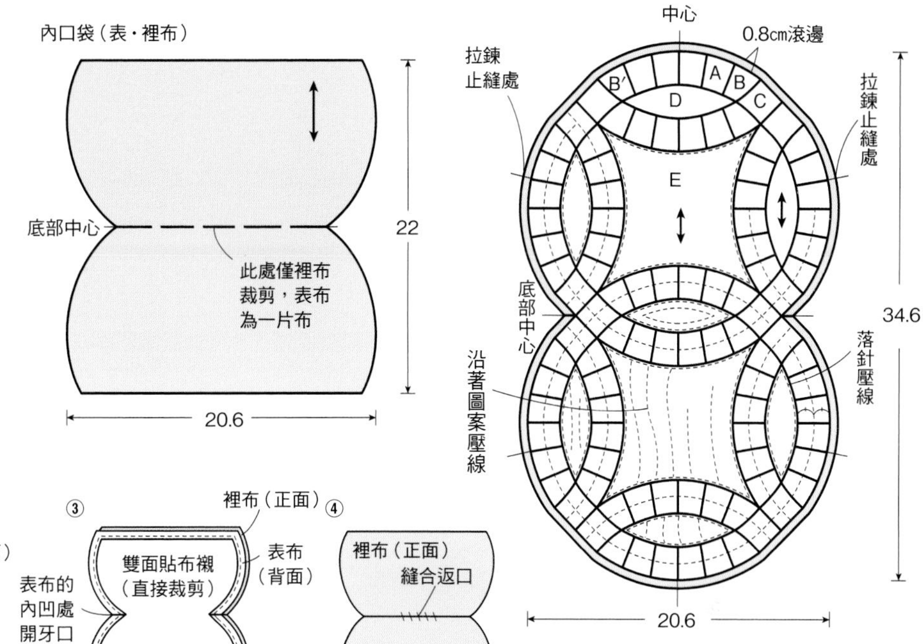

內口袋

①

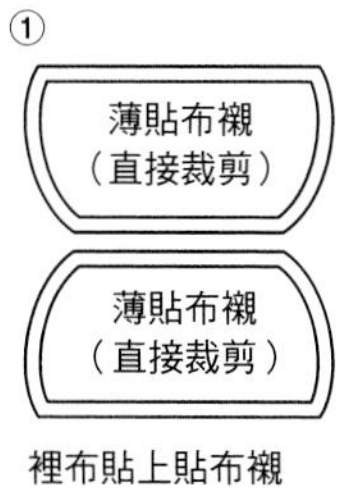

裡布貼上貼布襯

②

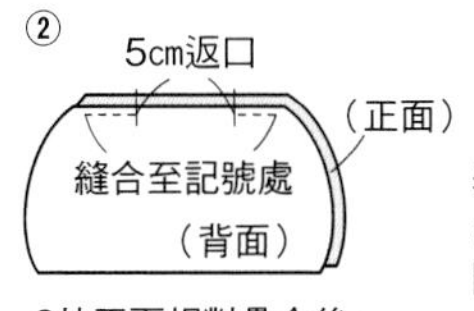

2片正面相對疊合後，留返口後縫合（燙開縫份）

③

裡布（正面）
雙面貼布襯
（直接裁剪）
表布
（背面）
表布的內凹處開牙口

表布貼上雙面貼布襯，裡布正面相對疊合，縫合周圍

④

裡布（正面）
縫合返口

自返口翻回正面，縫合返口後以熨斗整燙

組合方法 ························ 指導／加藤礼子

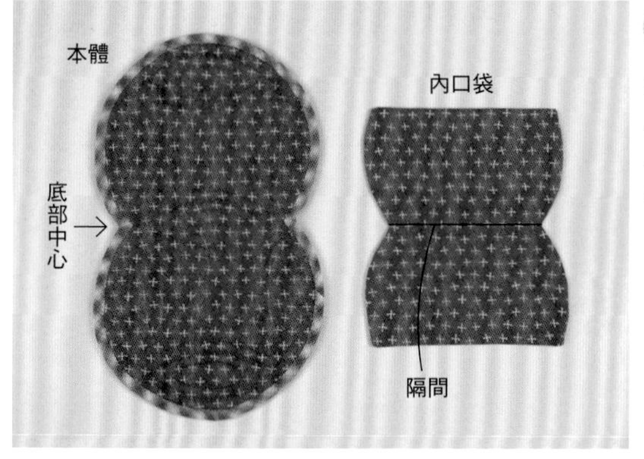

1 準備周圍滾邊的本體與內口袋。內口袋中心先作上隔間的記號。

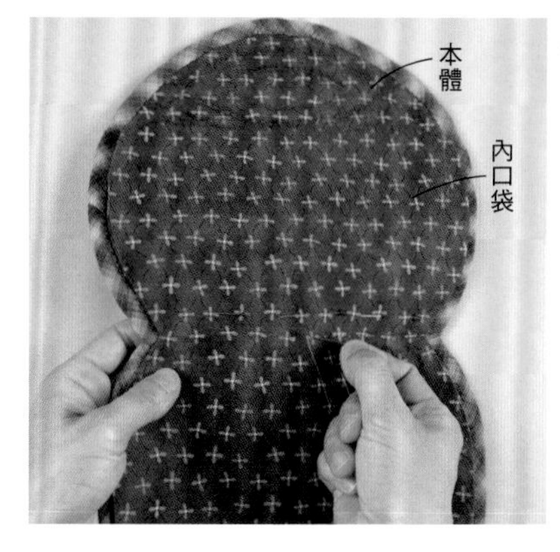

2 內口袋放於本體背面，隔間線與本體的底部中心對齊，以珠針固定，隔間進行星止縫，挑針至棉襯。

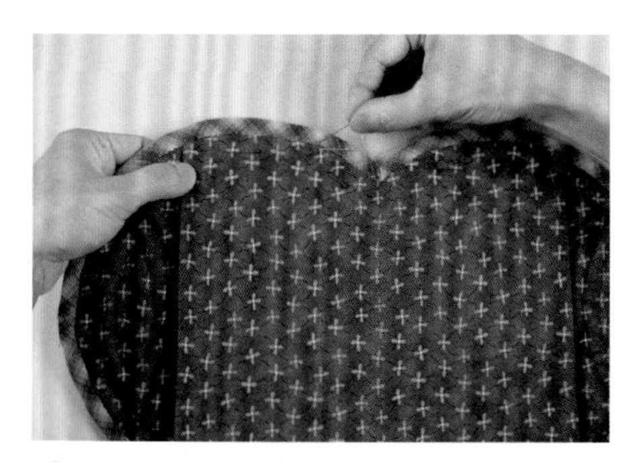

3 內口袋的脇邊滾邊邊緣進行藏針縫。

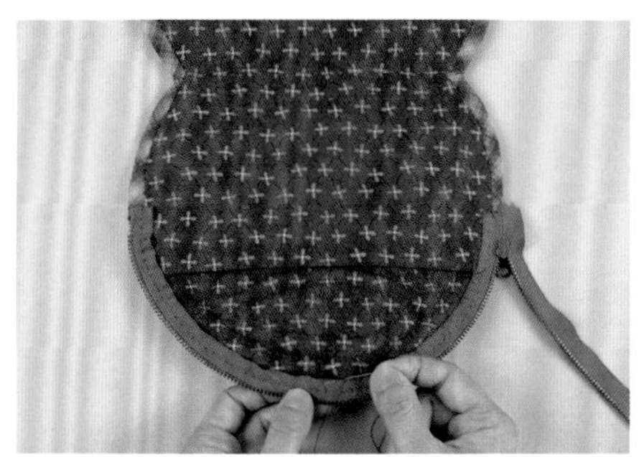

4 裝上拉鍊（參考P.8至P.9）。

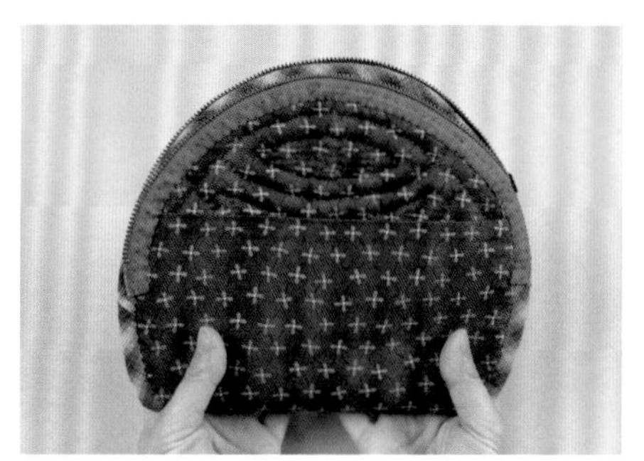

5 從底部中心正面相對摺合，脇邊進行捲針縫（參考P.9側身正面相對的縫法 1 ）。拉鍊頭加上釦子。

母雞帶小雞造型波奇包

大尺寸圖案是母雞＆雞蛋，
小尺寸圖案是從雞蛋孵化成小雞的貼布縫。
玩心十足的親子波奇包組合。
是以先染布完成的樸實風格作品。

設計／三上奈津子
製作／NO.8 谷川あや子 10×13cm NO.9 小野登美子 7.5×8cm
[作法→NO.8 P.12・NO.9 P.13]

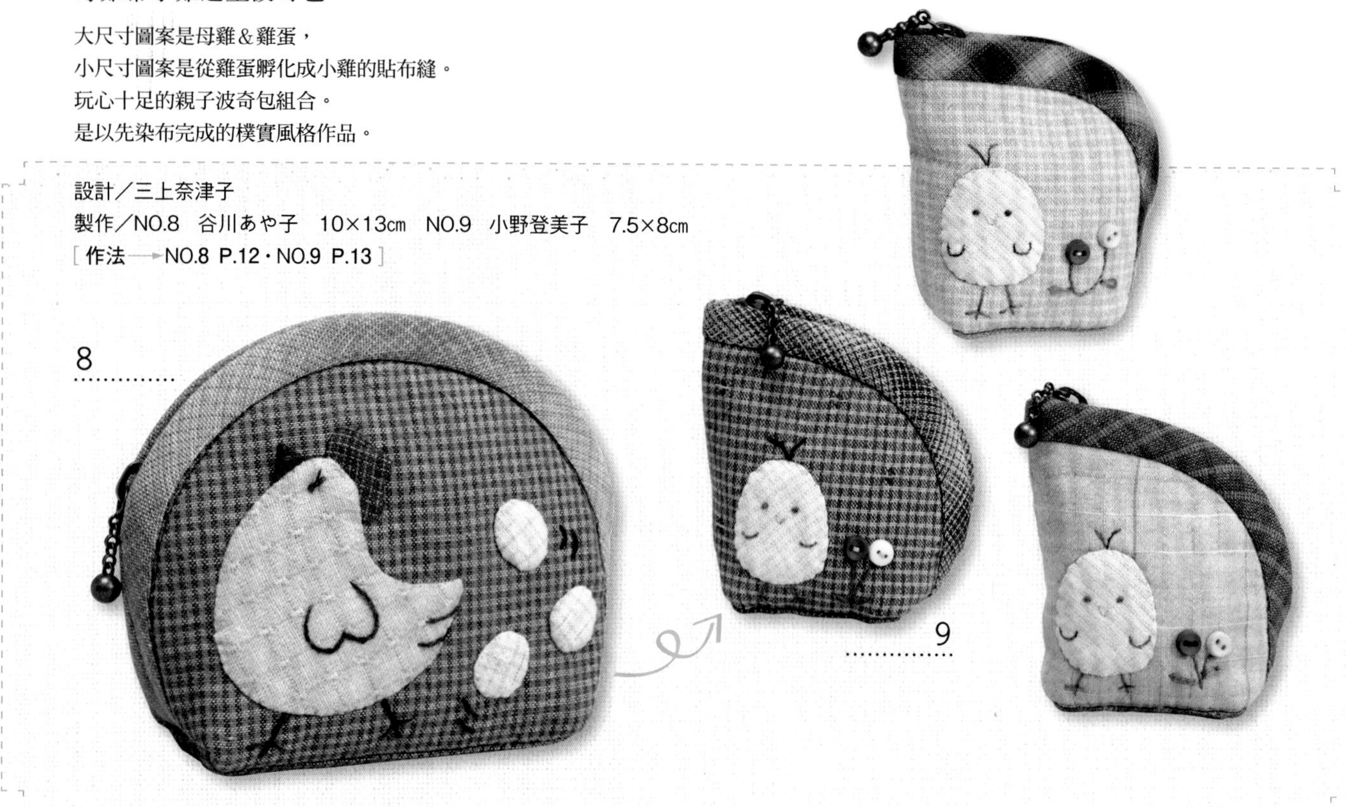

No.8 波奇包

材料

各式貼布縫用零碼布 台布30×25cm（含口袋部分） 滾邊用寬4cm斜紋布65cm 雙膠布襯、胚布各25×15cm 貼布襯15×10cm 16cm拉鍊1條 25號繡線適量

作法順序

台布貼上棉襯及胚布→製作貼布縫及刺繡→加上口袋→周圍滾邊→裝上拉鍊（參考P.8至P.9）→從底部中心正面相對摺合，脇邊以捲針縫縫至拉鍊止縫處→縫合側身，往底側倒向後，進行藏針縫

※原寸紙型貼布縫&刺繡圖案參考P.101

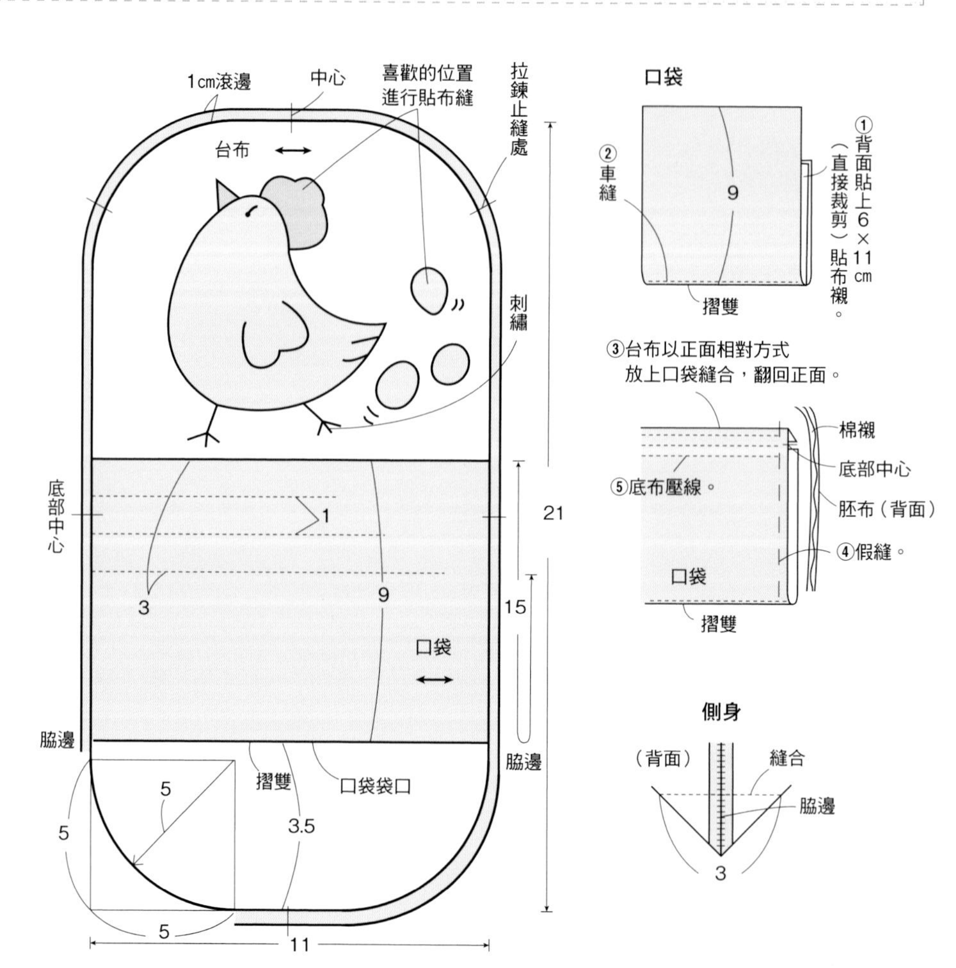

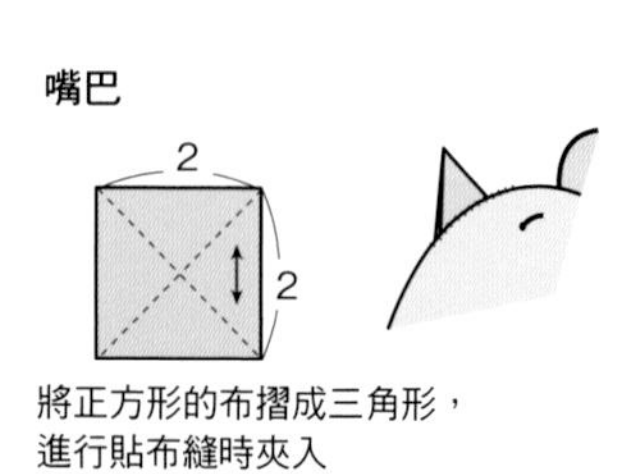

將正方形的布摺成三角形，
進行貼布縫時夾入

動物造型波奇包

圓滾滾的小尺寸波奇包，
加上8種種類的動物造型貼布縫，
淺淺微笑的表情，表現出收到禮物的喜悅，

設計／三上奈津子
製作／小野登美子　7×10.5cm（8款皆相同）
［作法→P.74］

No.9波奇包

材料（1個的用量）

各式貼布縫用零碼布　A用布20×10cm　B用布20×5cm　滾邊用寬4cm斜紋布35cm　雙膠布襯、胚布（含補強布）各20×20cm　10cm拉鍊1條　直徑0.6cm鈕釦2個　25號繡線適量

作法順序

A與B進行滾邊，貼上棉襯與胚布後壓線→製作貼布縫與刺繡，縫上鈕釦→滾邊→縫上拉鍊（參考P.8至P.9）→從中心正面相對摺合，脇邊以捲針縫縫至拉鍊止縫處→縫合下部→縫合側身，倒向底側後進行藏針縫→底部背面以藏針縫縫合補強布。

※原寸紙型貼布縫＆刺繡圖案參考P.101

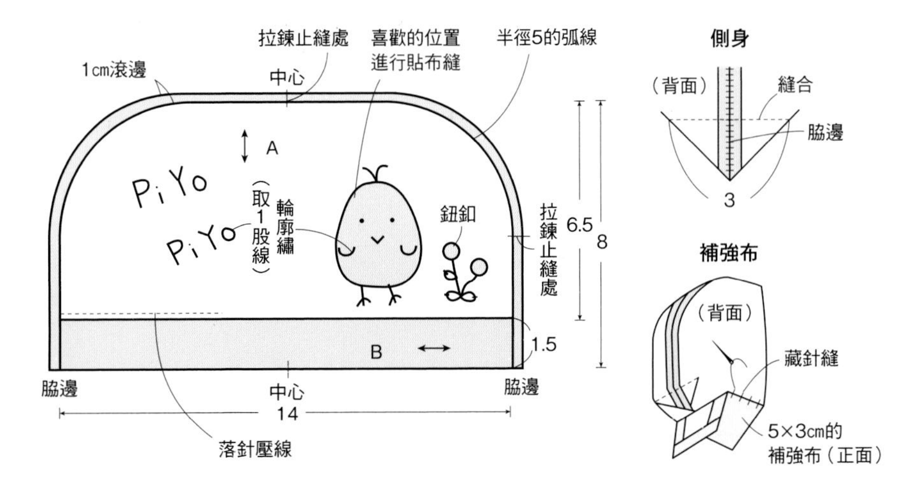

縫合袋身，袋口加裝拉鍊款

本體縫合成袋狀，袋口滾邊後，
加裝拉鍊組合而成的波奇包。

包形簡單，集合設計及技術於一身的時尚包款。
右邊兩款加長拉鍊，邊邊加上包釦。

No.18 設計／林 寿子　製作／北村文子　13.5×21cm
No.19 設計・製作／熊谷和子　15×20.5cm
No.20・No.21 設計・製作／武居絹子　No.20　17.5×24cm　No.21　17×22.5cm

[作法 → No.18 P.77　No.19 P.78　No.20・No.21 P.76]

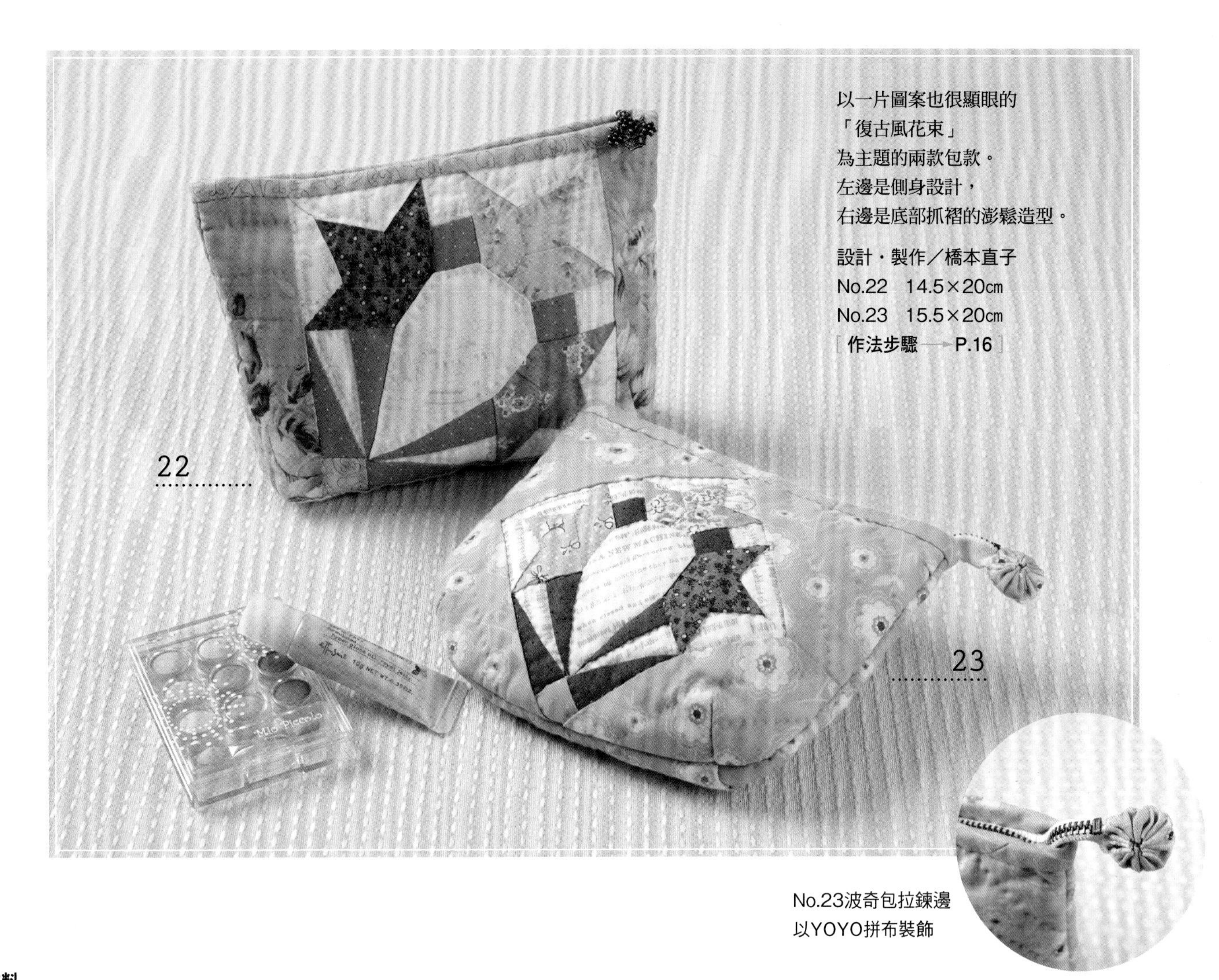

以一片圖案也很顯眼的
「復古風花束」
為主題的兩款包款。
左邊是側身設計，
右邊是底部抓褶的澎鬆造型。

設計・製作／橋本直子
No.22　14.5×20㎝
No.23　15.5×20㎝
［作法步驟 → P.16］

No.23波奇包拉鍊邊
以YOYO拼布裝飾

材料

No.22　各式滾邊用零碼布　綠色花朵圖案印花布35×20㎝（包含H部分）　滾邊用寬3.5㎝斜紋布45㎝　棉襯、胚布各40×25㎝　18㎝拉鍊1條

No.23　各式滾邊用零碼布　水藍色花朵圖案印花布55×35㎝（含後片、滾邊、YOYO拼布）　棉襯、胚布各50×20㎝　20㎝拉鍊1條

※No.22的A至F與No.23原寸紙型B面②&③

YOYO拼布

摺0.5㎝縫份
（背面）
製作2片
縮縫直接裁剪直徑5㎝的布

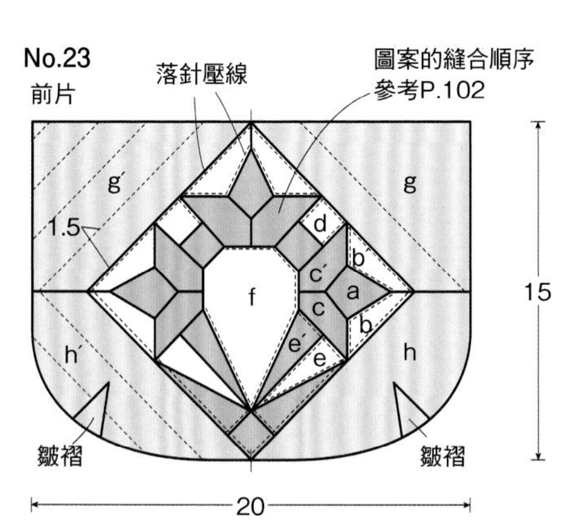

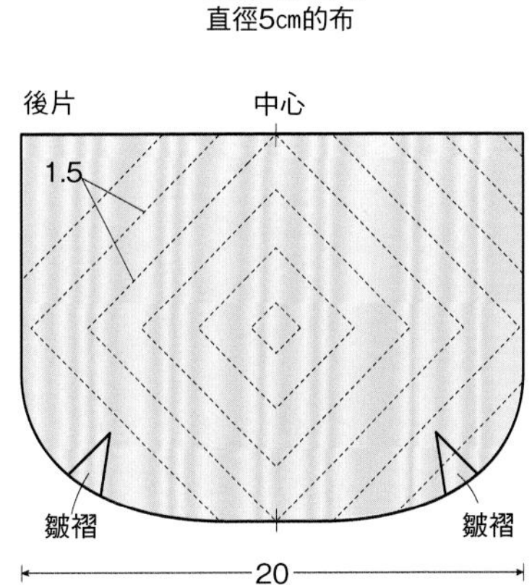

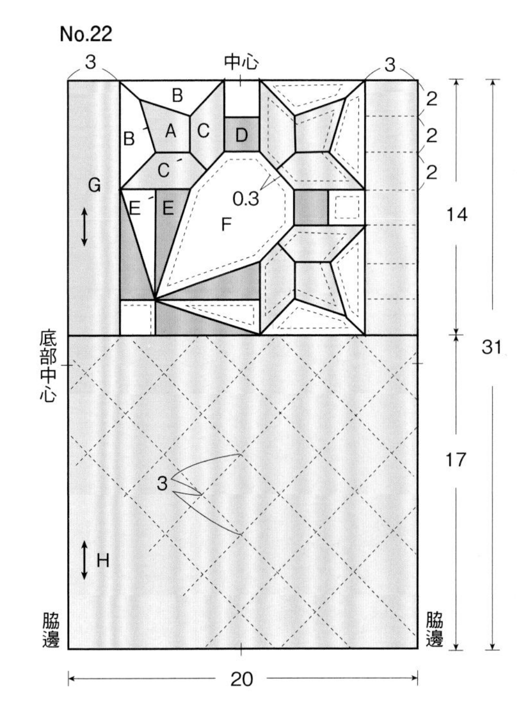

縫合袋身，袋口加裝拉鍊波奇包 .... 指導／橋本直子

No.22
波奇包

1 本體滾邊後製作表布，疊合棉襯及胚布後壓線。正面測量尺寸後，畫出完成線。

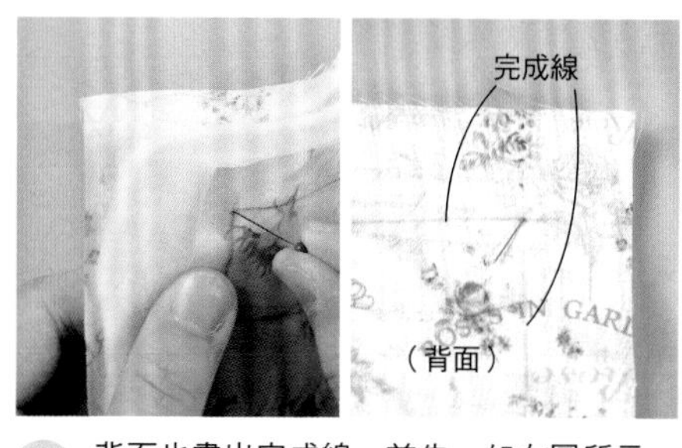

2 背面也畫出完成線。首先，如左圖所示，從正面在邊角的記號處插入珠針，由背面出針，以背面出針處作為基準，使用量尺畫線。

3 自底部中心正面相對對摺，對齊脇邊記號後，以珠針固定，假縫。假縫縫至邊緣時，進行1針回針縫，返回反方向縫合。

4 在完成線上以車縫方式進行平針縫。若不擅長車縫，以回針縫製作也可以。

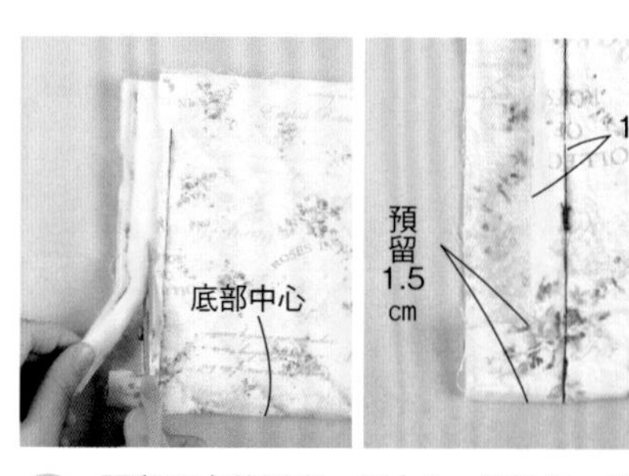

5 預留下方的胚布，加上1cm的縫份，裁剪成L形。將棉襯裁剪到最底部。

6 以胚布包住縫份，以珠針固定，進行藏針縫。邊緣也進行藏針縫。（右上圖）

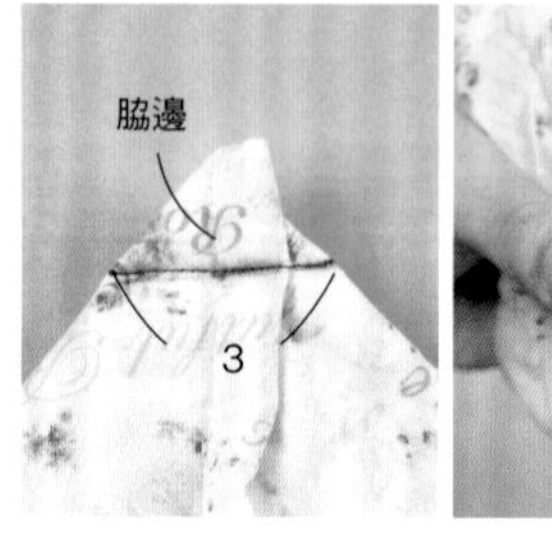

7 底部的角摺疊成三角形，在底部中心側以量尺對齊側身的尺寸，作記號後縫合。縫份往底側倒向，縫合固定後，保持形狀（右）。

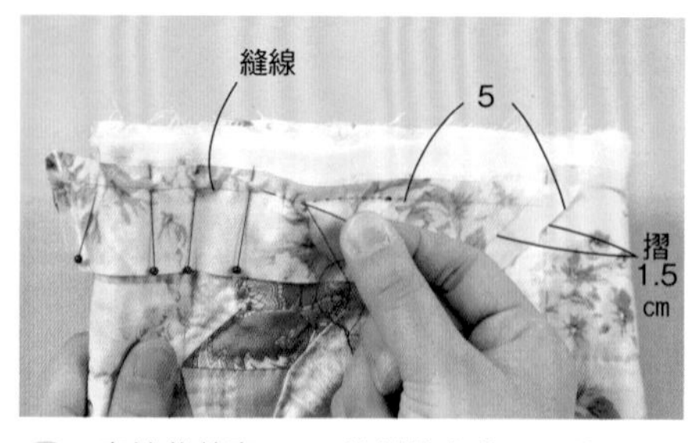

8 直接裁剪寬3.5cm的斜紋布背面，縫0.7cm縫線，本體的袋口正面相對疊合，對齊記號後，以珠針固定。預留5cm左右開始縫合。

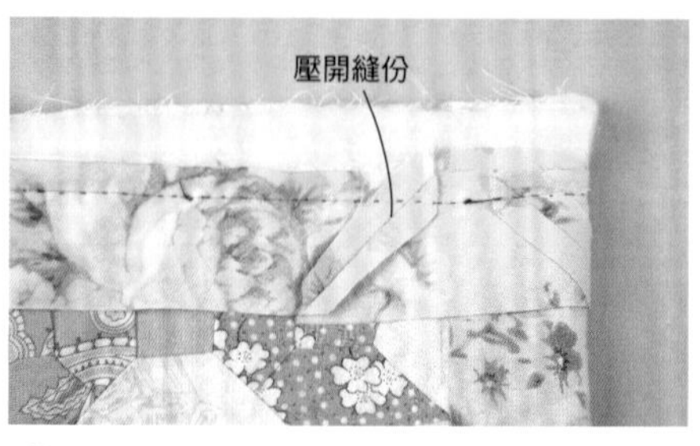

9 縫合完成處，斜紋布正面相對縫合，縫合剩下的部分。（參考P.8 4）

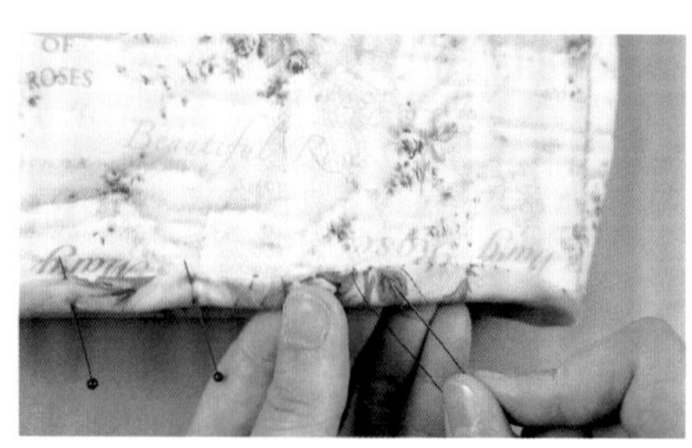

10 沿著斜紋布邊緣以剪刀裁剪多餘的棉襯及布。斜紋布翻回正面，將縫份包住後，以珠針固定，進行藏針縫。

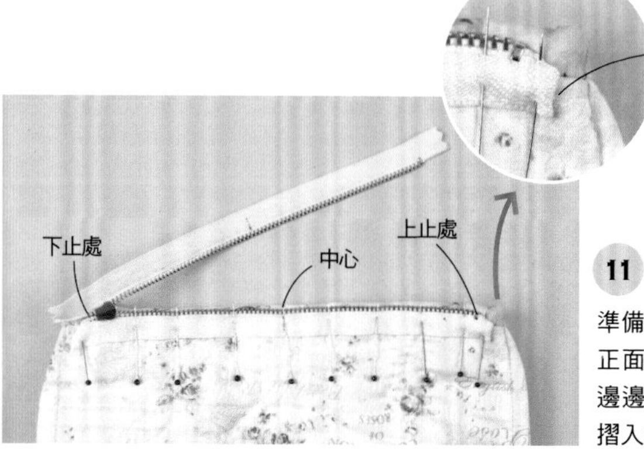

11 準備比袋口的尺寸短2cm的拉鍊。本體背面正面相對疊合，對齊中心。拉鍊鍊齒與滾邊邊緣對齊，以珠針固定。拉鍊縫緣斜向摺入後固定。

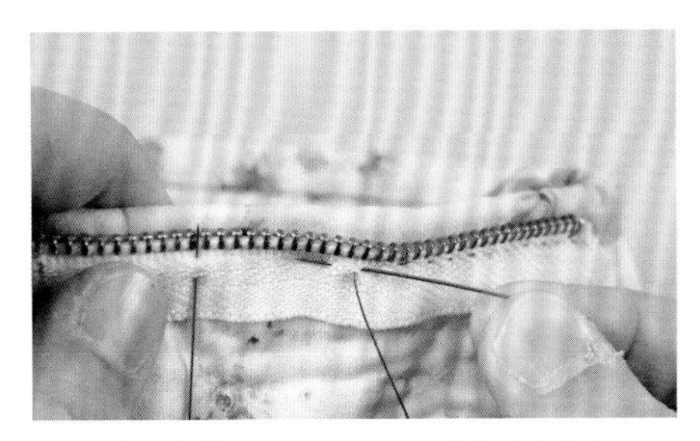

12 從拉鍊鍊齒上往下0.6cm織紋改變位置（參考P.8）進行星止縫。縫至下止處，線先不剪掉。

13 接著，從摺入的邊緣部分出針，以藏針縫縫合拉鍊。

14 另一側暫時翻回正面，與加裝拉鍊側位置對齊，以珠針固定。

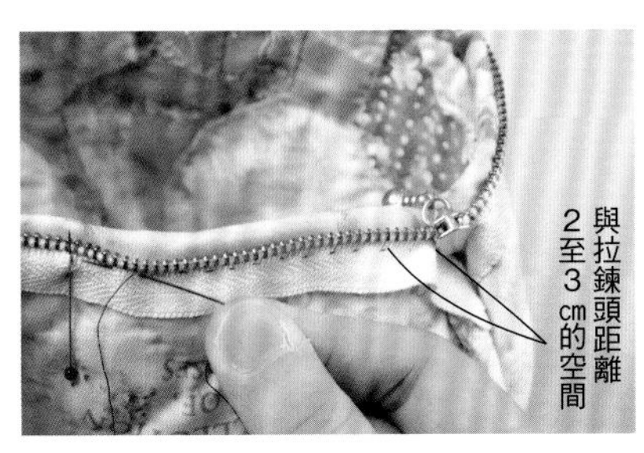

15 保持原狀，翻回背面，從距離下止處2至3cm的位置開始，與 12 相同方式縫合。

16 15 縫合預留的下止處，藏針縫邊緣後縫合。拉鍊鍊齒下方進行星止縫時，拉鍊稍微拉起會比較好縫。

No.23 波奇包

1 相同地，在壓線前片與後片的背面放上紙型，畫出完成線。皺褶前緣，在紙型上開洞，作為基準加上合印作記號。

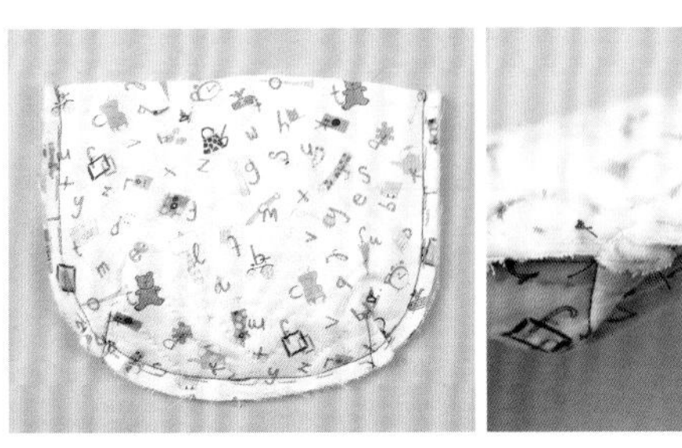

2 縫合皺褶，2片正面相對疊合，對齊記號後，假縫（皺褶以前後交替方式倒向），車縫。

3 縫份裁齊為1cm，以鋸齒縫固定。 接著，在縫線上方，對齊背面完成0.7cm縫線記號，直接裁剪寬3.5cm的斜紋布縫線，以珠針固定，進行半回針縫。

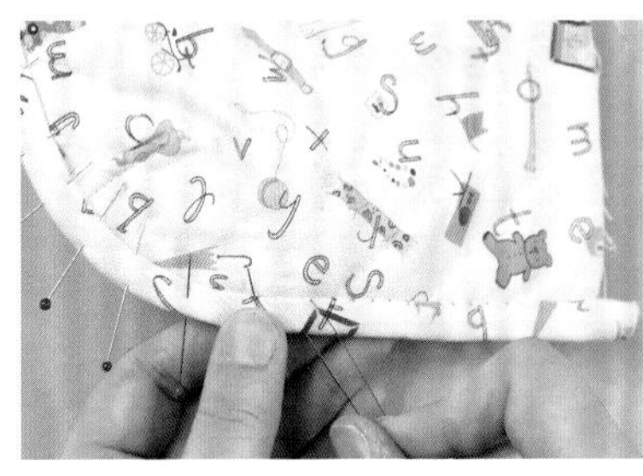

4 斜紋布翻回正面，包覆縫份，以細針趾進行藏針縫。因為在 3 時，縫份已縫合固定，收尾整齊俐落。

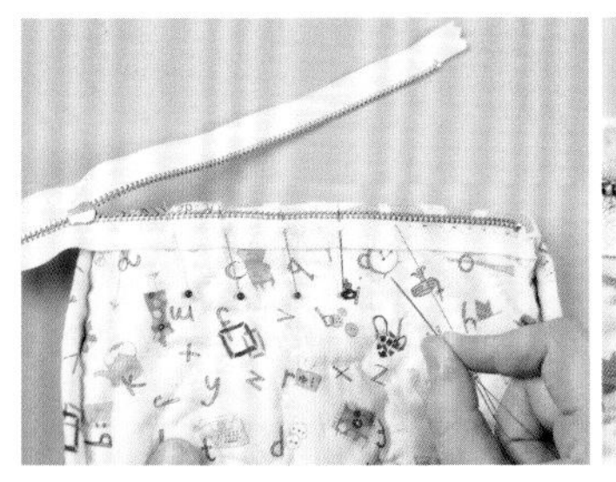

5 參考No.22波奇包 8 至 10 滾邊，準備與袋口的尺寸相同長度的拉鍊。正面相對疊合後，從脇邊起算1cm內側處與上止處對齊，以珠針固定，參考 12 進行星止縫。

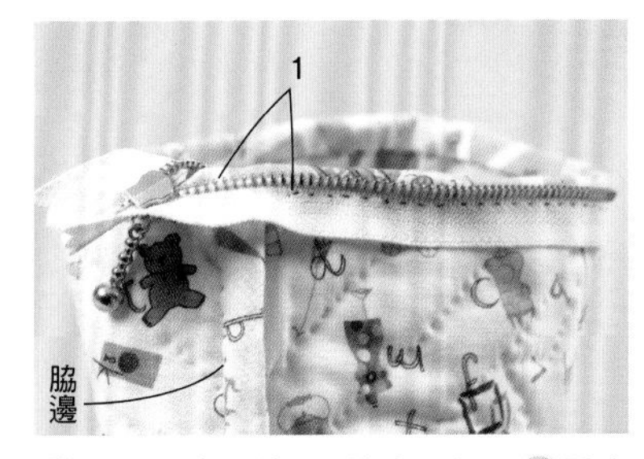

6 下止處脇邊1cm縫合，如同 13 圖中所示。另一側作法相同，縫合時拉鍊請打開如圖示。

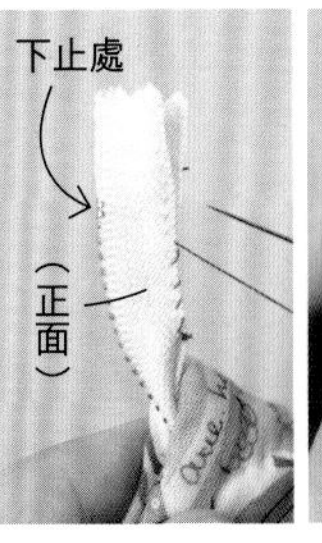

7 多出來的拉鍊邊緣份，以捲針縫縫至下止處。剩下的部分以YOYO拼布2片包覆，以藏針縫縫合。

以波奇包收納包包內的小物品

變換圖案的方格數量製作不同尺寸的三款波奇包
能整理在包包中零碎的物品。

設計・製作／成田鈴子
No.24　10.5×20cm　No.25　10.5×15cm　No.26　4.5×12cm
[作法 ── P.19]

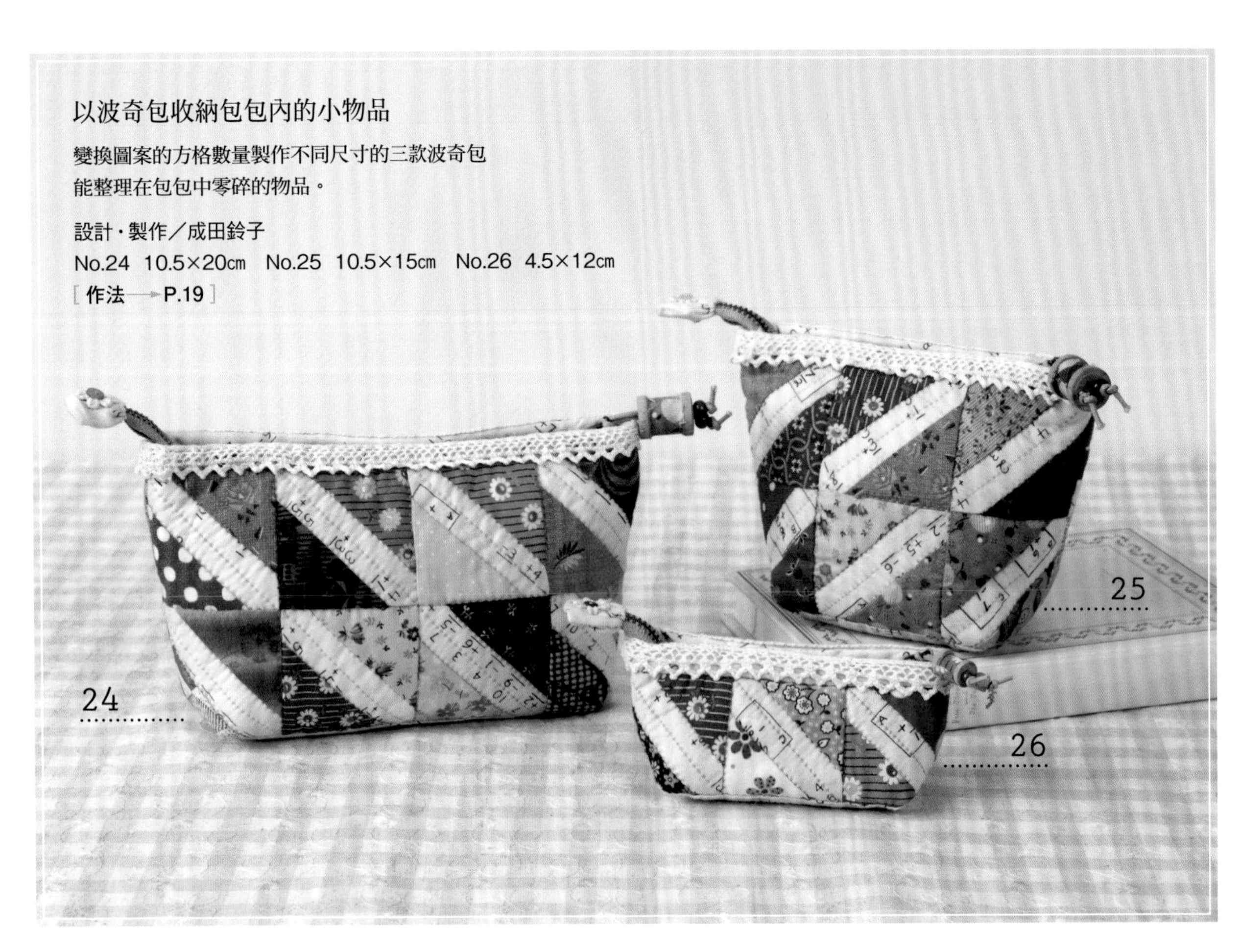

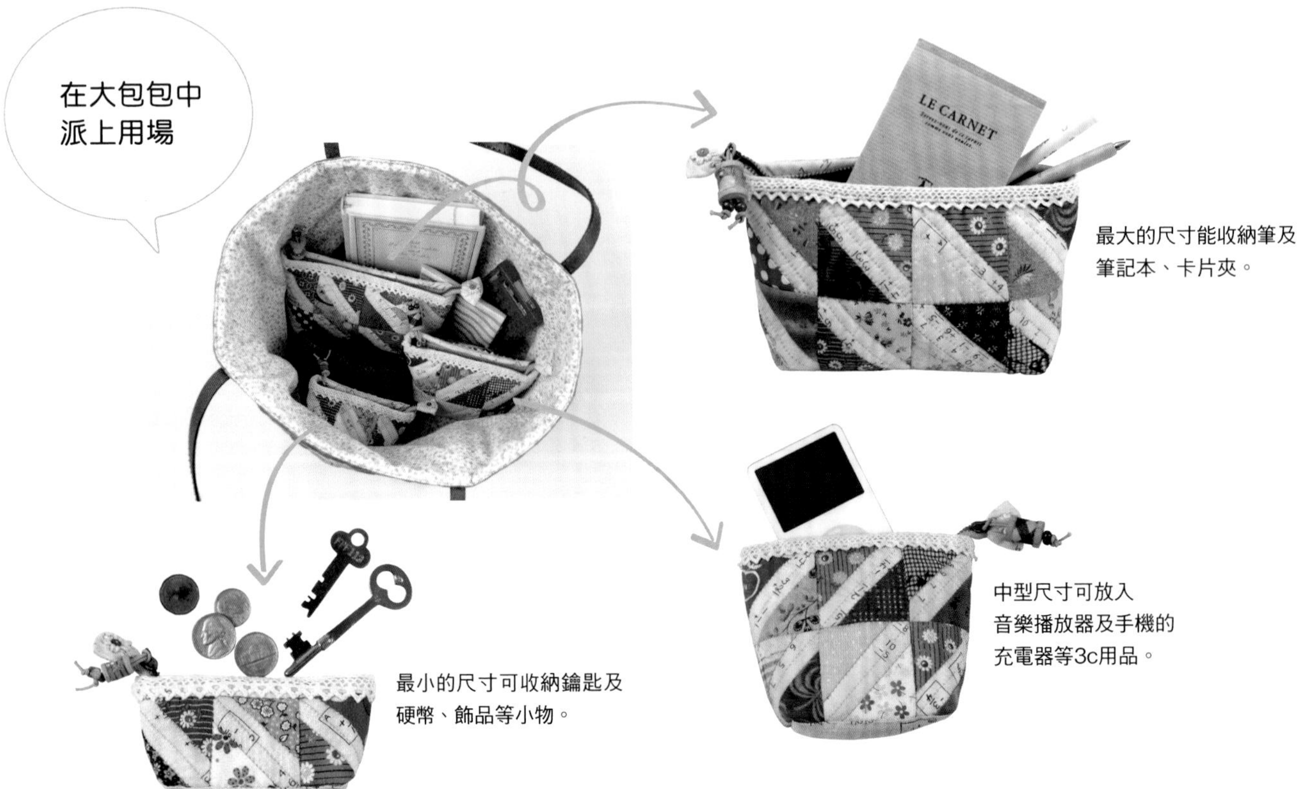

最大的尺寸能收納筆及
筆記本、卡片夾。

中型尺寸可放入
音樂播放器及手機的
充電器等3c用品。

最小的尺寸可收納鑰匙及
硬幣、飾品等小物。

作法

材料

共用※（　）是小的尺寸　各式滾邊用零碼布寬1.3cm造型蕾絲1片　直徑0.5cm鈕釦、長1.9cm（1.3cm）捲線器各1個　直徑0.6cm（0.4cm）木製串珠2個　直徑0.1cm繩子15cm

No.24　單膠布襯・裡袋用布各30×25cm
C用布35×25cm（含滾邊、釦絆部分）
寬1.3cm的蕾絲45cm　20cm拉鍊1條

No.25　單膠布襯・裡袋用布各30×20cm
C用布30×25cm（含滾邊、釦絆部分）
寬1.3cm的蕾絲35cm　16cm拉鍊1條

No.26　單膠布襯・裡袋用布各20×20cm
c用布30×20cm（含滾邊、釦絆部分）
寬1.3cm的蕾絲30cm　12cm拉鍊1條

作法順序

A至C進行滾邊後製作表布→貼合棉襯，壓線→從底部中心正面相對摺合，縫合脇邊→縫合側身→製作裡袋入本體→袋口滾邊→加上蕾絲→裝上拉鍊→裝上釦絆與拉鍊裝飾。

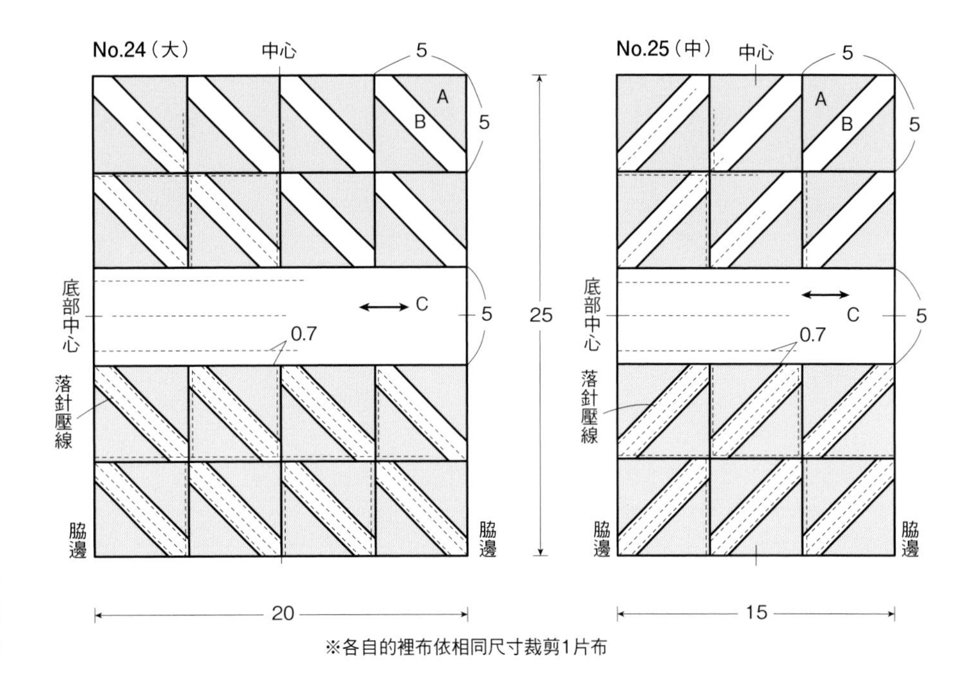

※各自的裡布依相同尺寸裁剪1片布

側身（裡袋作法相同）

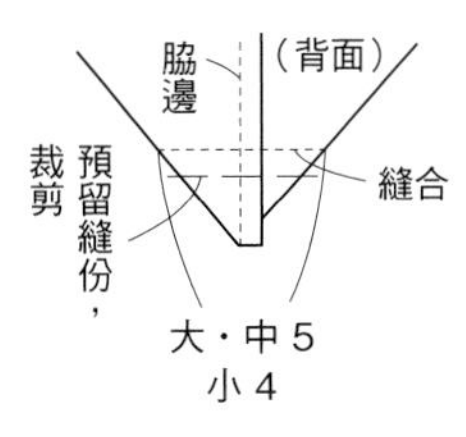

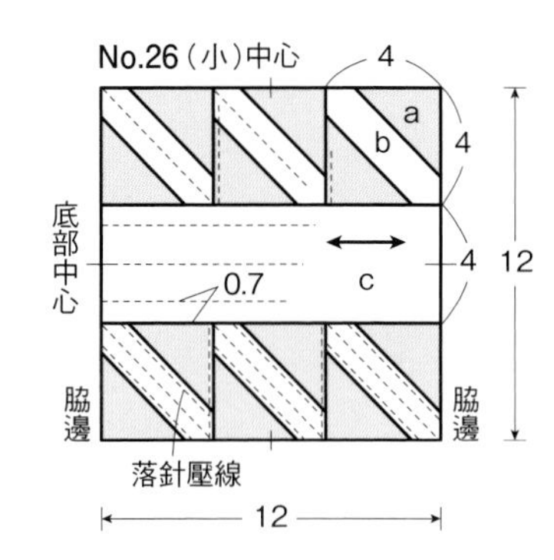

拉鍊邊端的處理（作法相同）

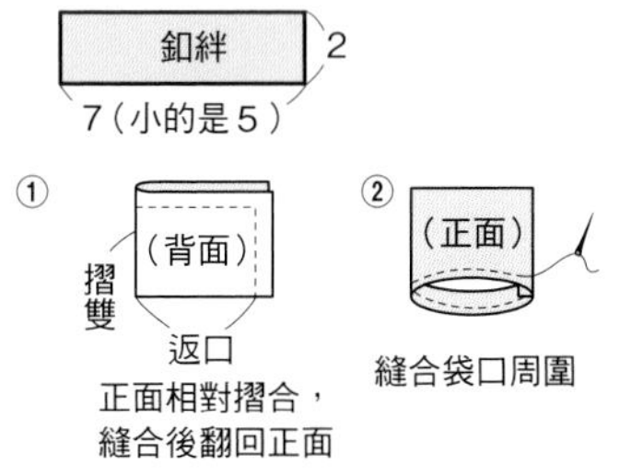

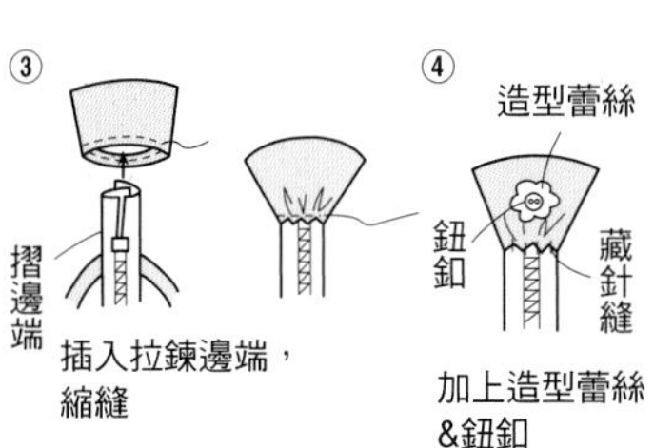

拉鍊　**拉鍊裝飾**

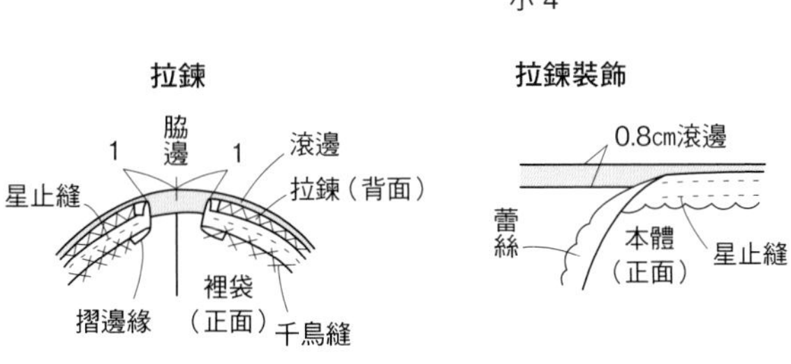

拉鍊裝飾

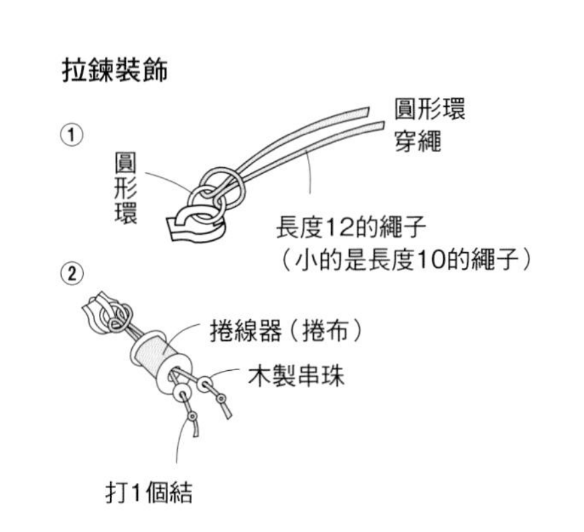

原寸紙型

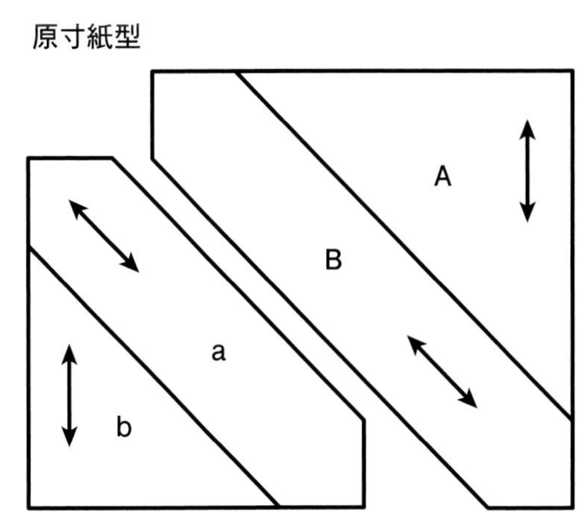

將「束縛之星」的圖案並排，星星作為主角。簡單的款式，可輕鬆地完成。
後側加上能快速取出物品的網狀口袋。

設計・製作／滝下千鶴子　14×22cm

[作法→P.78]

看得見物品，
便利的網狀口袋。

28

「隨行杯」圖案部分製作成拉鍊口袋。
能收納存摺的尺寸，
口袋可以放入印章等，
配合用途方便使用的波奇包。

設計／塗師眞里子
製作／上圖 土田弘子　下圖 小堀小夜子
13×21㎝（2款相同）
[作法→P.80]

附側身款

別布側身及摺疊側身……
多樣的側身作法你一定要學！

六角形上半部設計成弧形的時尚波奇包，
側面及圈式側身作外滾邊處理，呈現出俐落造型。

設計・製作／鈴木淳子　19.5×21.5cm

［作法 → P.81］

搭配側面的零碼布，口布使用2色。

圈式側身

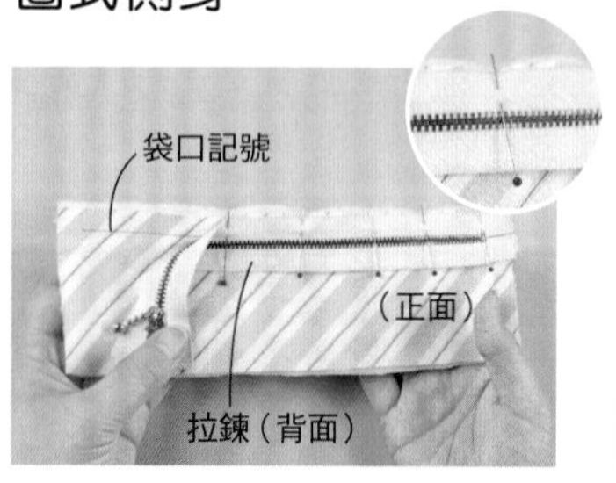

1 上側身的表布疊合棉襯。拉鍊正面相對後，對齊中心，以拉鍊織紋為基準，對齊袋口的記號，以珠針固定。

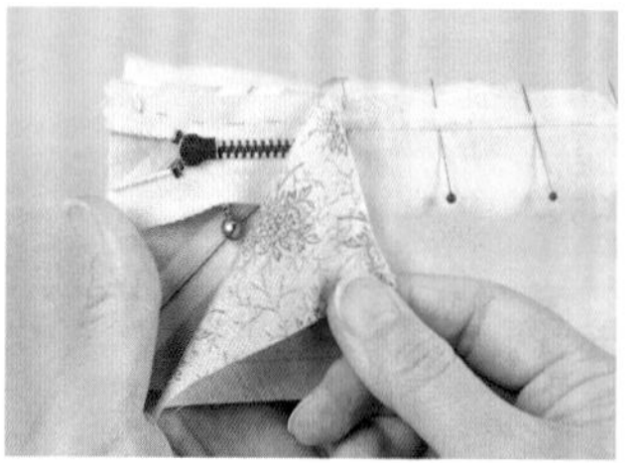

2 拉鍊假縫後暫時固定。胚布正面相對後疊合，與1相同織紋為基準，以珠針固定，車縫（使用拉鍊壓布腳）

注意重點

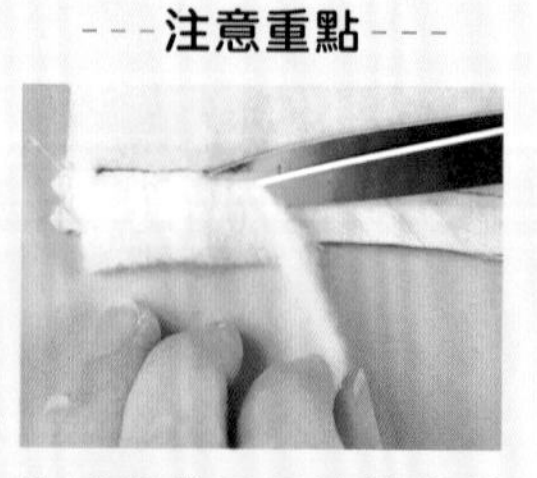

為了讓袋口保持簡單俐落，裁剪掉縫線的邊緣。

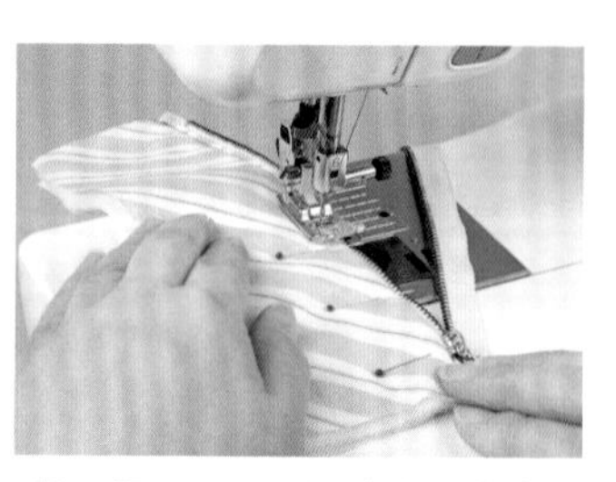

3 翻回正面，縫線邊緣整齊摺好，以珠針固定。布邊車縫，壓線。

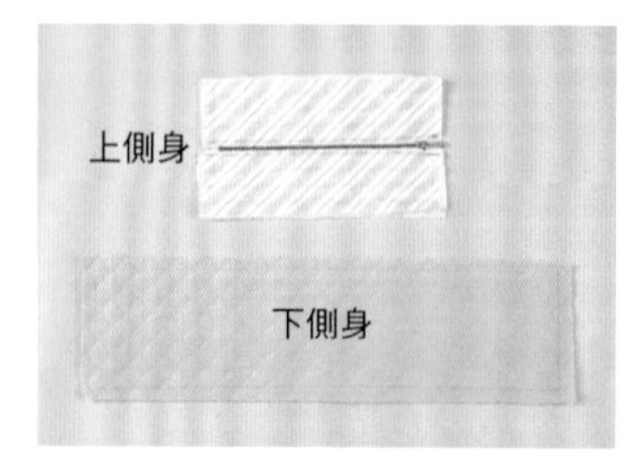

4 另一側也以相同方式加上拉鍊，如此便完成上側身。準備下側身，在各自地背面畫上記號。

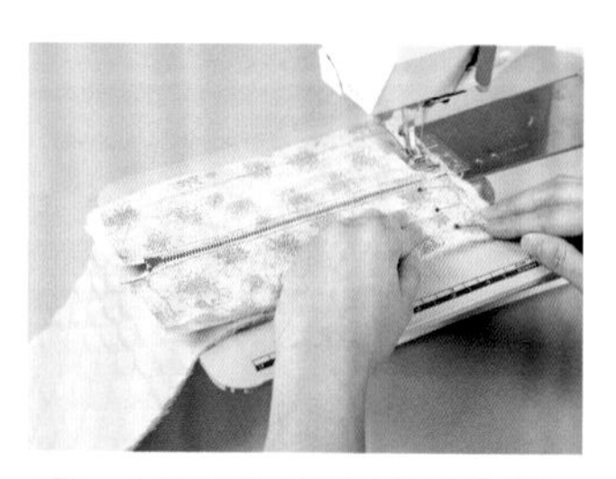

5 上側身及下側身的正面相對，縫合成圈。首先對齊記號後以珠針固定，車縫縫合。

6 裁剪比縫份寬4倍的斜紋布。上側身的背面正面相對疊合，在5的縫線上車縫。

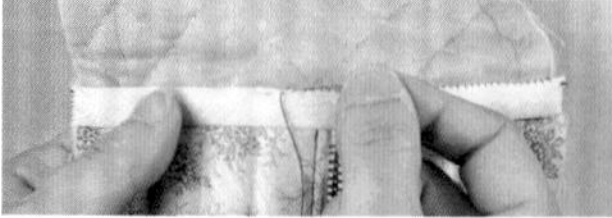

7 沿著斜紋布的邊緣，裁齊縫份，以斜紋布包邊後進行藏針縫。縫份向下側身倒向，進行藏針縫。

粉色系的側面及淡綠色與
棕色圓點搭配呈現普普風格。
後側口袋加上寬版的蕾絲。

設計・製作／松尾 緑　10×20cm（2款相同）
［作法 ──► P.82］

縮縫側身，與側面縫合，
讓側身澎鬆的設計。
「花水木」的造型使用
刺繡針法及串珠裝飾，
呈現華麗風格。

設計・製作／太田順子
11×20cm
［作法 ──► P.83］

以圖案為主角的圓形波奇包及零碼布製作的橢圓形波奇包。
兩款都使用整體圈式側身，收納力十足。
學會基本功就能讓側身如同處理縫份一樣簡單。

No.32　設計・製作／菅原恵子（拼布・包邊）　直徑15cm
No.33　設計／中山しげ代　製作／久保珠代　8×18cm
［作法──►P.84］

在上下側身之間夾入釦絆，
拉鍊的開闔會更順暢。

縫份簡單處理的拉鍊側身 …………………… 指導／中山しげ代

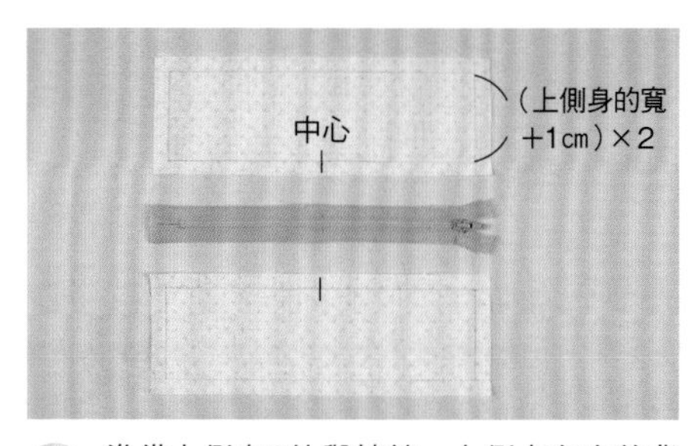

1 準備上側身2片與拉鍊。上側身在布的背面，畫周圍的記號及中心。拉鍊在正面中心畫上合印。

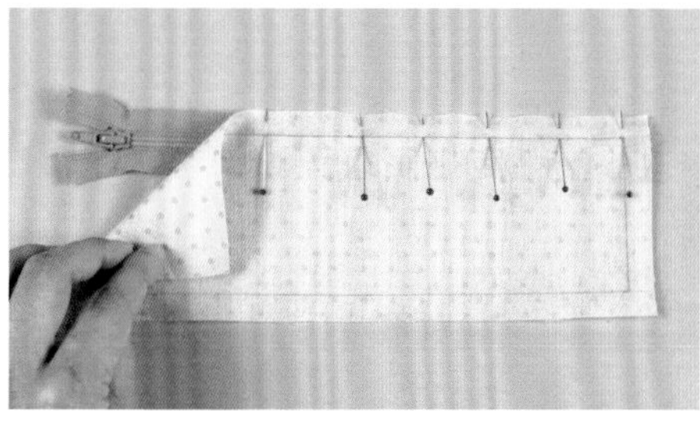

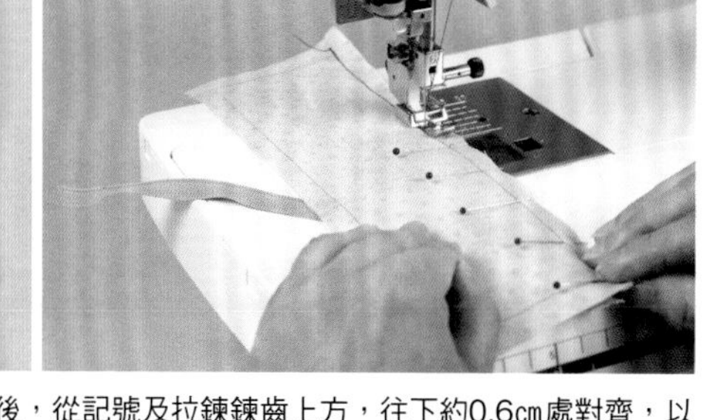

2 上側身與拉鍊正面相對後疊合。對齊中心後，從記號及拉鍊鍊齒上方，往下約0.6cm處對齊，以珠針固定，車縫。將壓布腳換成拉鍊壓布腳。

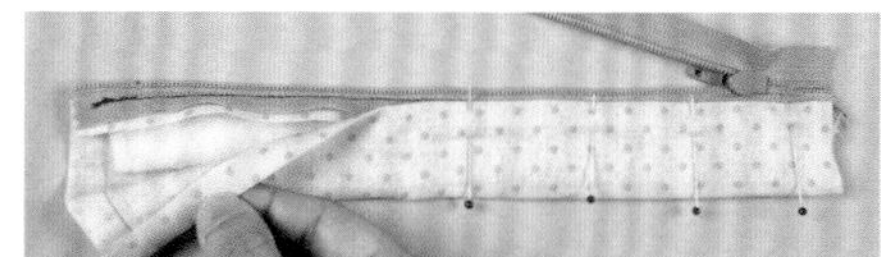

3 貼上直接裁剪的單膠棉襯。對摺，摺縫份，放於拉鍊上方，對齊縫線後，以珠針固定。

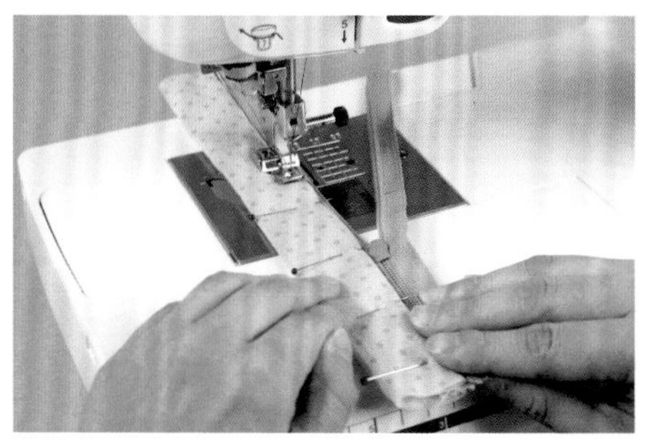

4 從縫份的山摺處往下約0.2cm處車縫。珠針在縫合前卸下。與布不要錯位，慢慢地縫製。

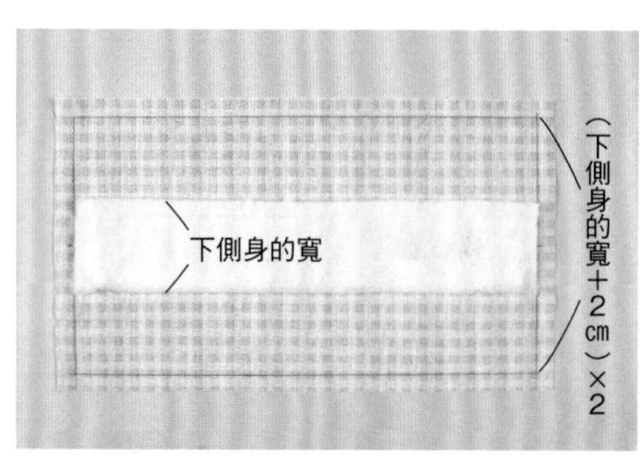

5 準備下側身。布的背面畫上記號，中心放上直接裁剪的附膠棉襯，以熨斗燙壓貼合。

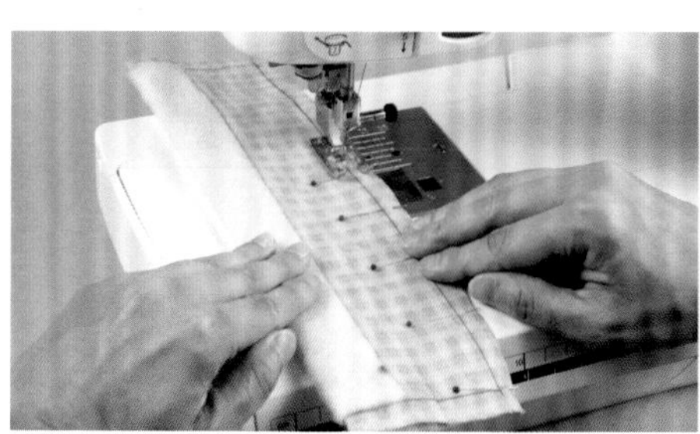

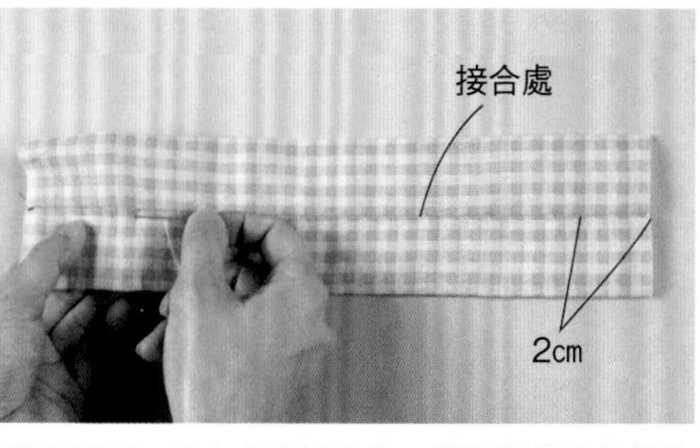

6 正面相對對摺，對齊記號後以珠針固定車縫。翻回正面，接合處放於中心，從兩側往內起算約2cm處假縫。

上止處

1

1

縫線記號

7 摺入下側身的縫份，將釦絆暫時固定的上側身放入裡面縫合。上止處的拉鍊邊緣先縫合固定。

8 側面與側身正面相對疊合後暫時固定。對齊記號後，每四分之一處以珠針固定，記號稍微往外側處假縫。

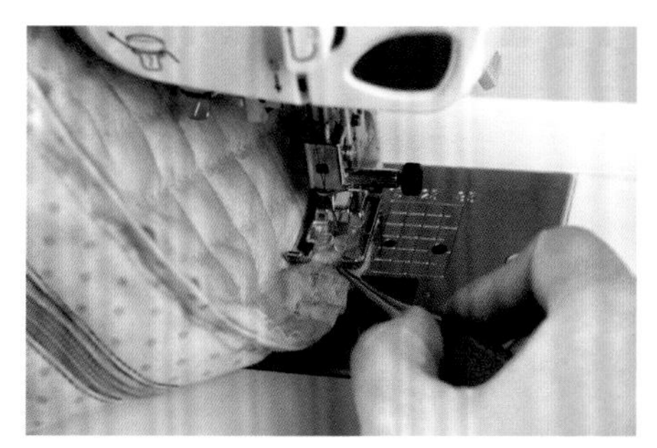

9 車縫。圓弧處像這樣提起，以錐子壓縫份，讓出針順利，更好縫合。

10 側面的縫份裁剪的比側身小，側身的邊布往側面倒向，進行藏針縫。縫份的處理就能簡單完成。

底部側身波奇包

橢圓形的底部側身包款的底部很堅固，方便擺放物件。
歐式的花朵圖案，搭配時尚配件＆蕾絲。

設計・製作／円座佳代　14.5×18.5cm
[作法 → P.83]

34

底部側身如圖所示。
以外滾邊處理，形狀會更穩固。

牛奶糖造型側身波奇包

特色是像以包裝紙包住牛奶糖的方式製作側身，呈現圓鼓的造型。
本體加上拉鍊後，袋口與底部對齊後，摺疊側身。
No.35波奇包裝飾了側身摺疊的位置。

設計・製作／橋本直子　No.35　8×13.5cm　No.36　7.5×14cm

[作法步驟 → P.28]

作法

材料（1個的用量）

各式拼接、釦絆用零碼布　B用布35×15cm
棉襯、胚布各40×30cm（No.36是35×30cm）
縫份處理用寬5cm的斜紋布25cm（No.35是30cm）20cm蕾絲拉鍊1條

棉襯畫上邊角記號

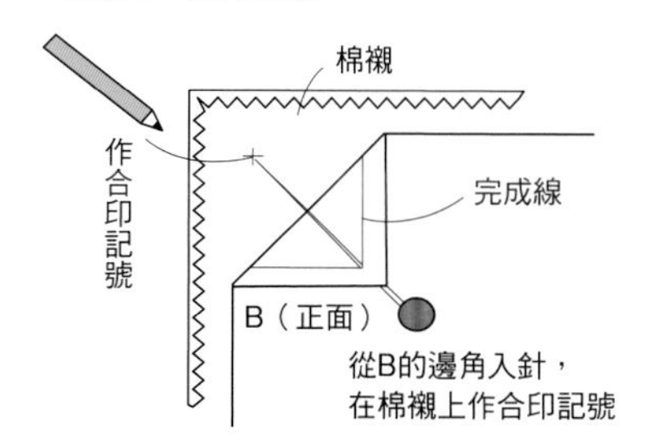

在脇邊畫完成線

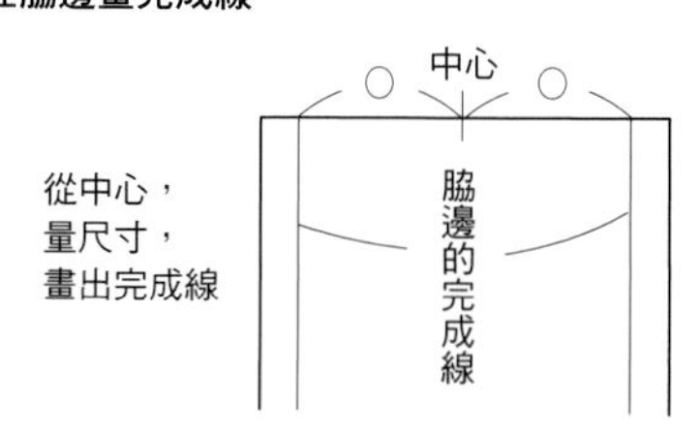

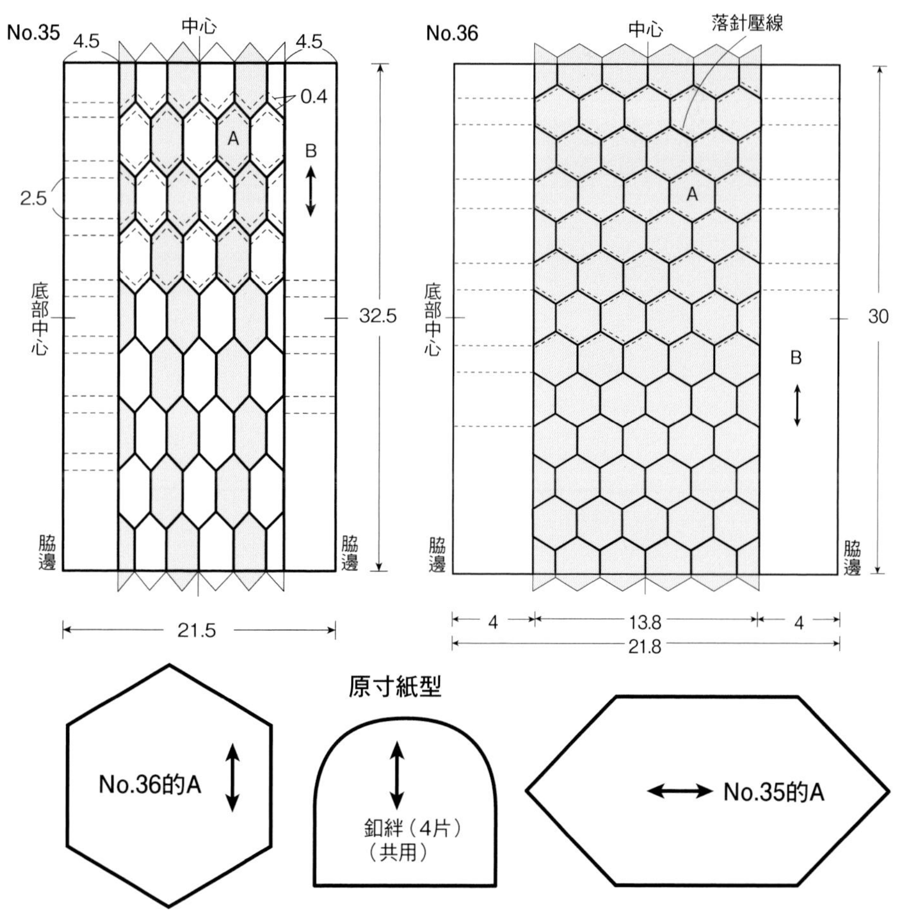

P.27牛奶糖造型側身波奇包 ························ 指導／橋本直子

※此作品的上方為無壓線設計
若要進行壓線，上方要先預留3cm的空間，
像步驟 1 至 4 ，處理袋口後，再將剩下的部位進行壓線。

1 拼接A與B製作表布，疊合棉襯與胚布，壓線。接著，翻出表布的袋口，在棉襯上作邊角的記號後（參考P.27圖示），畫出完成線。

2 以剪刀裁剪棉襯上畫出的完成線。不裁剪至表布部分，翻開表布再以手按壓。

3 棉襯以表布包覆，以珠針固定後進行假縫。先避開胚布。

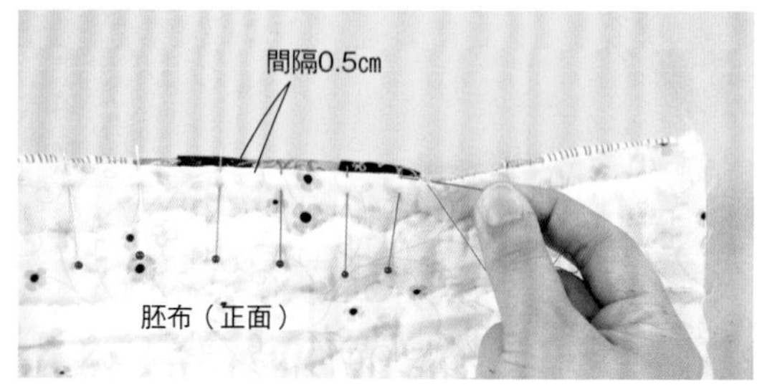

4 胚布由完成線預留縫份約1cm裁剪，縫份往內摺，以細針趾進行藏針縫。注意不要影響正面。之後在背面畫出脇邊的完成線（參考P.27）。

5 拉鍊疊合於本體正面，對齊中心後以珠針固定。背面拉鍊鍊齒從袋口處露出0.4cm，以珠針固定。

6 從拉鍊鍊齒往下0.5cm處進行星止縫。挑針至棉襯處。

7 另一側也以相同方式以珠針固定。先拉開拉鍊會比較好固定。

8 與 6 相同方式進行星止縫。縫合邊邊時，將拉鍊拉至中間，會比較好縫合。

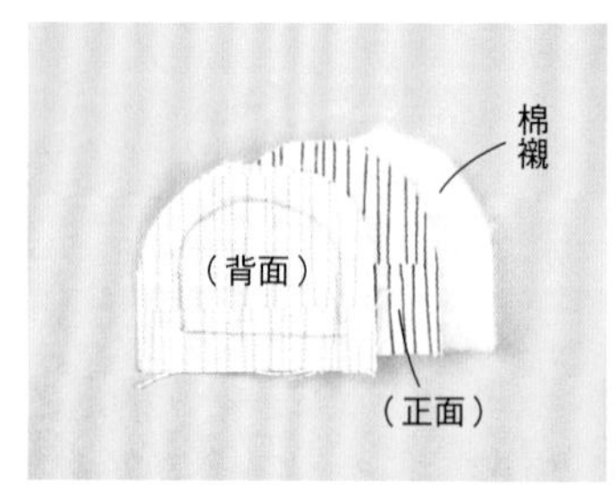

9 製作釦絆。布2片正面相對，在下方疊合棉襯後，預留下半部，縫合周圍。弧形部分以回針縫補強。

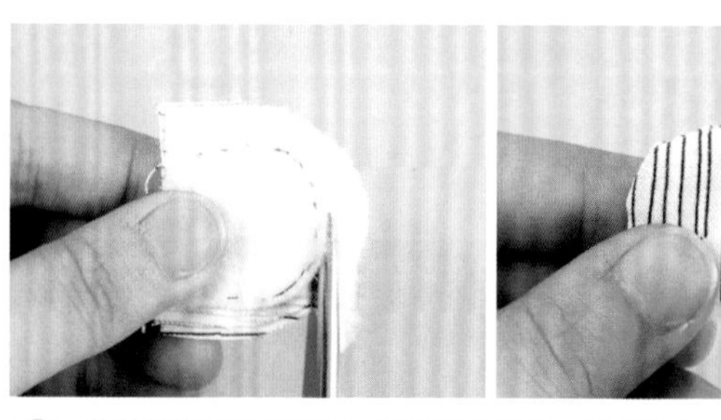

10 裁剪棉襯的縫線邊緣。翻回正面壓線。製作2片。

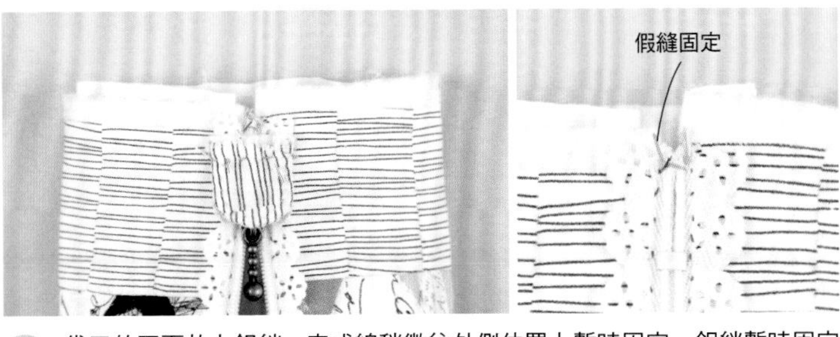

11 袋口的正面放上釦絆，完成線稍微往外側位置上暫時固定。釦絆暫時固定前，勿將拉鍊邊端拉開，以假縫縫合固定。

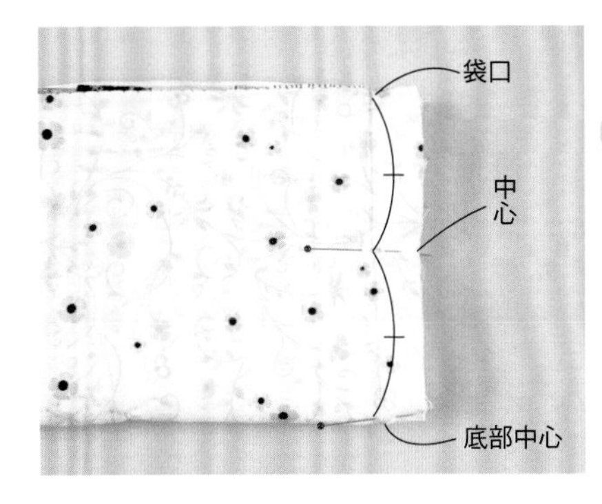

12 保持拉開拉鍊狀態，將本體背面翻出來，自底部中心開始摺合。No.36的波奇包自袋口到底部中心的中心位置以珠針固定。珠針挑針到另一側的胚布。

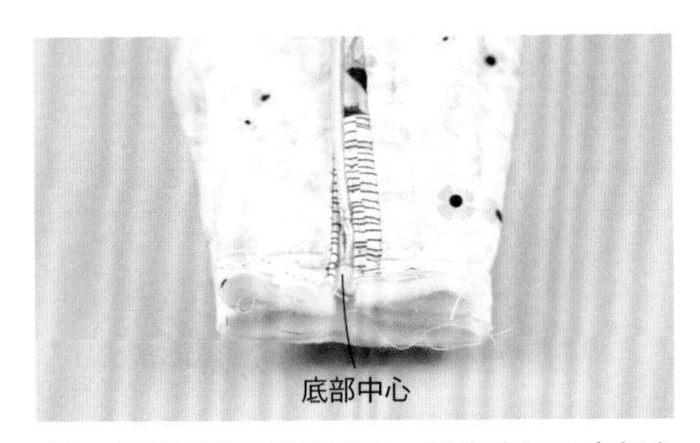

13 在固定珠針的位置上，對齊袋口及底部中心，摺疊側身，以珠針固定。在離完成線稍微外側處假縫。

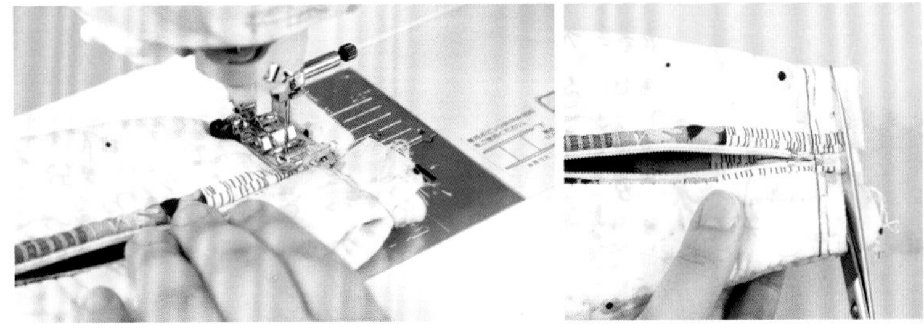

14 車縫完成線。縫份有厚度，將針換成14號，慢慢地縫合。起針及收針處進行回針縫。縫合結束時，留縫份1㎝，裁剪多餘的部分。

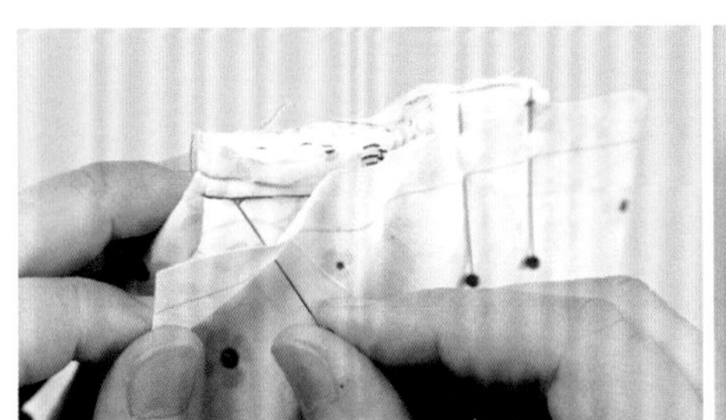
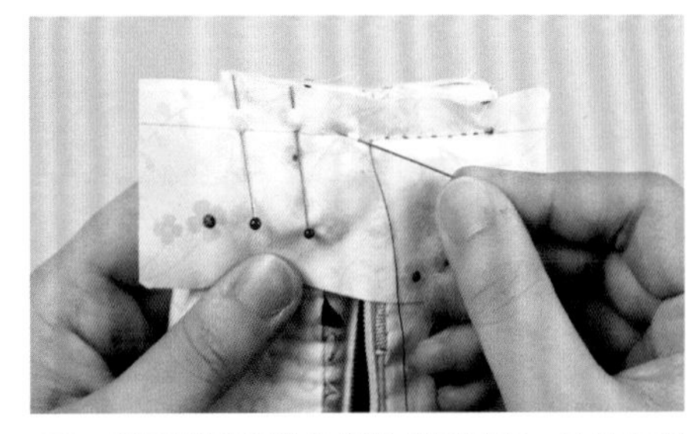

15 準備直接裁剪寬5㎝的斜紋布，正面相對疊合後，斜紋布的縫線與13的縫線對齊後，以珠針固定。縫份有厚度，珠針只要挑針至棉襯即可。

16 以平針縫縫側身的邊端到邊端。挑針至棉襯， 起針及收針處進行回針縫。

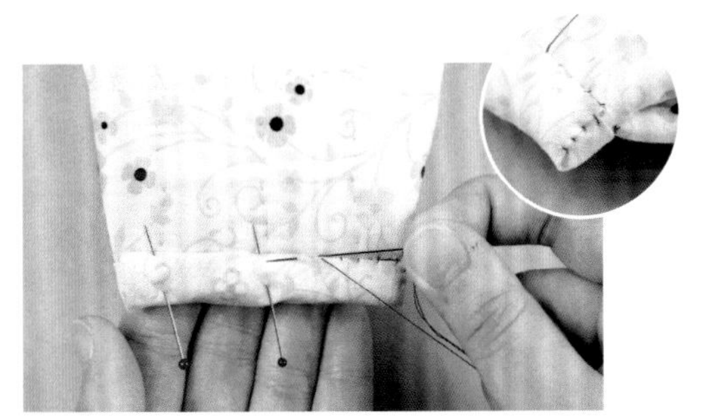

17 反摺斜紋布，包住縫份，以珠針固定，以細針趾進行藏針縫。邊緣部分也以相同方式進行藏針縫。從袋口翻回正面後完成。

No.35的波奇包側身

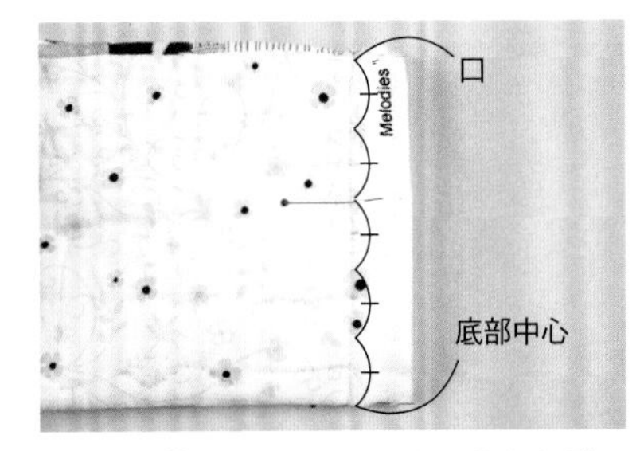

1 像12一樣對摺，珠針在離中心錯開的位置固定。在此分為5等分的3分之2的位置上以珠針固定。珠針固定位置可以喜好改變。

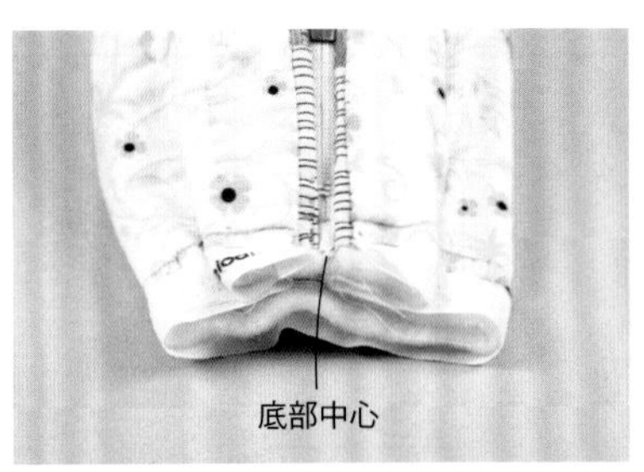

2 在珠針固定的位置上，對齊袋口及底部中心，摺疊側身。像14一樣地縫合側身。

附袋蓋款

本體與袋蓋一體成型的簡單組合款式，
依照不同形狀介紹。

37

「雙重婚戒」的戒指
如同摺疊信封般，
分成四等分縫合固定的扁平波奇包。
給人溫暖感覺的煙燻配色，
加上粉紅色格紋的滾邊。

設計／加藤礼子
製作／奥田千加
20×21.5cm [作法→P.31]

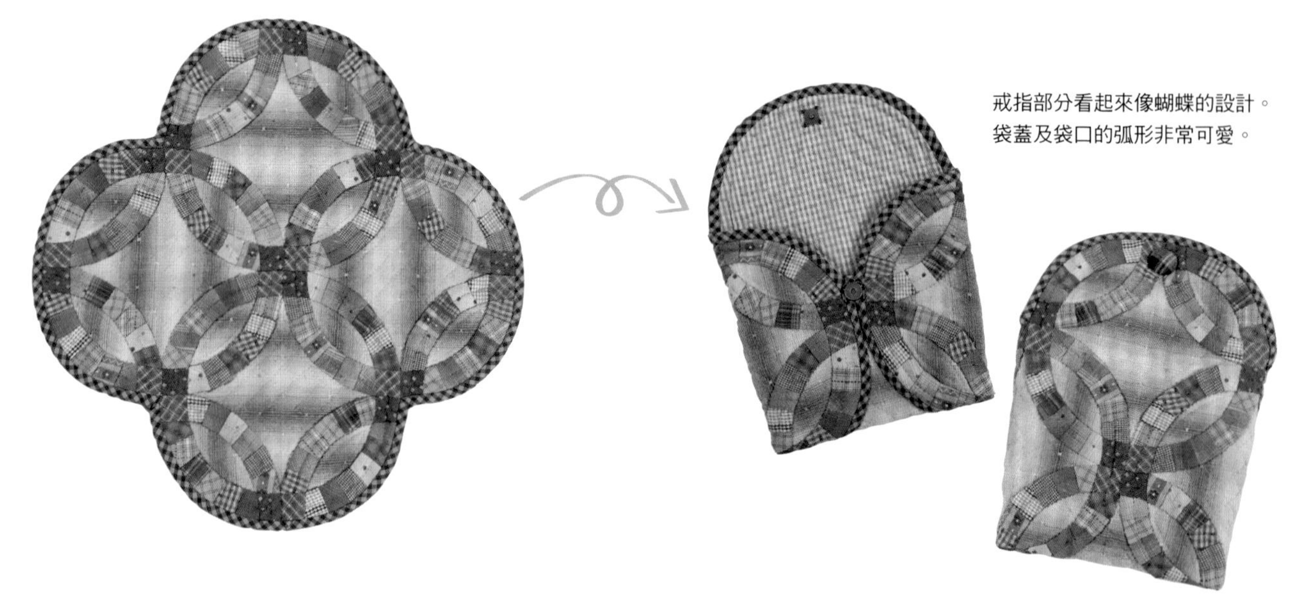

戒指部分看起來像蝴蝶的設計。
袋蓋及袋口的弧形非常可愛。

作法

材料

各式拼接、包釦用零碼布　D・E用布75×20㎝　滾邊用寬3.5㎝斜紋布135㎝　棉襯・胚布各45×45㎝　直徑2.5㎝包釦用芯釦1個　直徑1.4㎝磁釦１組（縫合固定款）

作法重點

○圖案的縫合順序參考P.75。
○包釦的製作方法參考P.73。

※A至E原寸紙型參考P.100

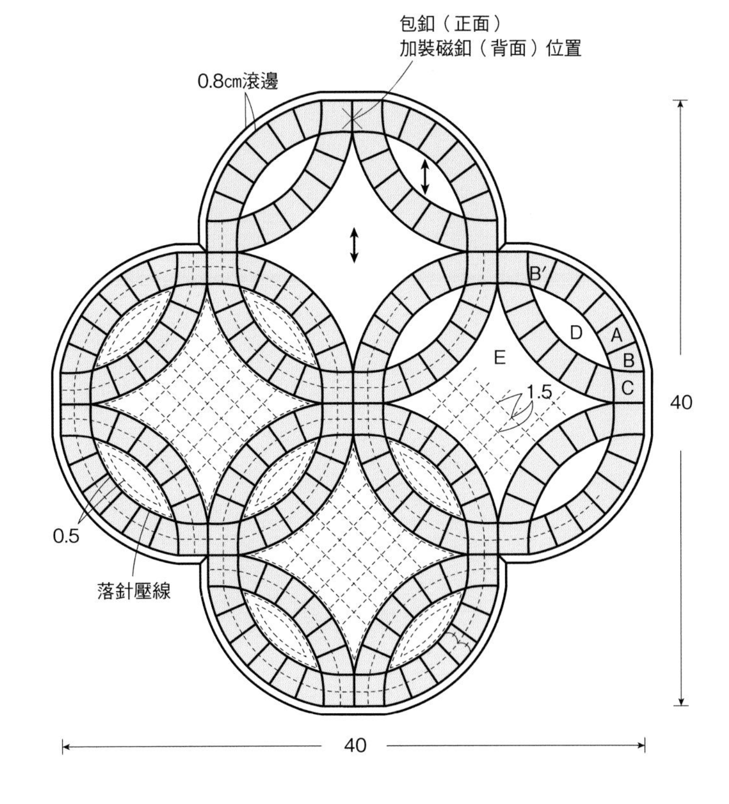

組合方法 ……………………… 指導／加藤礼子

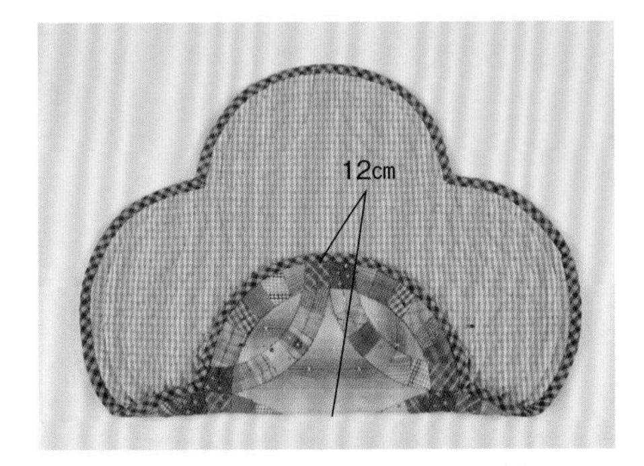

1 拼接A至E，棉襯與胚布疊合後壓線，周圍滾邊。下半部背面相對摺合，以珠針固定。

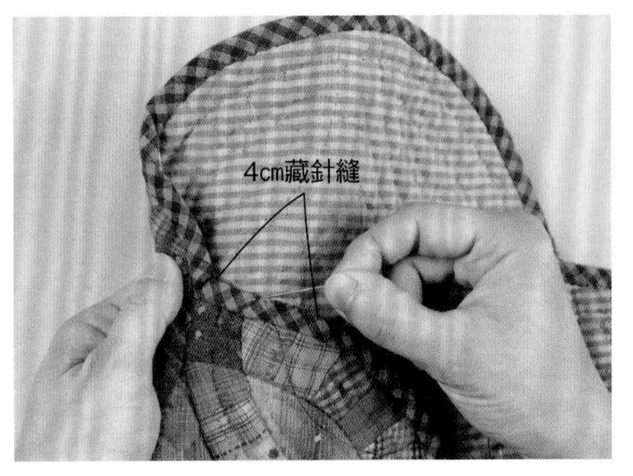

2 從邊角開始以藏針縫挑針棉襯約4㎝的長度注意邊緣不要纏線，縫合2至3次，固定。

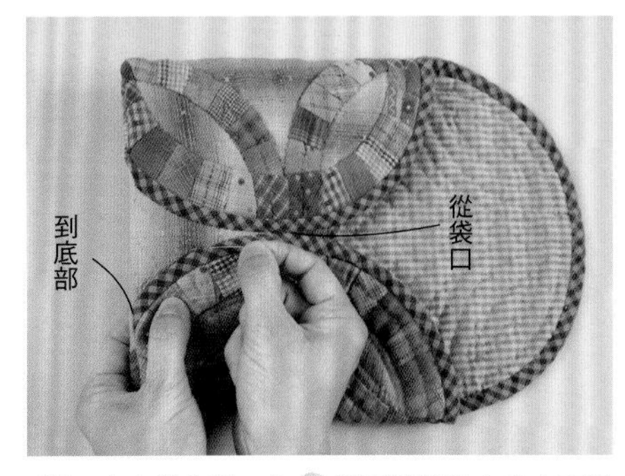

3 左右往內摺，在 **1** 摺好的部分中心上方對齊，從袋口往底部進行藏針縫。

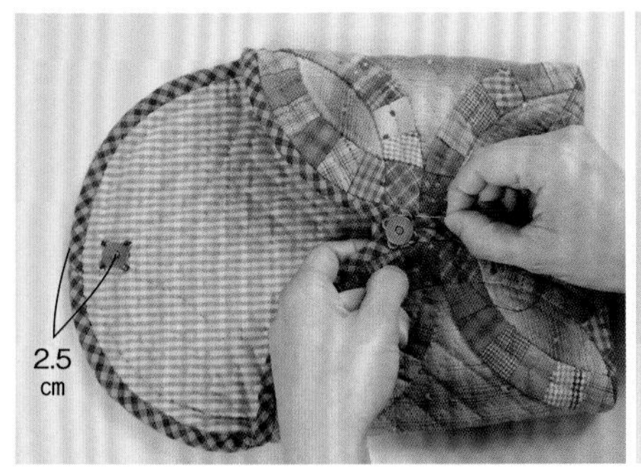

4

作為袋蓋的上半部背面與袋口的正面縫上磁釦（左）
最後袋蓋的正面（磁釦的正後方位置）以藏針縫縫合包釦。

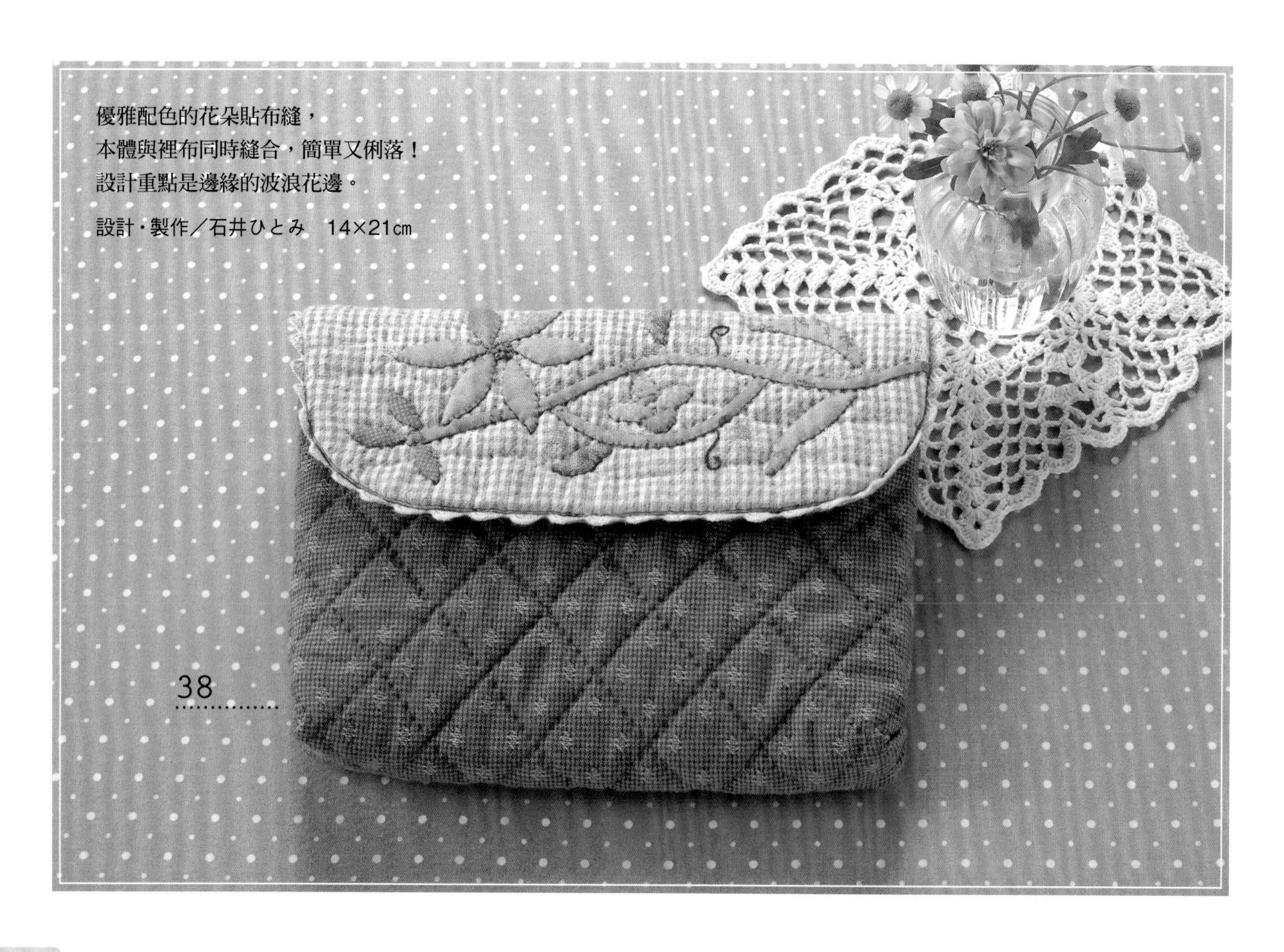

優雅配色的花朵貼布縫，
本體與裡布同時縫合，簡單又俐落！
設計重點是邊緣的波浪花邊。

設計・製作／石井ひとみ　14×21cm

38

作法

材料

各式貼布縫用零碼布　A用布35×25cm　B用格紋布25×15cm
棉襯・胚布・裡布各45×25cm　直徑1.5cm磁釦１組（縫合款）
寬1cm的波浪型花邊40cm　25號棕色・米色繡線適量

作法順序

在B上進行貼布縫及刺繡→拼接A與B後製作表布→
棉襯及胚布疊合後，壓線→摺疊表布與胚布，壓線→
摺疊表布與裡布的側身，正面相對縫合周圍→
翻回正面縫合返口→加上花邊→裝上磁釦。

作法重點

◯反摺花邊的兩端，縫合固定。

※B（袋蓋）原寸紙型A面⑦

花邊

花邊
星止縫
袋蓋（背面）

組合方法

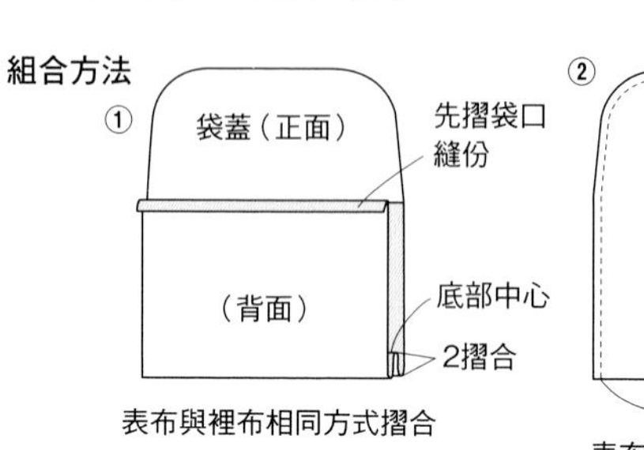

表布與裡布相同方式摺合

②
縫合
表布
（正面）
裡布
（背面）
返口

表布與裡布正面相對，
預留返口後縫合周圍

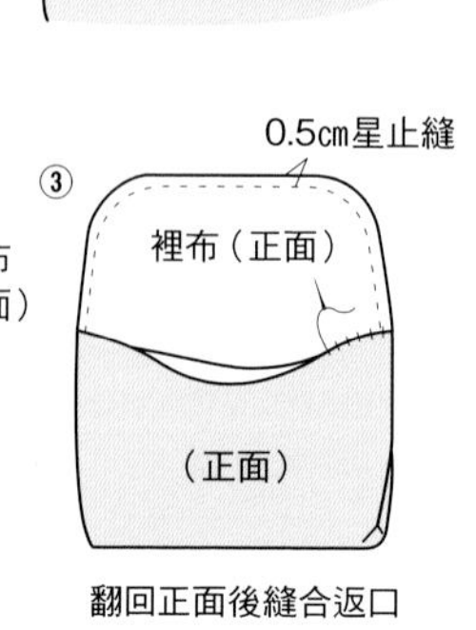

翻回正面後縫合返口

刺繡
落針壓線
中心
縫合磁釦位置（背面）
貼布縫
花邊
10
B（袋蓋）
A
40
底部中心
30
2.5
2.5
15
磁釦
磁釦位置
6
21

※裡布以相同尺寸的一片布裁剪

以1片圖案製作而成的正方形造形拼布包。
配合用途調整大小也很棒。

設計・製作／柴田明美　12×16cm

[作法──►P.85]

在袋口的邊角上刺繡，
剩下的邊角也搭配進行捲針縫。

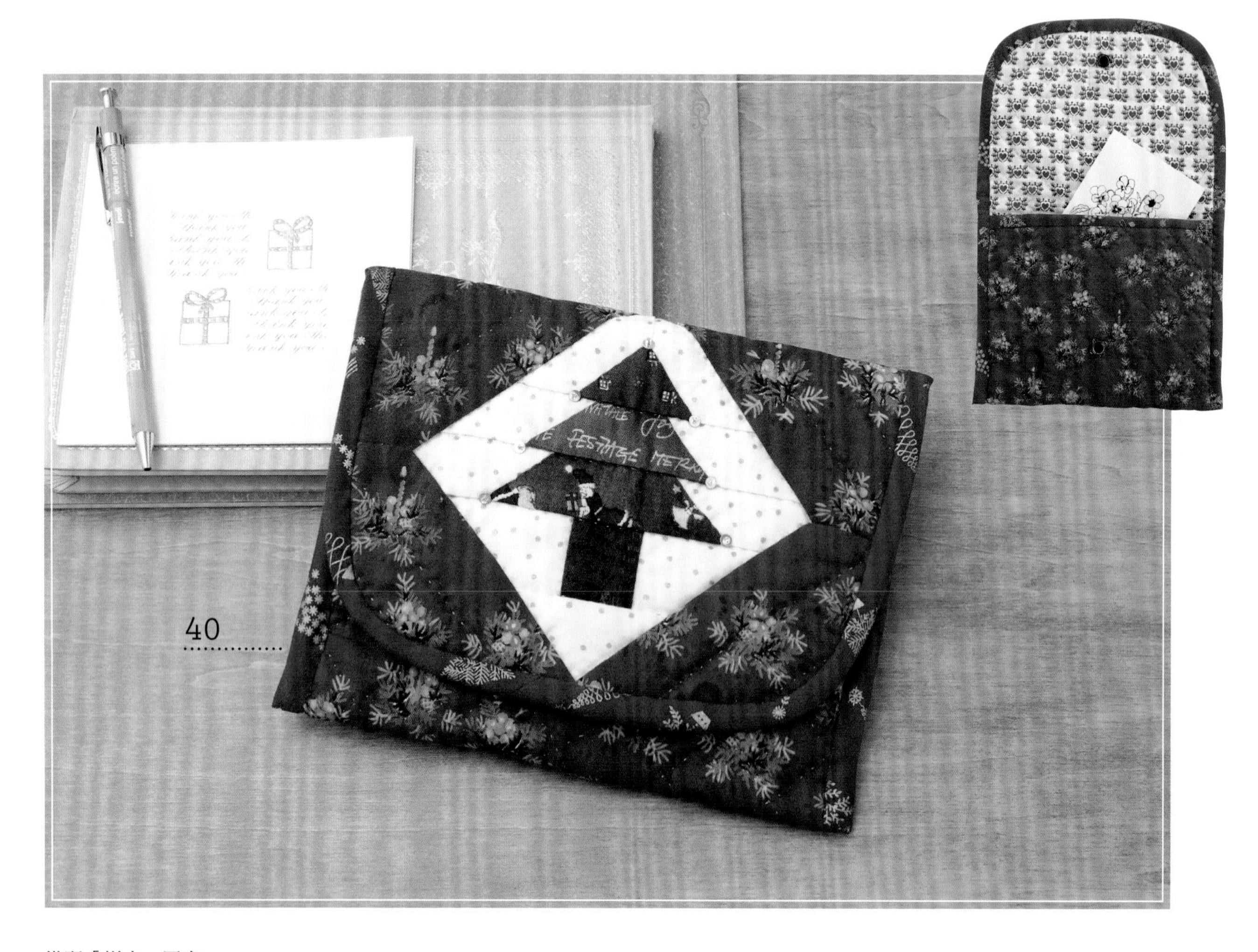

搭配「樹木」圖案，
適合聖誕季節使用的波奇包。
袋蓋以磁釦固定。

設計・製作／橋本直子
16.5×19.5cm

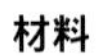

材料

各式滾邊用零碼布　紅色印花布55×25cm　滾邊用寬3.5cm斜紋布100cm　棉襯・胚布各50×25cm　直徑1cm磁釦1組（縫合款）　直徑直徑0.5cm閃光飾片、直徑0.2cm的串珠各7個

※圖案的縫合順序參考P.102
※a至i、A至B' 原寸紙型A面⑤

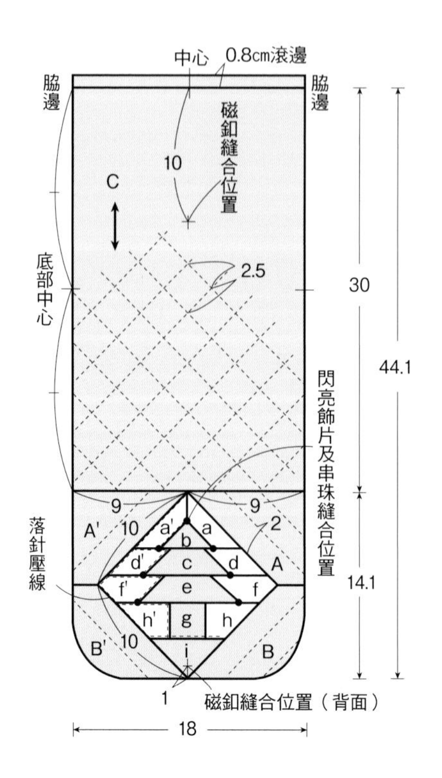

袋蓋波奇包　……………指導／橋本直子

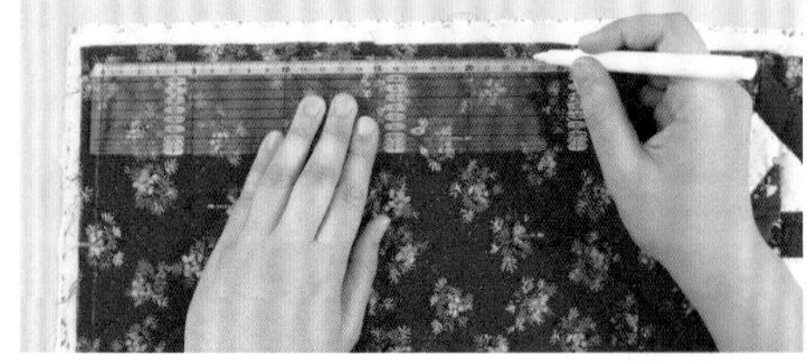

1 拼接後製作表布，棉襯與胚布疊合後壓線，縫上閃亮飾片及串珠。袋蓋的正面放上紙型，畫出完成線。直線部分以量尺測量畫線。

2 直接裁剪寬3.5㎝的斜紋布背面上，畫出寬0.7㎝的縫線，與袋口正面相對疊合後，對齊記號，以珠針固定。在縫線縫合。

3 沿著布條邊緣，裁齊多餘的棉襯及胚布。

4 反摺布條後，包住縫份以珠針固定，以細針趾進行藏針縫。

5 從底部中心背面相對摺疊，從正面確認袋口滾邊的邊角與袋蓋與側面的接合處，以珠針固定。

6 對齊脇邊的記號，以珠針固定，從底部到袋口進行半回針縫。下針及收針處進行1針回針縫。

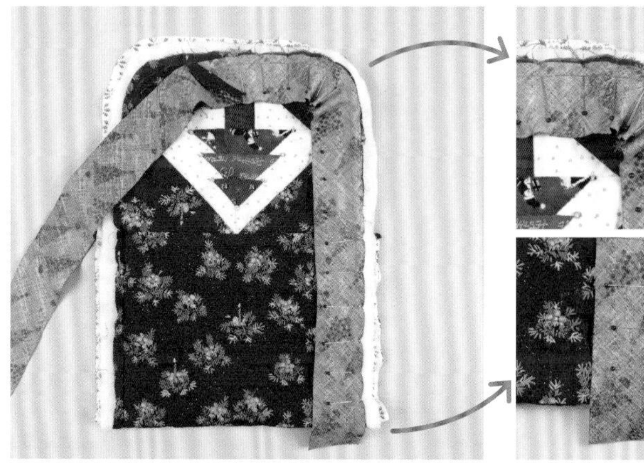

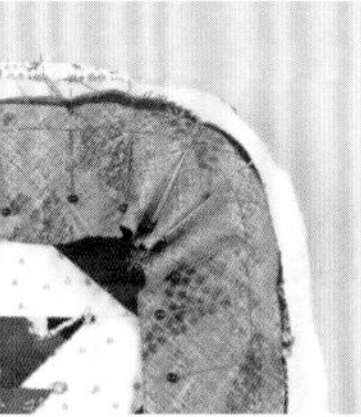

7

在背面放上已作寬0.7㎝縫線記號直接裁剪寬3.5㎝的斜紋布，正面相對，邊邊各多預留2㎝，對齊記號，以珠針固定。袋蓋的彎弧部分縮縫，以細針趾固定。

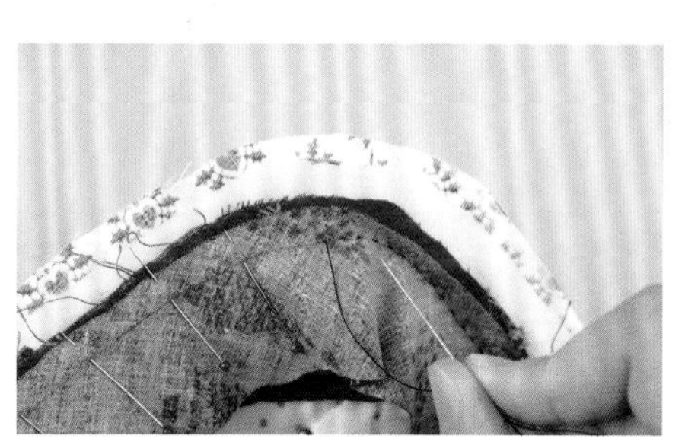

8 固定斜紋布後，在記號上方縫合。彎弧部分以細針趾仔細地縫合。

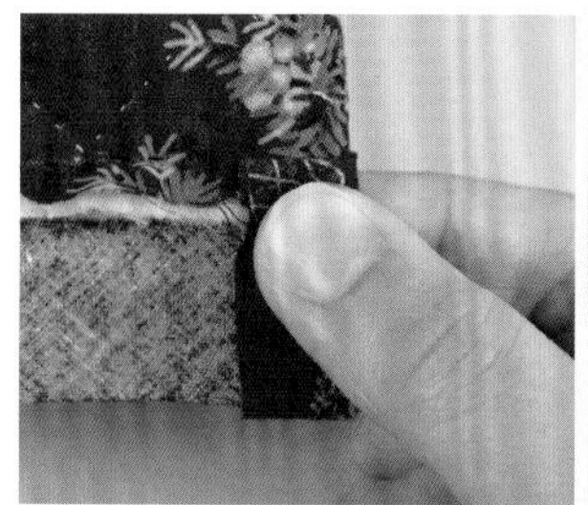

9

與 4 相同方式將布條翻回正面。摺入邊端多餘部分（左），包住縫份後，以珠針固定，布邊進行藏針縫。最後再加上磁釦。

依用途分類

搭配用途製作專用的包包
也明載了方便使用的技巧。

{ 筆袋 }

先以扁平方式組合好後再縫上側身，收納空間十足的筆盒型及不占空間的扁平造型筆袋。
No.42的製作訣竅在露出美麗配色的拉鍊。

No.41 設計・製作／太田順子 5×18cm No.42 設計／松尾 緑 製作／小林亜希子 8×21cm
[作法 → P.86]

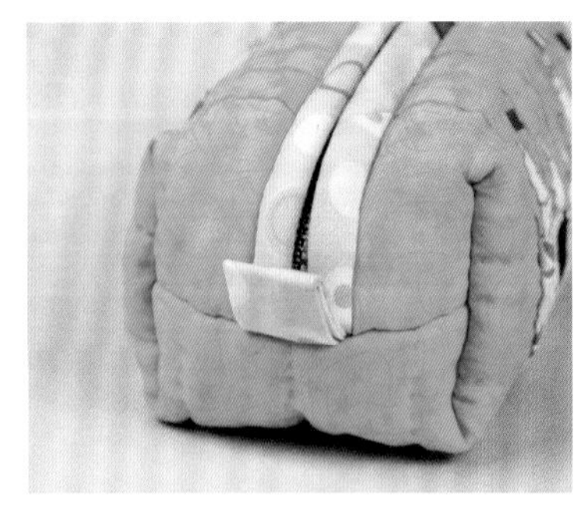

縫合側身後，即成此袋形。

拉鍊的顏色與滾邊布同色。

P.36筆袋的拉鍊縫法

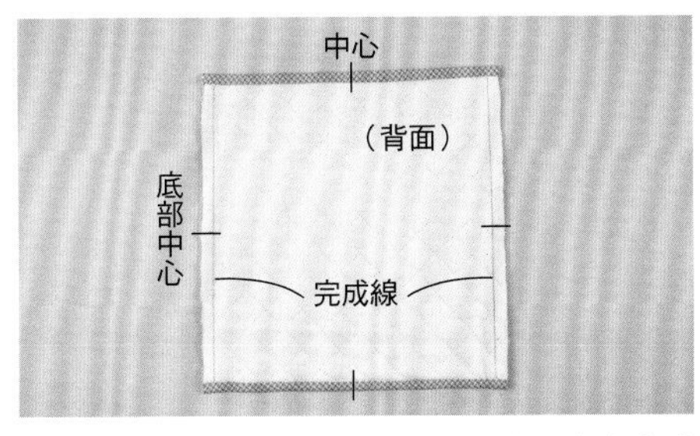

1 壓線，滾邊上下（開口）。背面畫出完成線，中心與底部中心作記號。

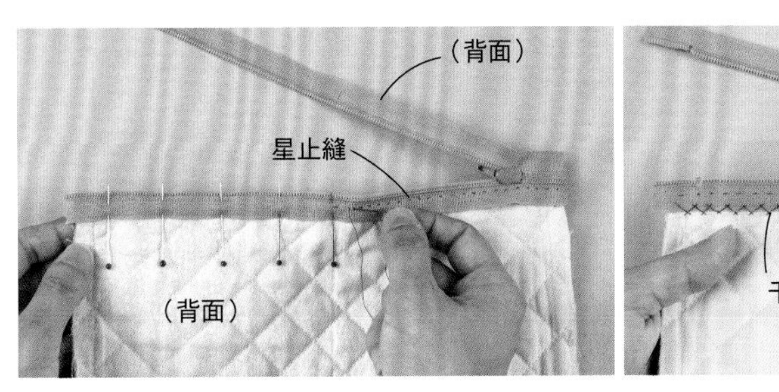

2 袋口中心與拉鍊中心對齊後以珠針固定。固定至邊端，進行星止縫，再進行千鳥縫。

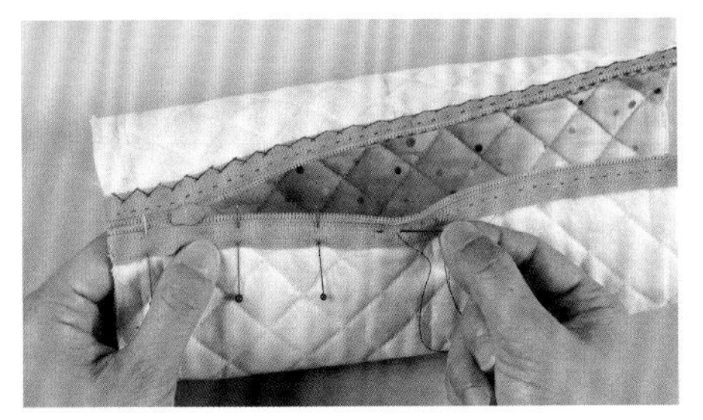

3 另一側的袋口也以相同方式疊合拉鍊，以珠針固定，進行星止縫與千鳥縫。

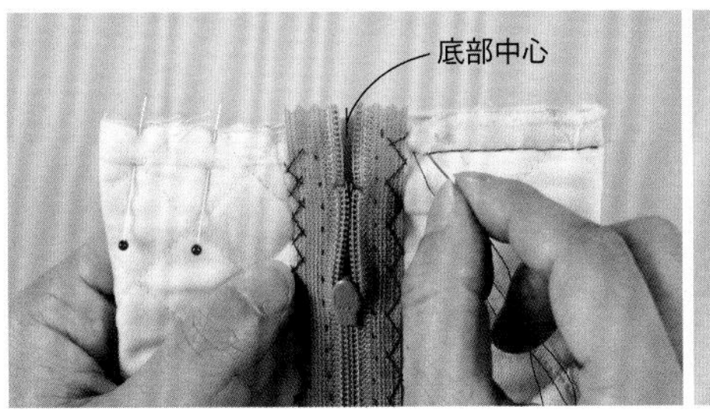

4 底部中心與袋口對齊後摺疊，對齊記號，以珠針固定後進行回針縫。拉鍊闔起，稍微拉開。

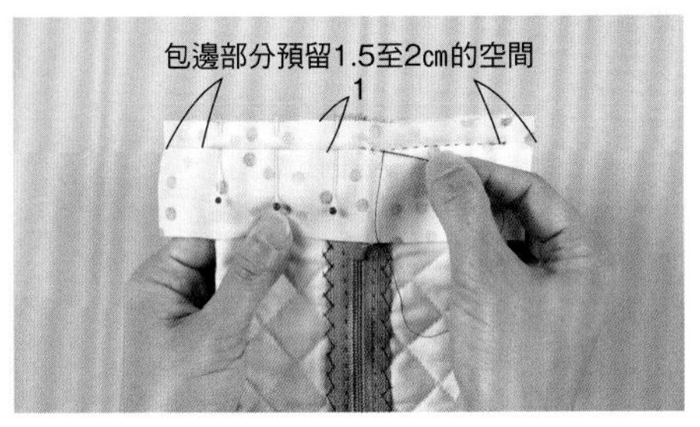

5 準備好縫份4倍寬的斜紋布。正面相對疊合，對齊 4 的縫線與斜紋布的記號，以珠針固定，縫合。

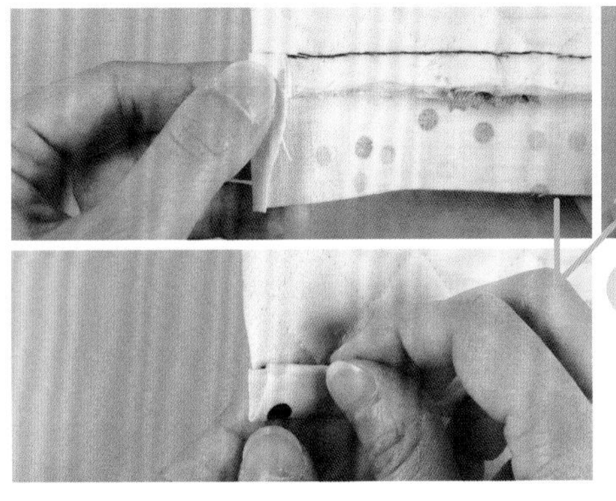

6 沿著斜紋布，裁齊縫份後，將斜紋布翻回正面，摺兩邊，包住縫份。將兩邊摺入內側。以珠針固定，從邊邊開始進行藏針縫。

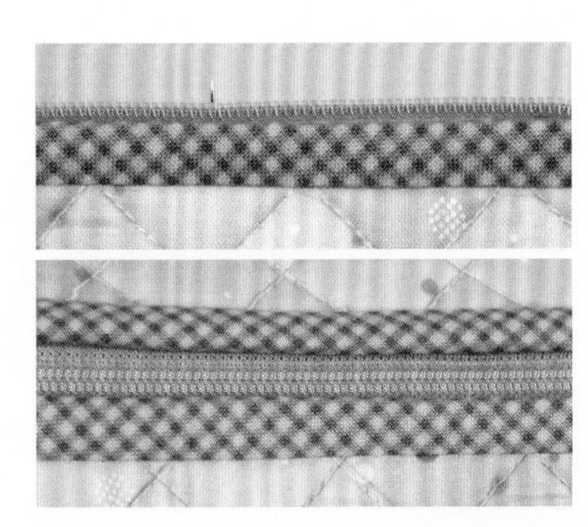

拉鍊鍊齒從滾邊布邊邊露出，拉鍊闔起時，能看得見鍊齒。

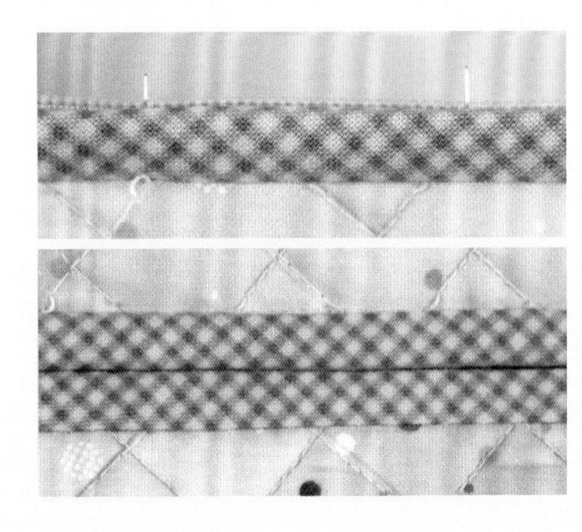

拉鍊鍊齒對齊滾邊布邊縫合，拉鍊闔起時，看不見拉鍊。

拉鍊位置不同的兩款扁平筆袋。
上方是中心縫上蕾絲拉鍊款式；下方是使用普普風色系的設計。

設計・製作／西丸貴子　No.43　21×7.5cm　No.44　7.5×21cm　[作法 ➝ P.87]

{ 面紙袋 }

45

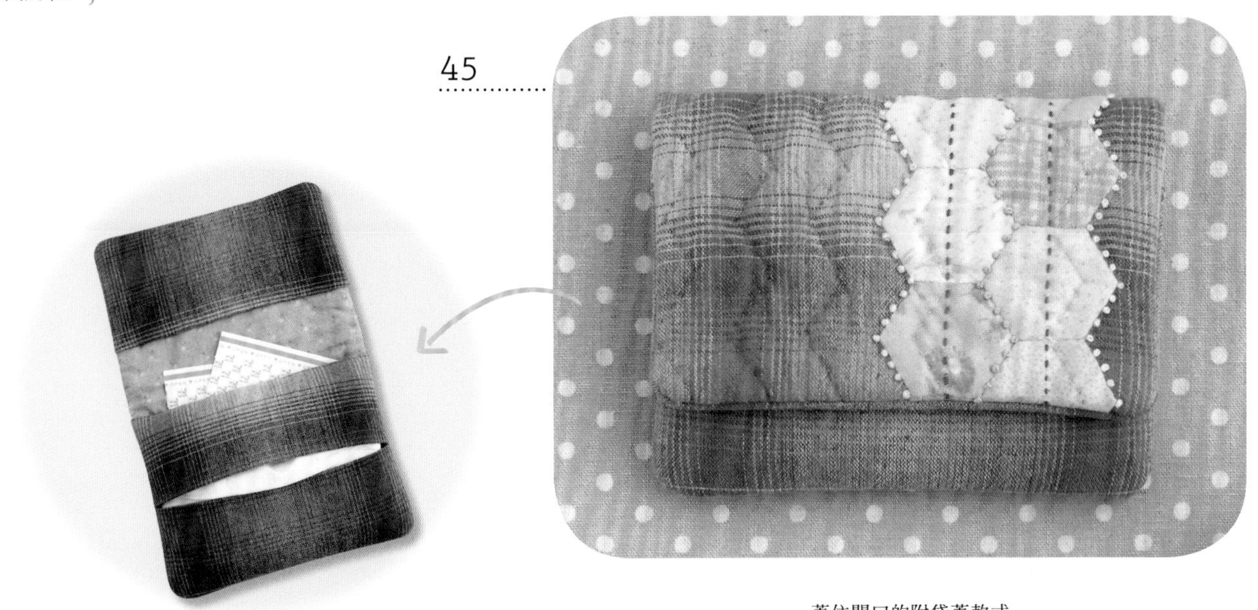

蓋住開口的附袋蓋款式。
內側除了可放入面紙之外，還附了兩個口袋。
可以放入ok繃，非常方便。

設計・製作／染谷祈子　9.5×13cm　[作法 → P.88]

46

附拉鍊口袋款式。
口袋收納護唇膏，補妝時也很方便呢！

設計・製作／渡邉まき子　10×12.5cm　[作法 → P.88]

{ 眼鏡盒 }

造型簡單的本體加上緞面的
YOYO拼布裝飾，
展現優雅感，
溫和的粉紅羊毛材質，
任何季節都能使用。

設計・製作／三林よし子　10×17cm
［作法 → P.89］

在平坦組合好的本體加入底板，
固定釦絆使用
內部放入底板，可固定形狀，
推薦使用於收納容易被壓壞的眼鏡。

設計／三上奈津子
製作／小野登美子　8×18cm
［作法 → P.41］

將眼鏡吊掛收納於內側口袋。

No.48眼鏡盒

材料

各式貼布縫用零碼布　台布20×20㎝　滾邊用寬4㎝斜紋布65㎝　裡布35×20㎝（含口袋部分）貼布襯20×5㎝　單膠棉襯20×20㎝　底板16×16㎝　長6.3㎝・2.5㎝皮革製釦絆1組　寬0.4㎝繩子15㎝　寬1.3㎝的造型蕾絲1片直徑0.2㎝串珠1個　25號棕色・米色繡線適量

作法順序

在台布上進行貼布縫及刺繡，製作表布→貼上棉襯，壓線，裝上釦絆→參考下圖作法完成。

※原寸紙型參考P.101

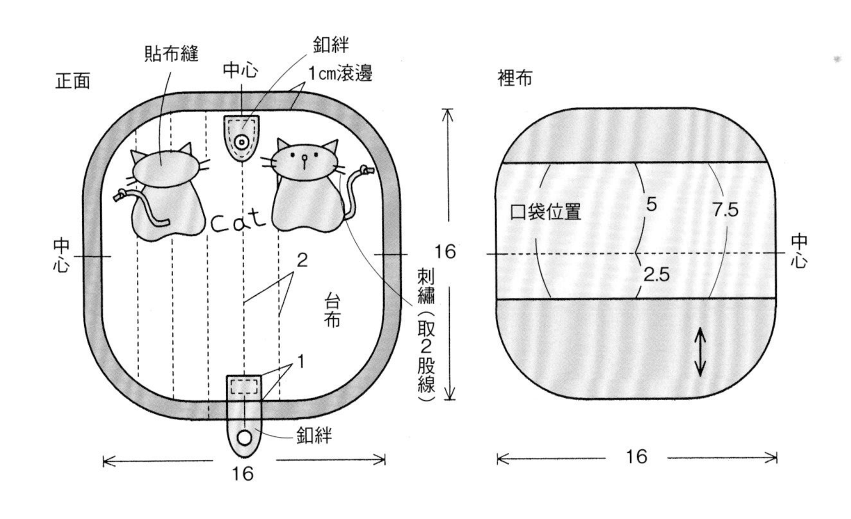

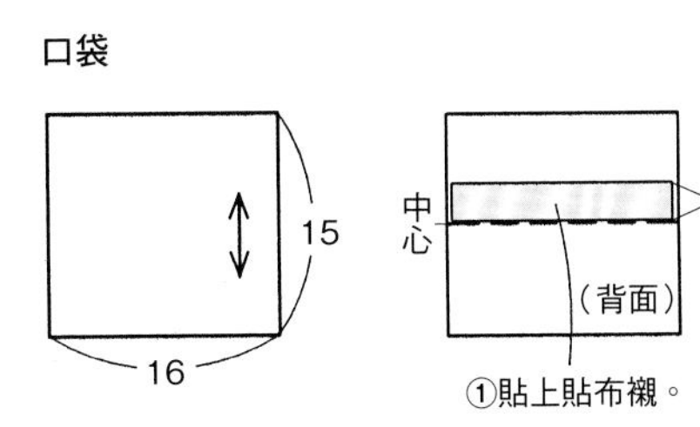

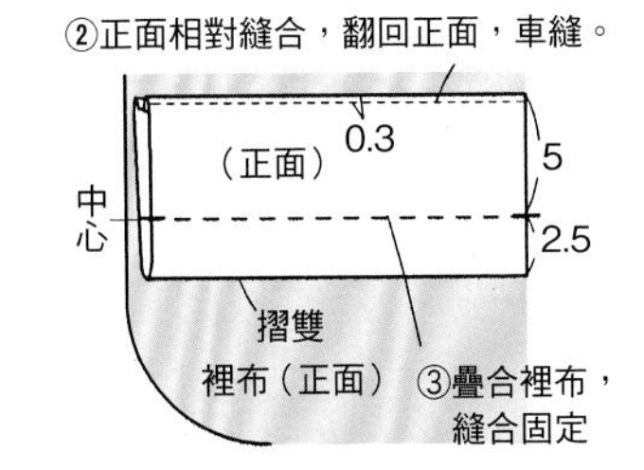

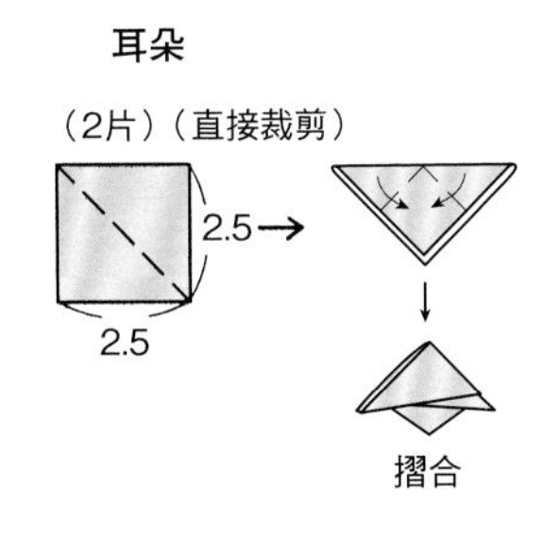

組合方法 ……………………… 指導／三上奈津子

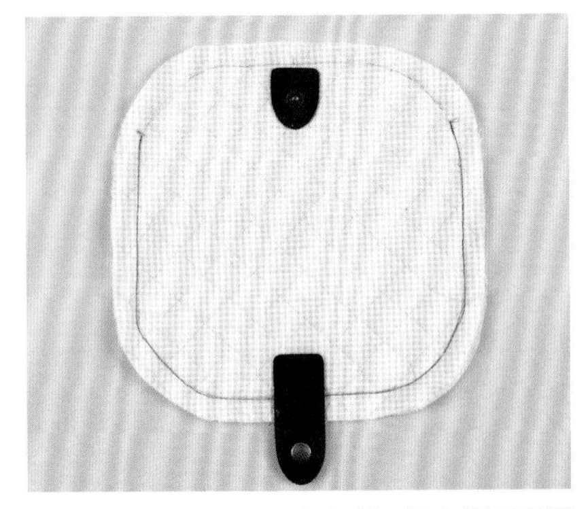

1 壓線好的表布縫上釦絆，裡布背面相對後，預留底板放入口，避開釦絆後縫合周圍。

注意重點

車縫時，全部的流程皆換成拉鍊壓布腳，避開釦絆縫合。

便利的工具

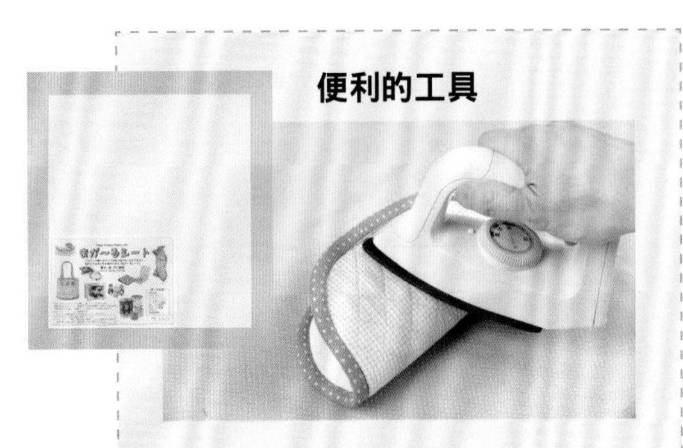

以（株）ナカジマ的「まがーるシート（彎曲底墊）」取代底板，摺半時以熨斗燙壓可保持彎曲的形狀。

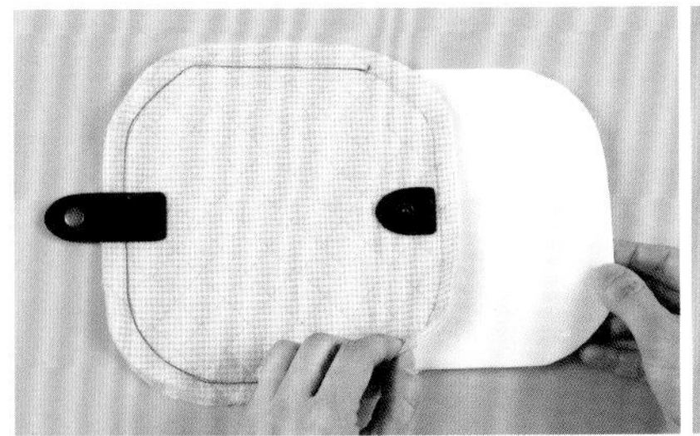

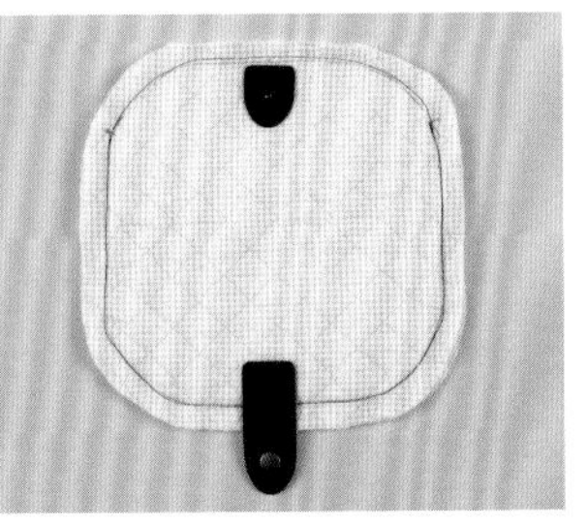

2 裁剪好比完成尺寸小的底板放入中間，縫合放入口。

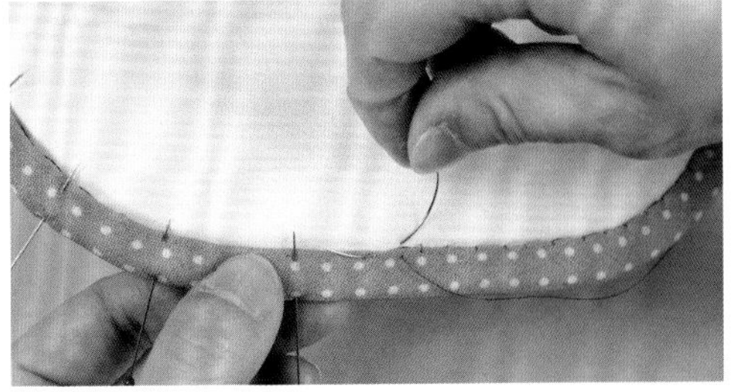

3 避開釦絆，滾邊周圍。將斜紋布正面相對，以每一針垂直入針的上下針方法縫合，包住縫份後進行藏針縫，使用彎針，在布上作業會比較容易挑針。

49

能整齊收納護照及票卷。
統一整理收納好，
登機時就能從容不迫。

設計・製作／西谷小百合　24.5×13cm

{ 護照套 }

可以收納機票及票卷。
也可放入筆記及紙幣。
尺寸稍大的口袋，能彈性地使用。

能收納護照的口袋，
附袋蓋設計令人安心。

很適合收納信用卡及
電車車票等

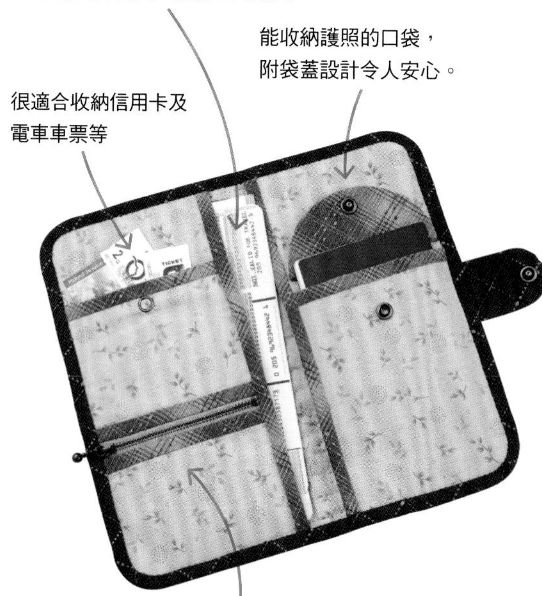

附拉鍊口袋，可放入零錢及鑰匙。

作法

材料

拼接、各式貼布縫用零碼布　F至H用布40×15cm　棉襯30×30cm　胚布110×35cm（含內口袋部分）　貼布襯45×30cm　滾邊用寬布50×30cm（含釦絆）　內口袋滾邊用布45×30cm（含袋蓋）　10cm拉鍊1條　直經1cm的壓釦 3組　直徑0.7cm鈕釦12個　花朵繡線（粗）紅色・深綠（細）棕色適量

※A至D'原寸紙型與原寸貼布縫・刺繡圖案參考P.100

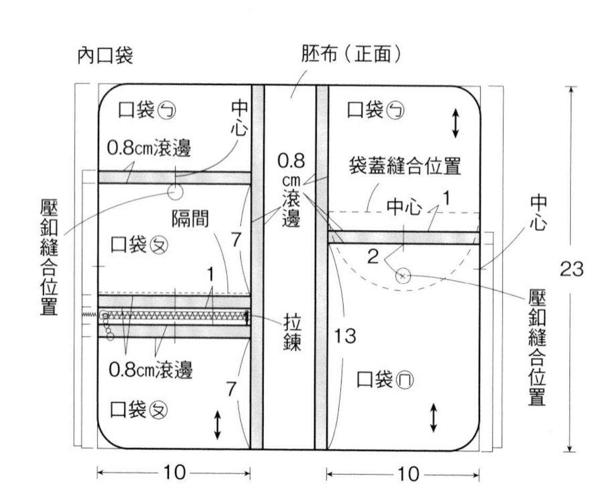

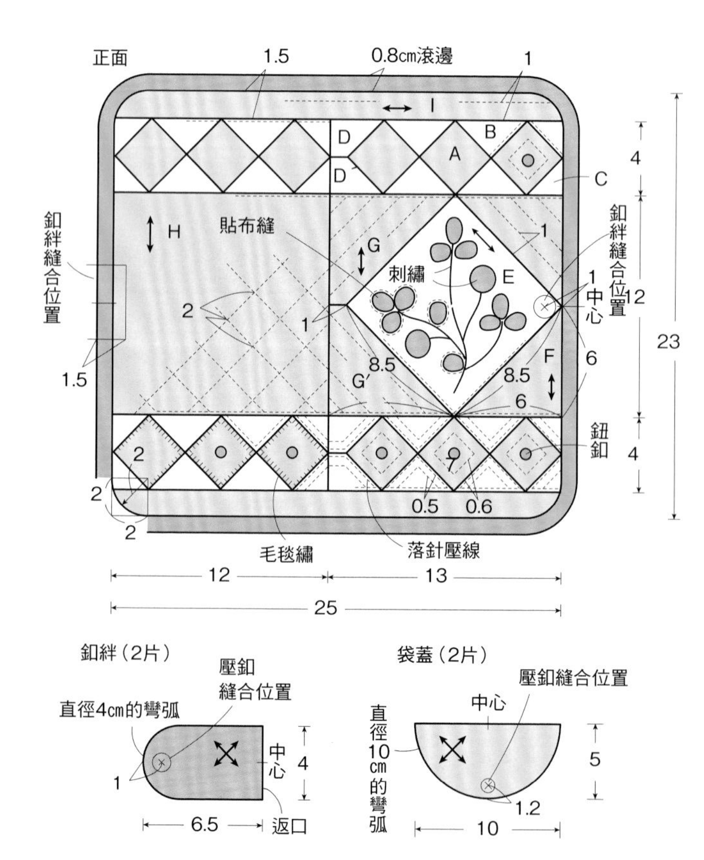

護照套

指導／西谷小百合

1 在與貼布縫拼接的表布上，疊合棉襯及胚布，壓線刺繡後，加上鈕釦與壓釦後，在正面畫上完成線。

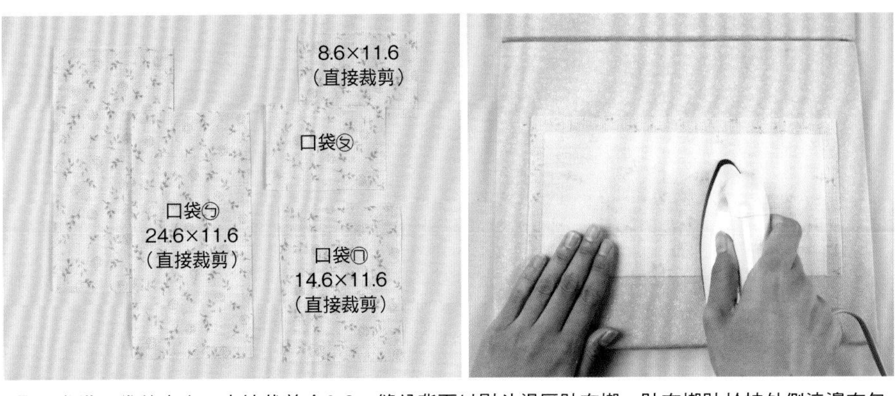

2 準備口袋的表布，直接裁剪含0.8㎝縫份背面以熨斗燙壓貼布襯。貼布襯貼於被外側滾邊布包覆的縫份以外部位。

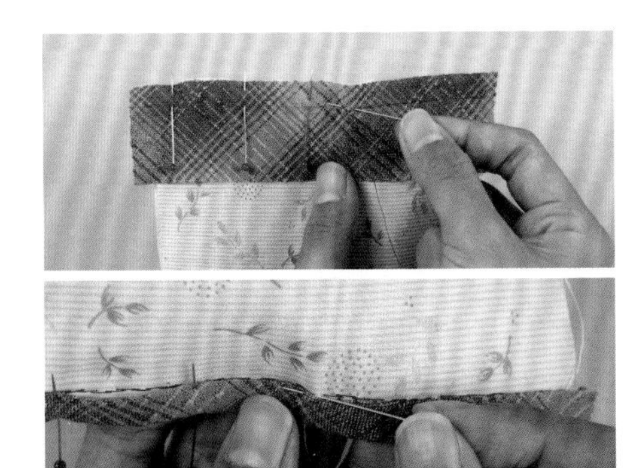

3 ㄆ與ㄇ的背面上，以相對尺寸的裡布，背面相對疊合。在直接裁剪寬3.5㎝的斜紋布背面，作寬0.8㎝的縫線記號，與口袋口的布邊對齊後，以珠針固定縫合，包住縫份後，進行藏針縫。

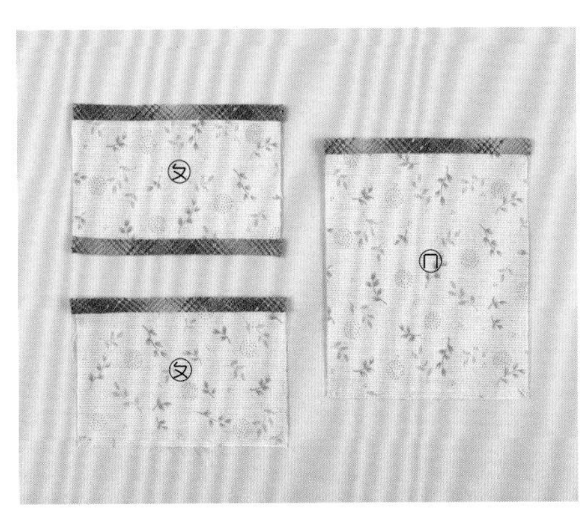

4 如圖所示，各自滾邊。沒有滾邊的ㄆ與ㄇ下方，讓裡布不要被掀開，以假縫固定。

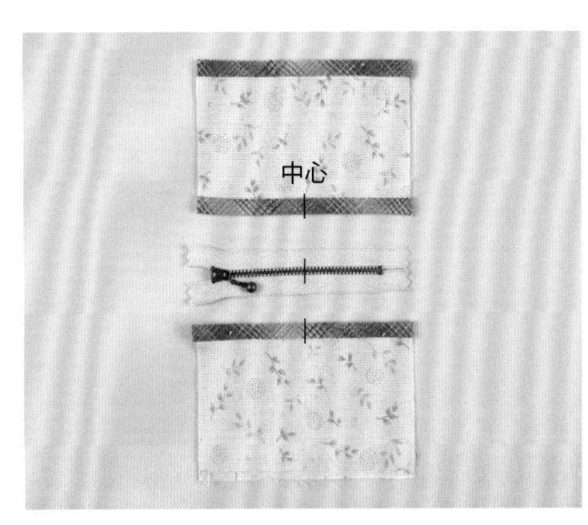

5 2片ㄆ加上拉鍊。拉鍊與口袋中心畫記號。

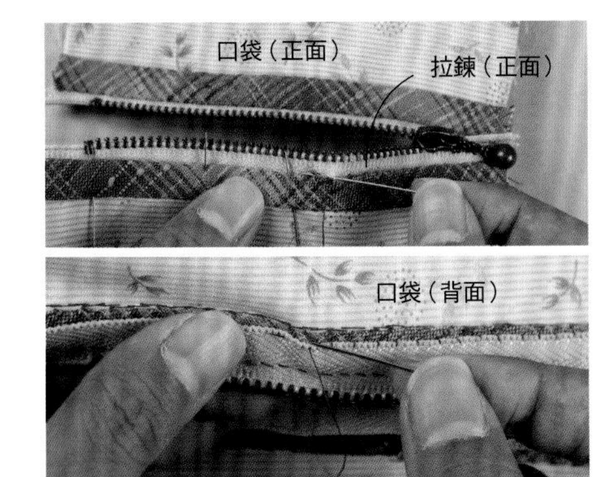

6 疊合口袋於拉鍊上方，對齊中心，在滾邊布之間距離1㎝，以珠針固定，進行藏針縫。背面的拉鍊邊端進行藏針縫。

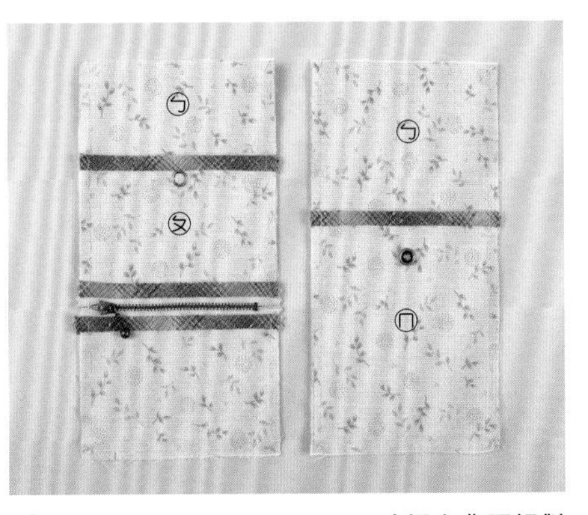

7 ㄅ的背面上，使用相同尺寸裡布背面相對疊合，ㄆ與ㄇ疊合，周圍假縫。
疊合前先縫上壓釦。ㄆ在鈕釦固定的狀態，假縫不會錯位。

8 拉鍊袋口作為ㄆ的隔間，從正面車縫上側滾邊的邊緣。

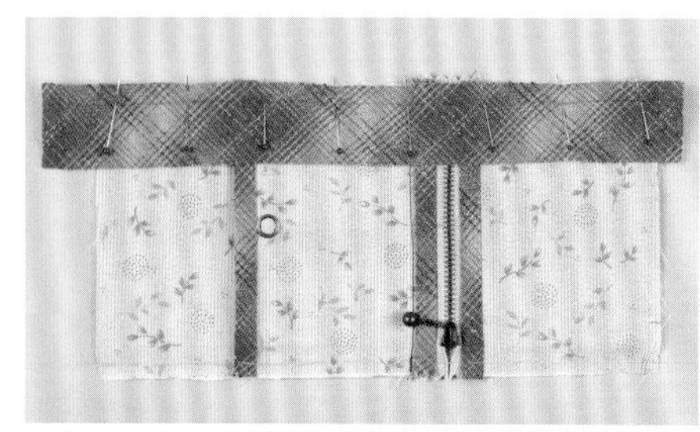

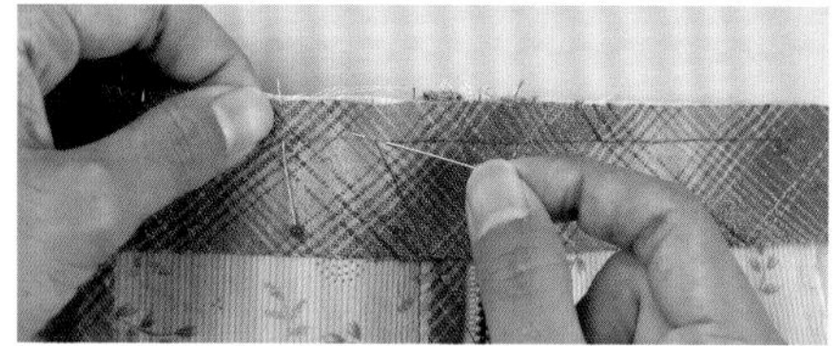

9 (ㄅ)的口袋袋口滾邊。與③相同方式將斜紋布正面相對後，以珠針固定。因為有厚度，以回針縫縫合，包覆縫份後進行藏針縫。

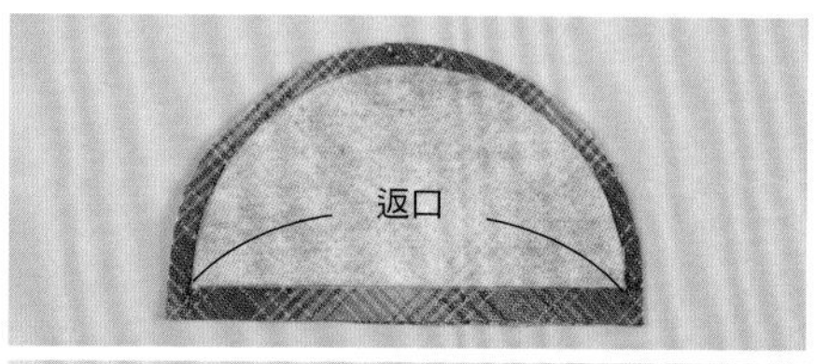

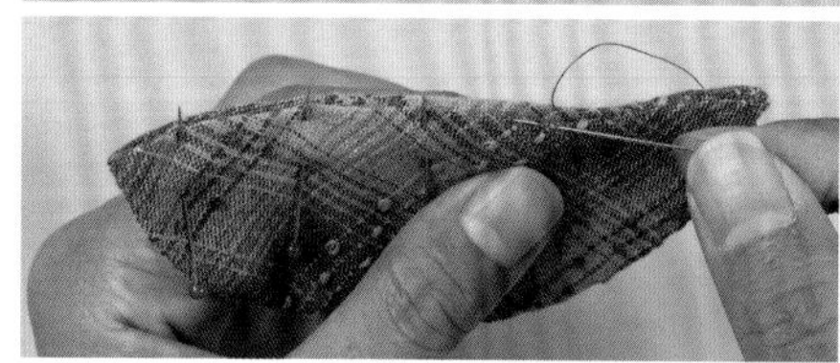

10 袋蓋的表布貼上直接裁剪的貼布縫，與裡布正面相對後，留返口，縫合周圍。縫份裁齊0.5cm翻回正面後，進行藏針縫。

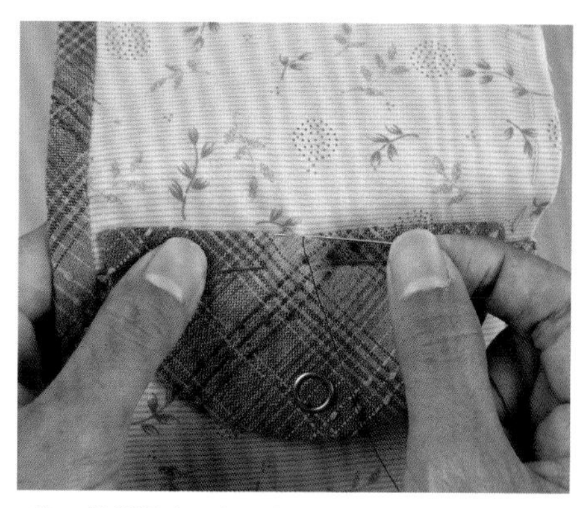

11 袋蓋裝上壓釦，放於縫合位置，與(ㄇ)的鈕釦固定後，以珠針固定，以藏針縫縫合。

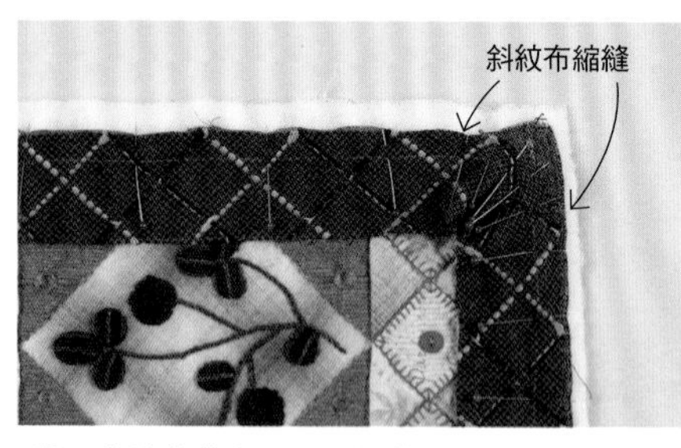

12 直接裁剪寬3.5cm的斜紋布的背面，作上寬0.8cm的縫線記號，與正面完成線對齊後，以珠針固定。彎弧部分縮縫斜紋布，以細針趾固定。

13 斜紋布的兩端對齊後壓開，預留縫份約0.7cm，再重新裁剪。錯開縫份，正面相對縫合後，壓開縫份（參考P.8④）

14 以回針縫縫合記號處。針穿至背面縫合。

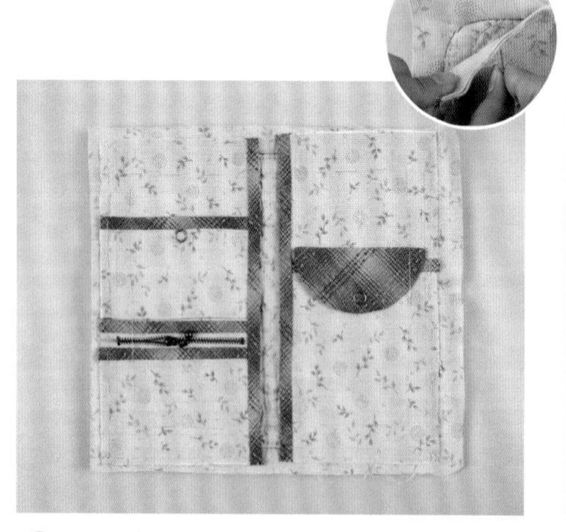

15 內口袋的周圍畫出完成線，正面的背側疊合後，與⑭的縫線對齊，以珠針固定（右上）。完成線稍微往內側位置假縫。

16 沿著斜紋布的邊端裁齊多餘的縫份。因為有厚度，不容易包覆時，裁掉少許縫份。

17 以斜紋布包住縫份，以珠針固定後，進行藏針縫。在彎弧處縮縫，以細針趾進行藏針縫。釦絆與袋蓋相同方式製作，放於縫合位置，進行藏針縫。

｛手冊套｝

可放入各式卡片的手冊，能方便攜帶的隨身萬用套。
左邊能放兩張證件及一本小手冊。右邊是能放四張證件及四本小手冊。使用網眼布料的口袋，能看到卡面內容，方便使用。

No.50 設計・製作／庄子明美 20×13㎝ No.51 設計・製作／長島キクエ 20×13㎝

［作法→P.93（左） P.90（右）］

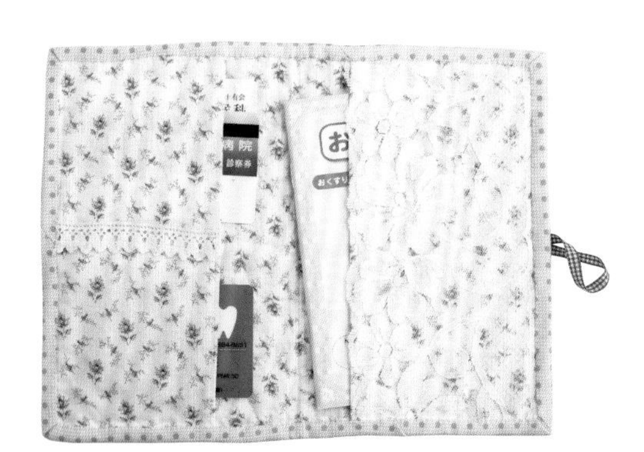

{ 卡片夾 }

52

除了卡夾之外，也附加口袋及拉鍊口袋，
方便使用的卡片夾，也能當作錢包使用，
以先染布料製作，美麗的沉穩配色。

設計・製作／松浦加代子　18.5×10.5㎝

[作法→P.92]

背面是花朵造型的
貼布縫。

卡片部分使用網布。
比布料薄，
也容易辨識。

最適合收納多款卡片，
口袋滿滿的卡片夾，
摺疊式造型，能輕巧收納。

設計／宮內眞利子
製作／上圖 宮內眞利子　下圖 赤澤瑞穗
10.5×12㎝(2款相同)
[作法→P.91]

53

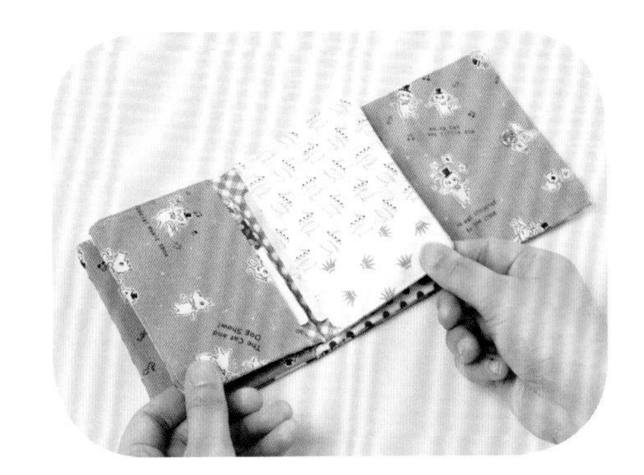

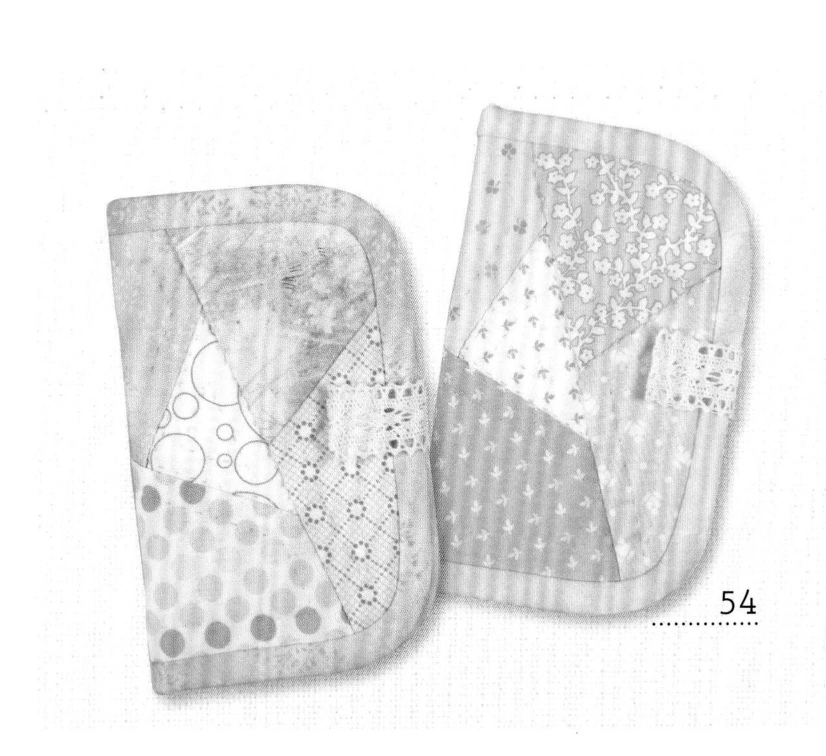

54

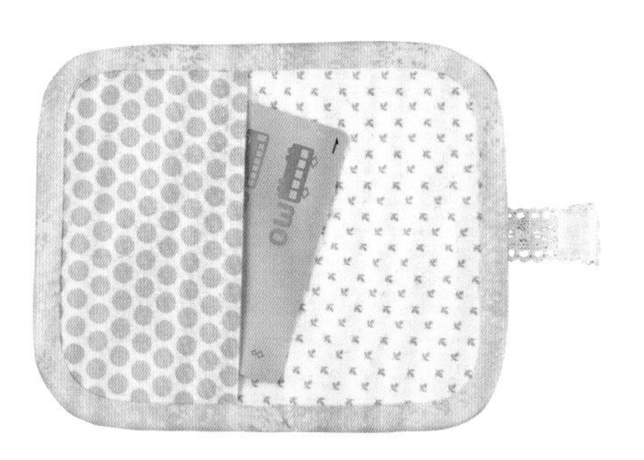

粉色系配色的可愛卡夾，
可放入各式卡片使用。
製作不同顏色的款式，配合心情來選擇也不錯呢！
很適合當作禮物。

設計・製作／三谷亜紀　12.5×7.5㎝
[作法→P.79]

獨特造型波奇包

形狀造型特別，使用起來覺得開心，也很適合當作禮物。
一起來收集與眾不同的波奇包吧！

圓嘟嘟蘋果造型波奇包

拼接六片檸檬形狀的布片，製作成蘋果的形狀。
加上蒂頭與葉子，就像真正的蘋果一樣。作成青蘋果也可愛。

設計・製作／太田順子　7.5×10cm（2款相同）

布片的拼接處加上拉鍊。
袋口開口大，方便使用。

作法

材料（1個的用量）
各式拼接用零碼布、蒂頭、葉子用布　裡袋用布45×20cm
單膠棉襯35×15cm　14cm拉鍊1條

作法重點
◯裡袋與本體相同尺寸，以相同方式縫合。
◯縫合本體與裡袋的縫份，以騎馬釘方式縫合。

※原寸紙型A面⑪

本體

①
A（背面）

貼合每片直接裁剪的棉襯，
製作2片拼接好3片的布片。

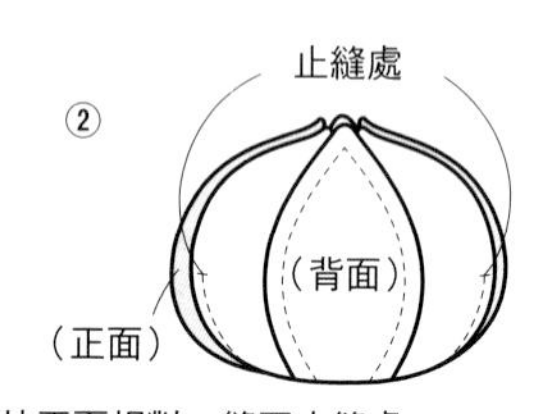

2片正面相對，縫至止縫處
翻回正面後，在拼接處的邊緣進行落針壓線

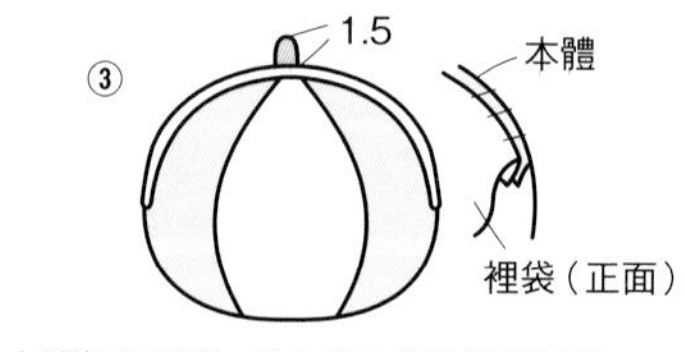

本體放入裡袋，摺入縫份後進行藏針縫
（在1片的中心夾入蒂頭）

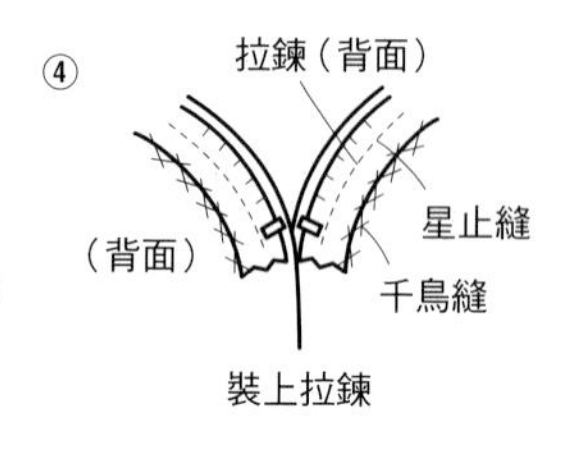

裝上拉鍊

原寸紙型

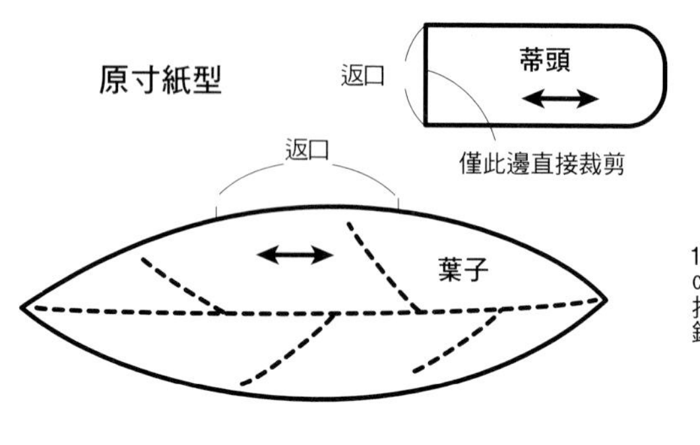

蒂頭
14cm拉鍊
以藏針縫縫合葉子後固定

葉子

貼合棉襯
返口
①2片正面相對後縫合，
棉襯沿縫線裁剪。
②翻回正面，
縫合返口。
③壓線。

蒂頭

2片正面相對縫合，翻回正面
返口

適合作為禮物的花束造型波奇包

包住花朵的花束造型波奇包，
六角形拼接的花朵，建議使用鮮豔的配色。

設計・製作／太田順子　22×12㎝
[作法 ──► P.94]

水果籃造型波奇包

裝滿橘子的水果籃造型波奇包，
將喜歡的水果以貼布縫表現也很有趣。

設計・製作／太田順子　16.5×15㎝
[作法 ──► P.95]

動物主題造型紅包袋

戴上帽子的可愛動物造型紅包袋，
讓紅包袋可以當波奇包使用，尺寸稍微製作大一些。

設計・製作／丸濱淑子・由紀子　12×8㎝（3款相同）　［作法→P.98］

打開袋蓋，
馬上變成脫帽造型的
背影也很可愛！

瑪德蓮＆貝殼造型波奇包

模仿貝殼造型，
以串珠刺繡作出華麗裝飾，
簡單就能完成的迷你尺寸波奇包
適合作為贈禮。

設計／松尾 緑
製作／No.61 戸野塚千恵　11×14cm
No.62 岩城いく子　三枝眞子
笹田恭子　横山潤子　4.5×6cm

作法

材料

No.61　表布、雙膠棉襯、胚布各30×20cm　20cm拉鍊1條　直徑0.2cm串珠適量

No.62（1個的用量）　表布、雙膠布襯、裡布各15×10cm10cm拉鍊1條　直徑0.2cm串珠適量

作法順序（作法相同）

參考圖示組合→加上拉鍊→脇邊以捲針縫縫至拉鍊止縫處→縫合側身。

作法重點

◯縫份內凹處開牙口。
◯翻回正面後，以熨斗將有膠棉襯燙壓貼合於胚布上。

※原寸紙型A面③

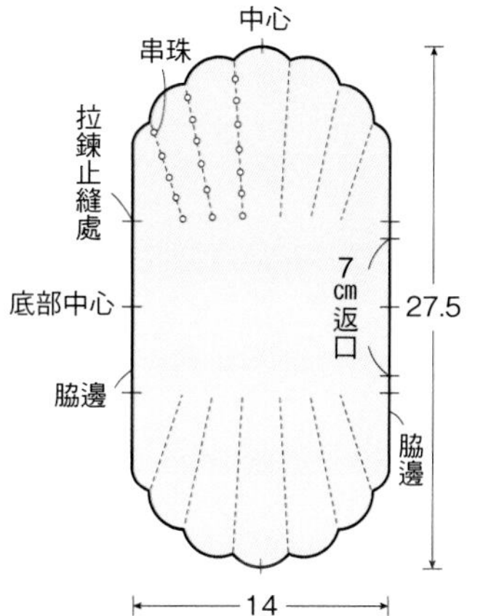

No.61

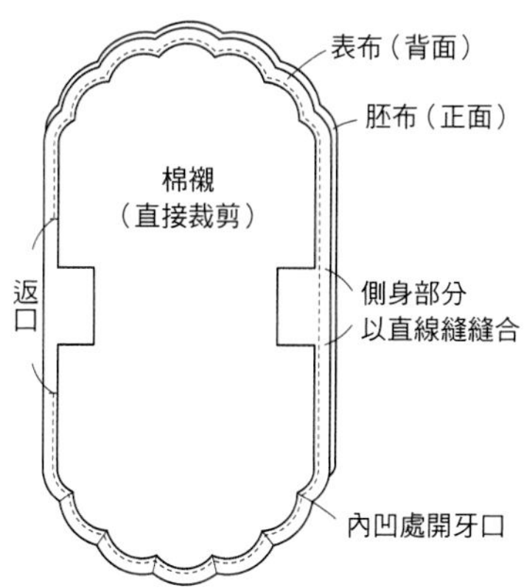

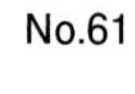

裡布貼棉襯，與胚布正面相對後，
留返口縫合
返回正面後，縫合返口，
固定串珠後壓線

No.62

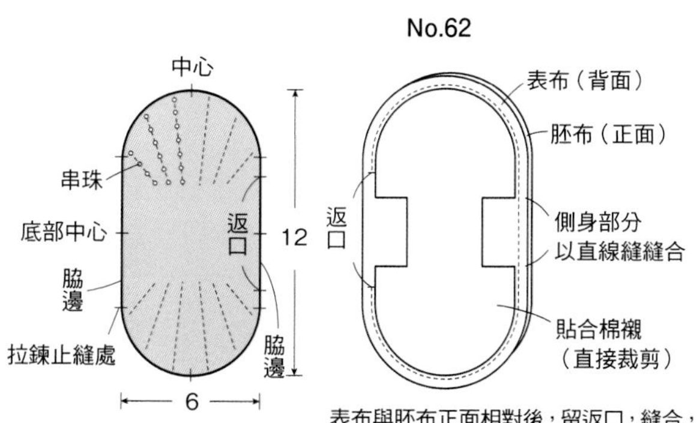

表布與胚布正面相對後，留返口，縫合，翻回正面縫合返口，固定串珠後壓線

拉鍊（作法相同）

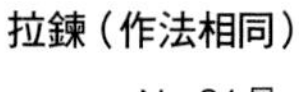

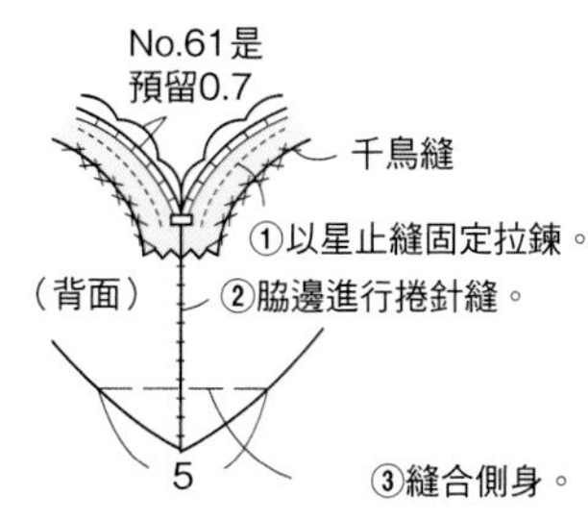

串珠

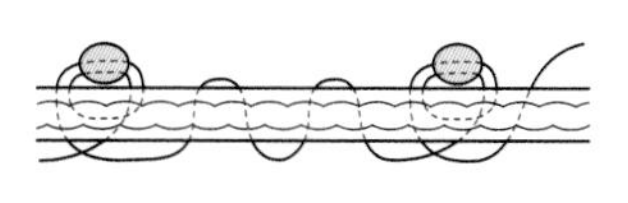

串珠穿線後，壓線，
以2針目固定1個串珠

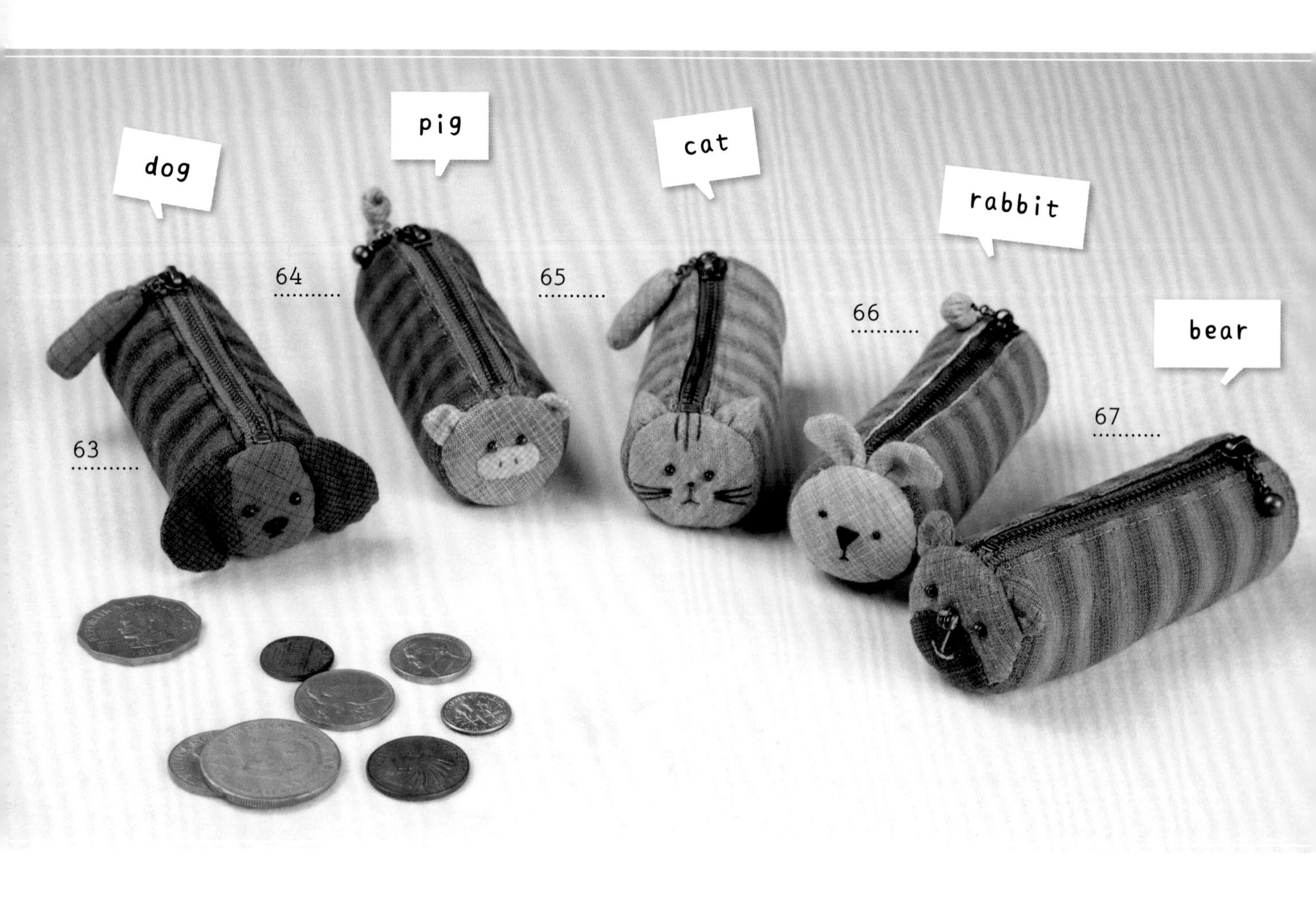

動物零錢包

想在包包內多放幾個的小尺寸零錢包，
筒狀造型的身體適合放入硬幣和唇膏。
也能存放硬幣。

設計／三上奈津子　製作／小野登美子　長10cm直徑4cm（5款相同）

[作法 → P.96]

將小狗、貓咪、兔子的尾巴
作為拉鍊鍊頭使用。

「愛心」造型三角波奇包

縫合四片三角形布塊製作而成。
拉鍊口設計在底部。
上方的釦絆加上提把，
當作迷你包包使用。

設計／松尾 緑
製作／左圖 箕和香織
右圖 梅岡綾子
17×20cm（2款相同）

作法

材料（1個的用量）
各式滾邊用零碼布　側面用麻布（含側耳）55×25cm　底用布55×35cm（含滾邊・拼接部分）　雙膠布襯、胚布各55×25cm　15cm拉鍊1條　長15cm附D型環皮革提把1條

作法順序（作法相同）
完成滾邊、貼布縫後，製作3片側身→疊合胚布後貼合棉襯，壓線→依相同方式製作底部，滾邊，加上拉鍊，與側身縫合。

作法重點
○底部與側身縫合時，先拉開拉鍊。
○縫份以拷克車縫（鋸齒縫）處理。

※A與B原寸紙型參考P.80

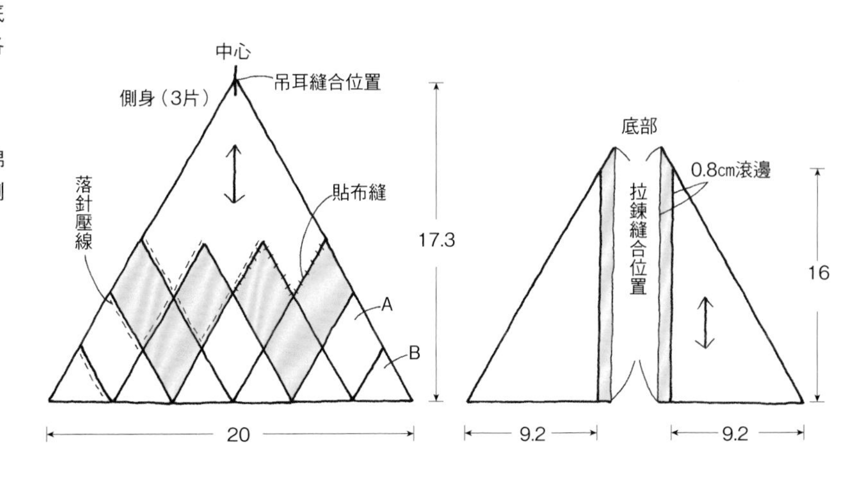

組合方法

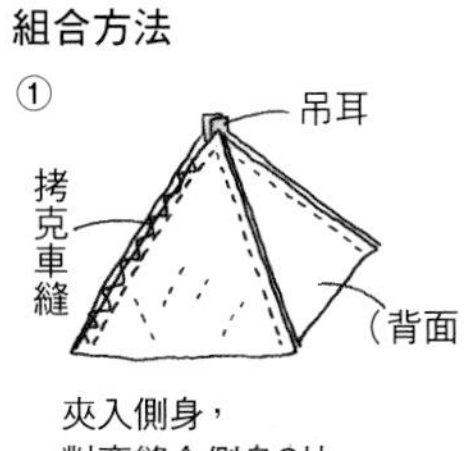

夾入側身，
對齊縫合側身3片
（記號處縫合固定）

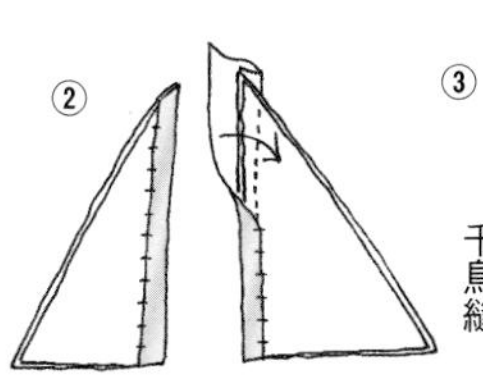

底部袋口滾邊

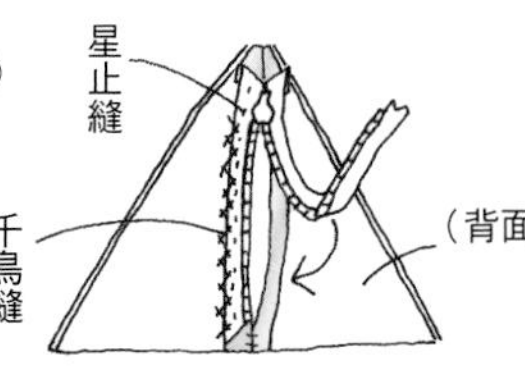

底部縫上拉鍊，
進行藏針縫

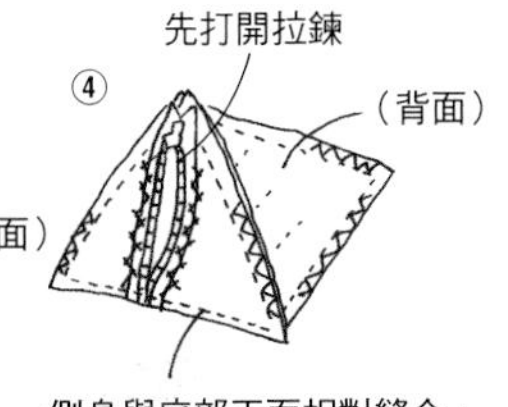

側身與底部正面相對縫合，
翻回正面

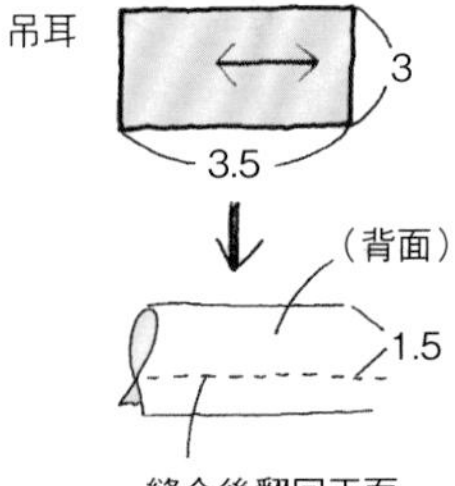

縫合後翻回正面

各式口金包

{ 扭轉式口金 }

將口金夾入組合好的本體袋口使用，
依形狀分類，介紹兩款使用不同扭轉口金的波奇包。

右方的糖果造型球口金，
成為設計的亮點，
左方本體寬度大於口金，
以抓褶造型呈現澎鬆感。

設計・製作／橋本直子　12×16㎝（2款相同）

[作法步驟 ─► P.55]

縫合形

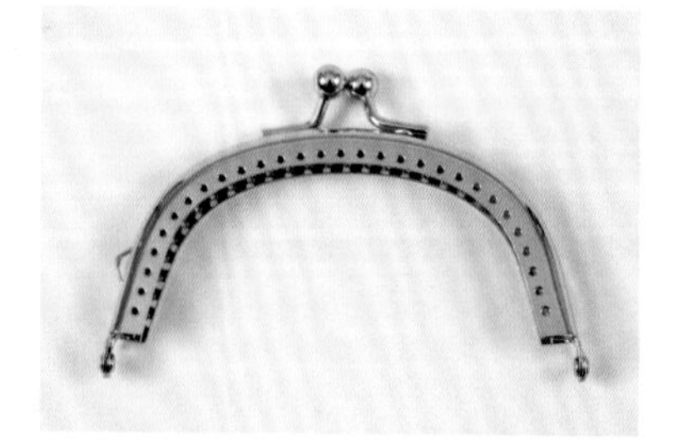

口金穿針與線的孔。

插入形

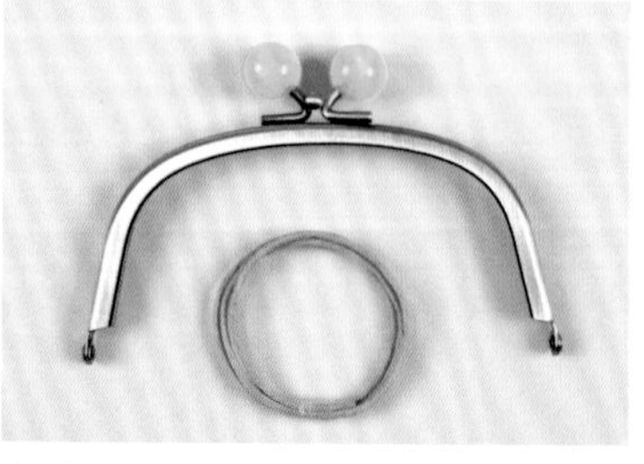

本體以白膠固定，夾入內附的紙繩固定。

材料

共用 各式拼布用零碼布　棉襯・胚布各40×15㎝

No.69 後片用布20×15㎝　寬8.5㎝縫合型口金1個

No.70 圓點圖案印花布30×25㎝（含後片部分）

寬12㎝扭轉式口金1個

※原寸紙型B面⑦

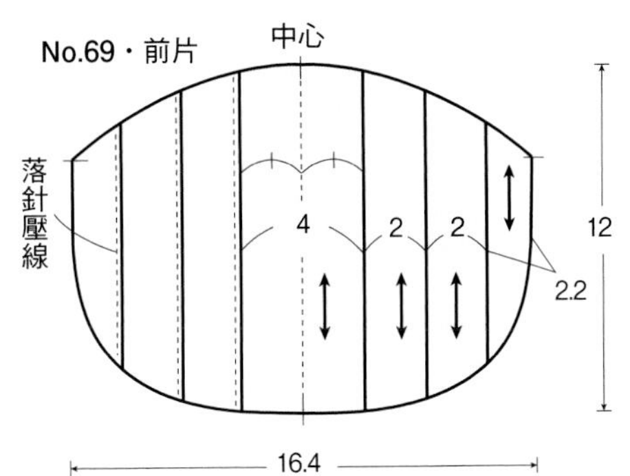

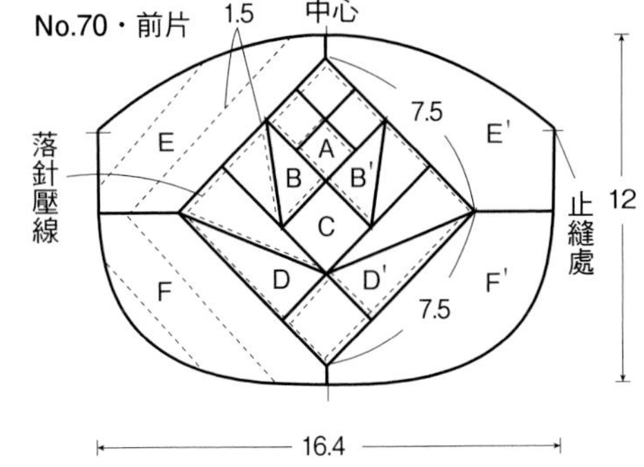

※No.69的後片以相同尺寸的1片布裁剪，縱向作寬度2㎝的壓線

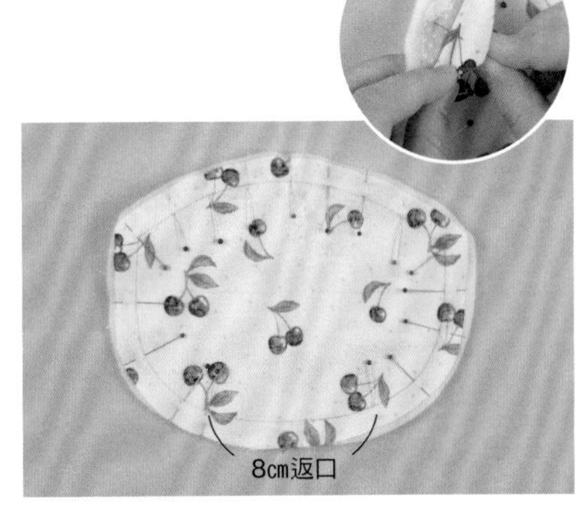

製作紙型的重點

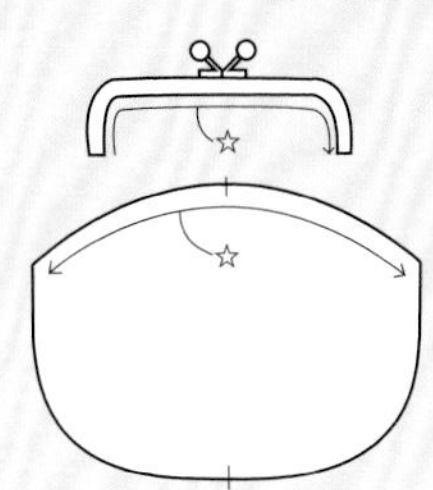

想要使用的扭轉式口金尺寸（☆記號的長度）與本體袋口的長度相同本體的寬度比口金的寬度稍大，作出澎鬆形狀。

平面形扭轉口金包 ……………………… 指導／橋本直子

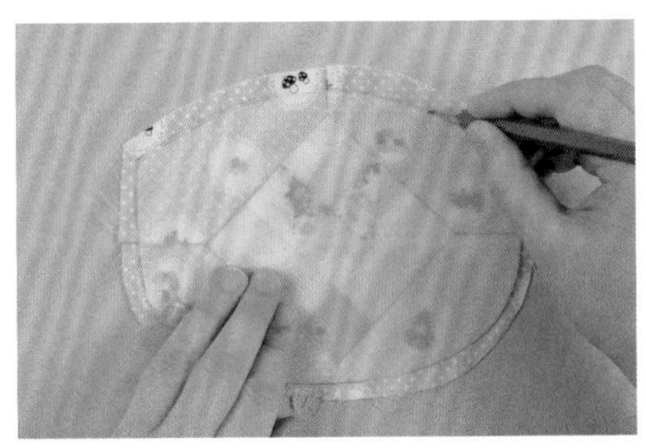

1 拼接後，製作前片表布，正面放上紙型，畫出完成線。

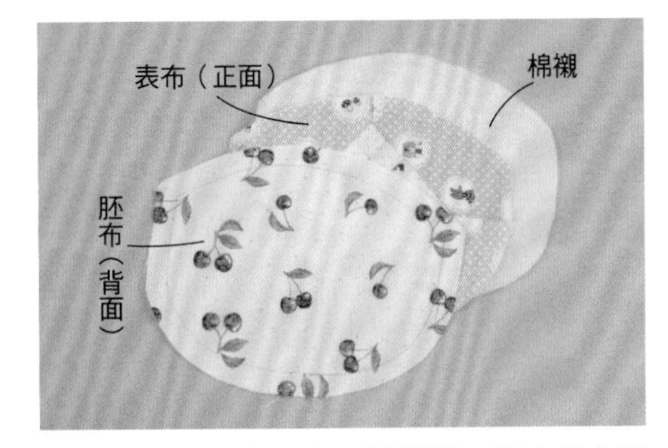

2 如圖表布與胚布正面相對，下方疊合棉襯。

3 確認表布的記號，首先對齊記號的邊角，以珠針固定（右圖）其他部分固定，底部留返口。

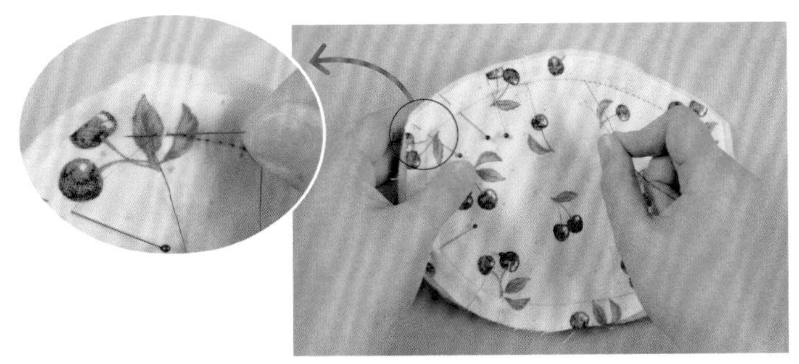

4 記號上方留返口後縫合。挑針至棉襯，邊角處進行1針回針縫。

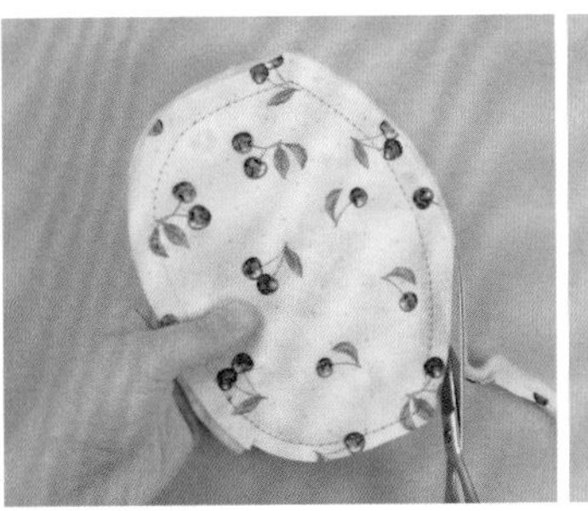

5 縫份裁齊1㎝。翻口正面時，為了形狀漂亮，邊角及彎弧處開牙口至記號的0.3㎝前方處。從返口翻回正面。

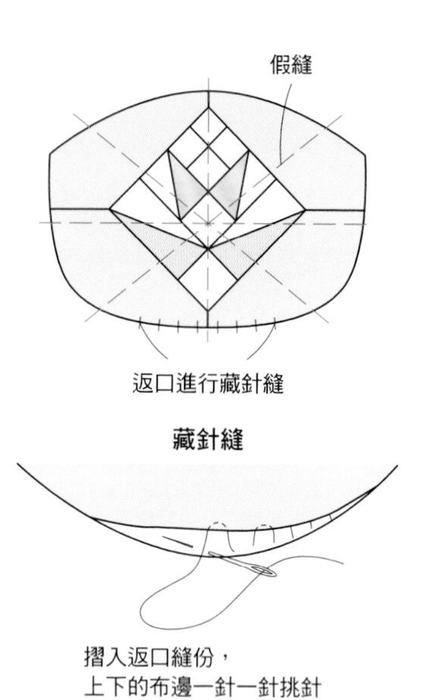

6 修整形狀，像左圖一樣，縫合返口從中心向外側呈放射狀假縫，壓線。

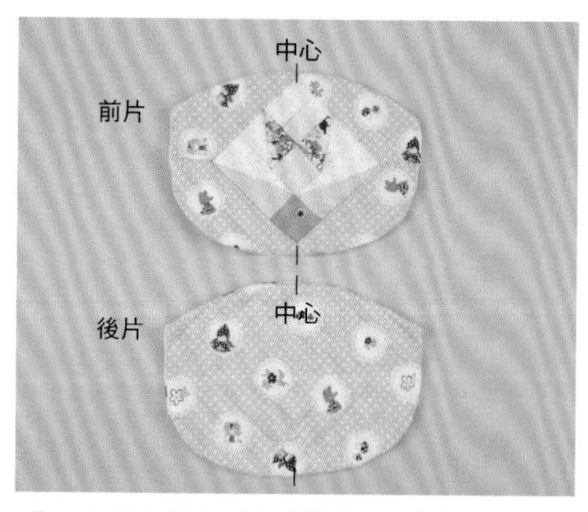

7 後片也依相同方式製作。在後片的正面，使用水或會自然消失的記號筆在中心畫上記號。

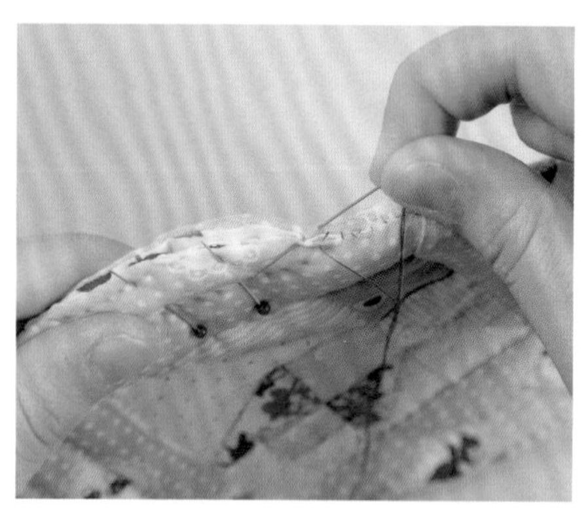

8 前片與後片背面相對，以珠針固定，從底部中心到脇邊止縫處，以藏針縫縫合。挑針表布與表布時，也多用點力氣拉線。

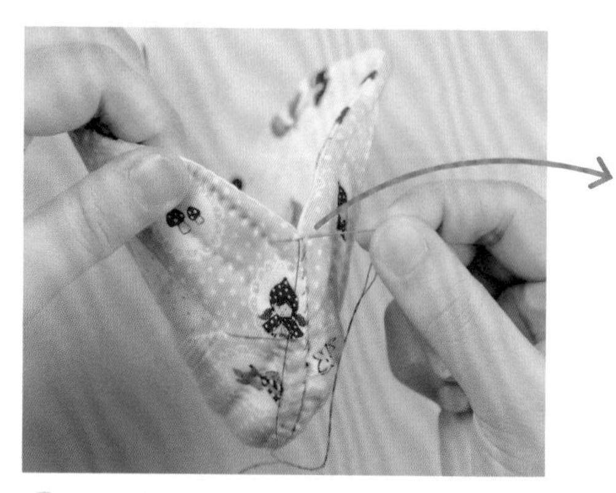

9 止縫處請以固定縫補強。

固定縫

在縫好的線上，捲線2至3次

插入形的口金安裝方法

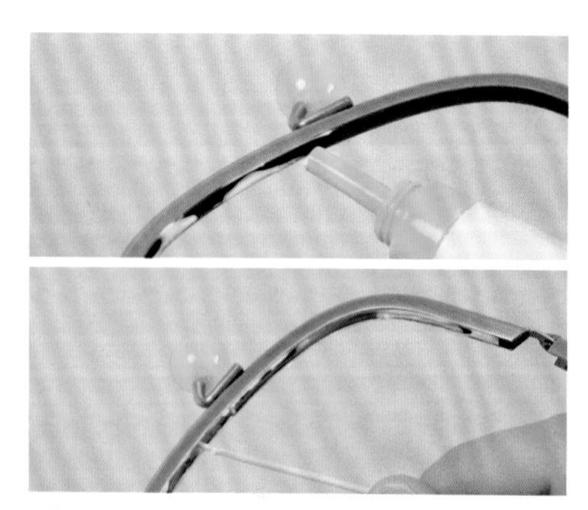

10 口金的溝槽擠上白膠，以竹籤或牙籤平均地塗好白膠。放置2至3分鐘，等待白膠半乾狀態。

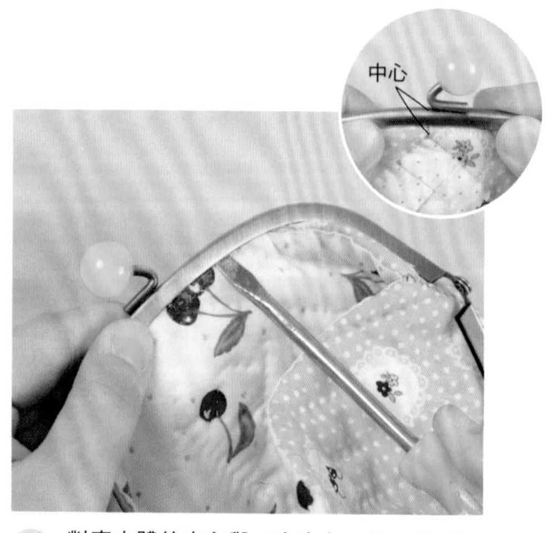

11 對齊本體的中心與口金中心，以一字起子將本體壓入溝槽。

重點

口金的中心與本體的中心先取2股線打結，中心會比較固定，將本體壓入溝槽時也會變得容易。

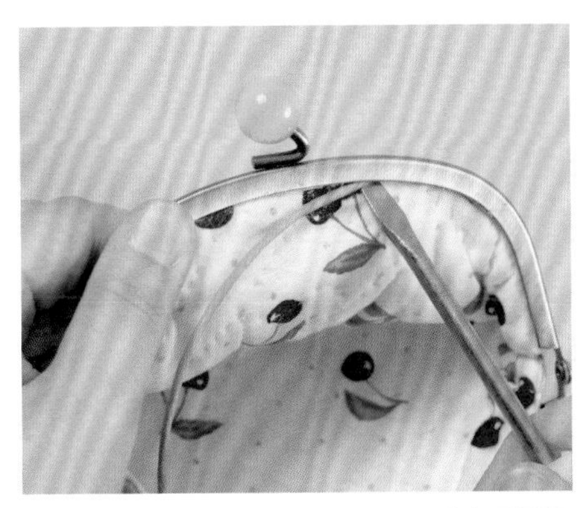

12 本體與口金溝槽空隙間，以一字起子壓入與溝槽等長的紙繩。

13 壓住口金的脇邊，使本體不要錯開，以鉗子壓合。為了不讓口金產生損傷，隔著布料夾壓，以鉗子確實按壓。

縫合形的口金安裝方法

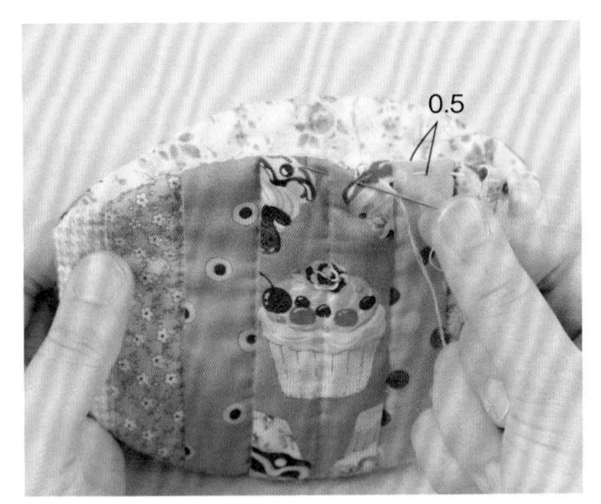

1 與本體相同方式組合，從袋口的邊緣往下0.5㎝處，取2股線假縫。使用稍粗的線。

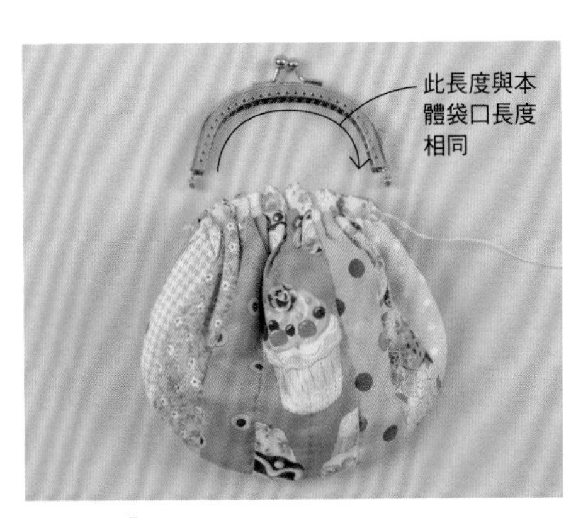

2 拉 1 的線，對齊口金的長度，袋口平均抓褶。

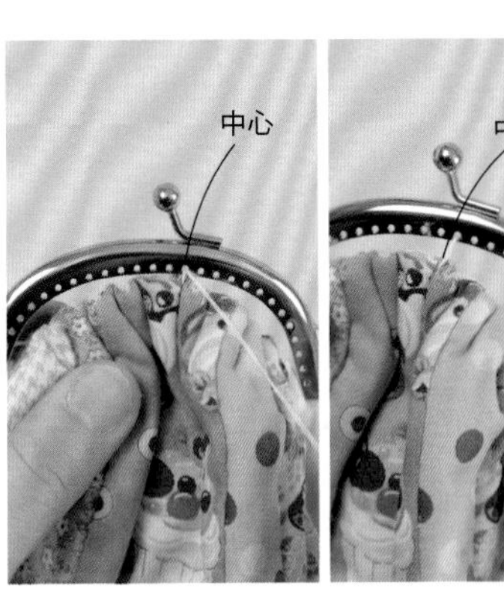

3 對齊本體的中心與口金的中心，取2股線暫時固定。兩脇邊也依相同方式固定。

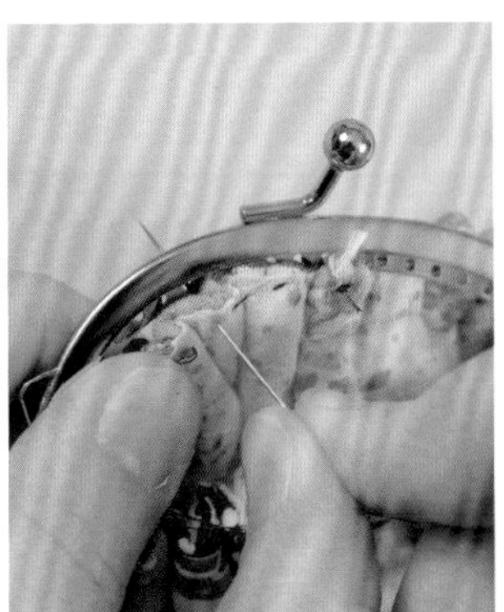

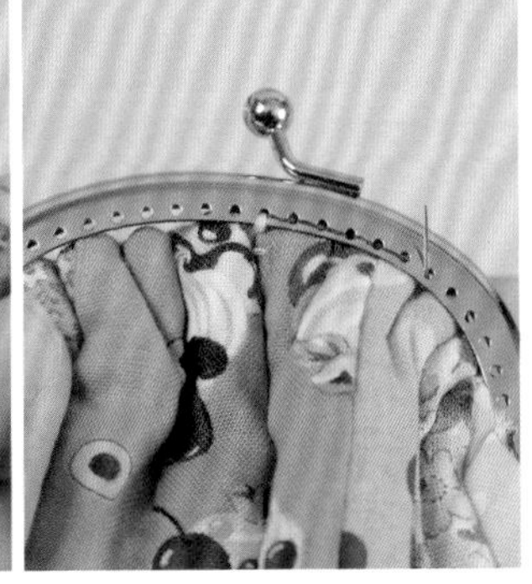

4 對齊本體的袋口，針穿過口金的孔，一邊確認，從中心以2股線進行回針縫。

製作扭轉式口金波奇包時，方便使用的工具

扭轉式口金專用壓合工具

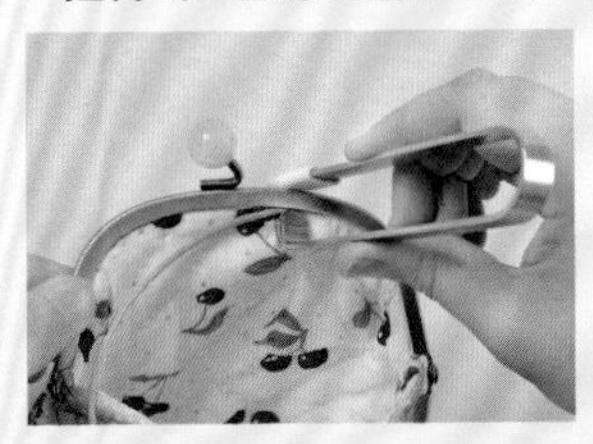

插入形的口金，壓入紙繩時很方便。不需要太用力，也能輕鬆插入。

扭轉式口金專用鉗子

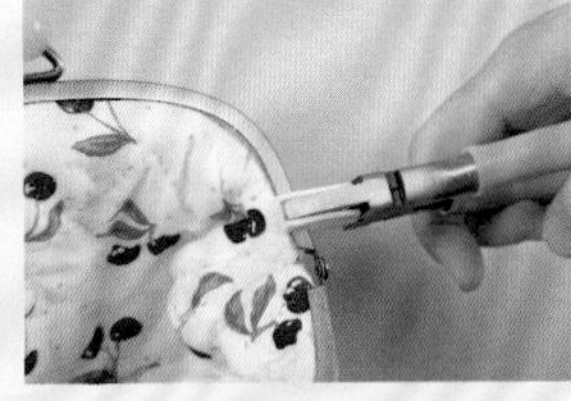

壓入口金的脇邊時使用的鉗子。前端是樹脂製，不需要隔著布也不會傷害口金。

※2款皆使用タカギ維（株）的商品。

特徵是側面與側身組合而成的圓滾滾形狀。
使用簡單的雙色製作貼布縫，成為設計的重點。

設計・製作／大畑美佳　No.71　12.5×14.5cm　No.72　11×14cm　［作法步驟→P.59］

包身輕巧，也能收納許多物品。

作法

材料

共用　各式貼布縫用零碼布　寬12cm的扭轉式口金1個　25號卡其色繡線適量

No.71　台布用亞麻布35×15cm　側身用布40×10cm單膠薄棉襯・胚布各40×30cm　裡袋用布40×25cm　直徑0.3cm金色圓形串珠2個

No.72　台布用亞麻布・側身用布各各25×20cm裡袋用布45×20cm　單膠薄棉襯55×20cm

作法順序（作法相同）

完成貼布縫與刺繡（只有前片），製作2片側面的表布→側面與側身的背面貼上棉襯，疊合胚布（只有No.71），壓線（No.72的側身不須壓線）→參考P.59，製作本體→加上口金（參考P.56）

※壓線後再縫上串珠。

※原寸紙型（除了No.71的側身外）A面④

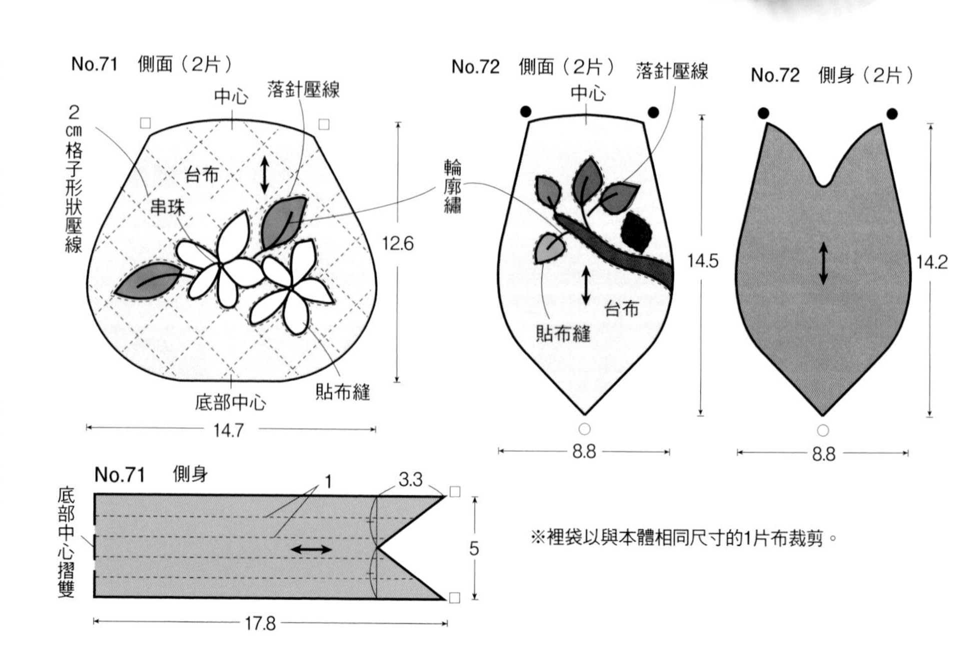

※裡袋以與本體相同尺寸的1片布裁剪。

側身形扭轉口金包 …………………… 指導／大畑美佳

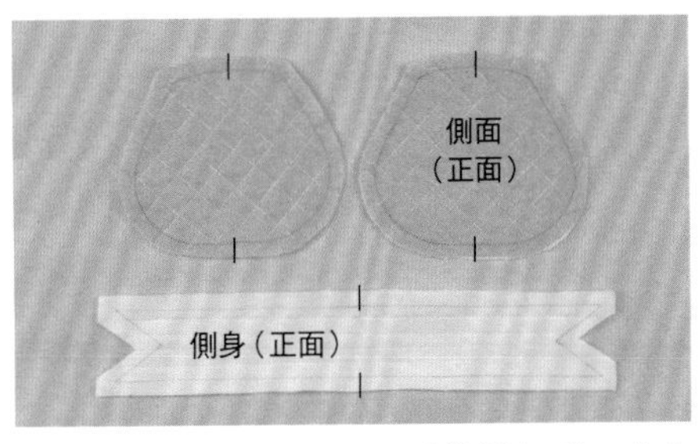

1 準備壓線完成的側面2片與側身1片。作上中心的合印記號，正面與背面畫上完成線（參考P.8 1 ）

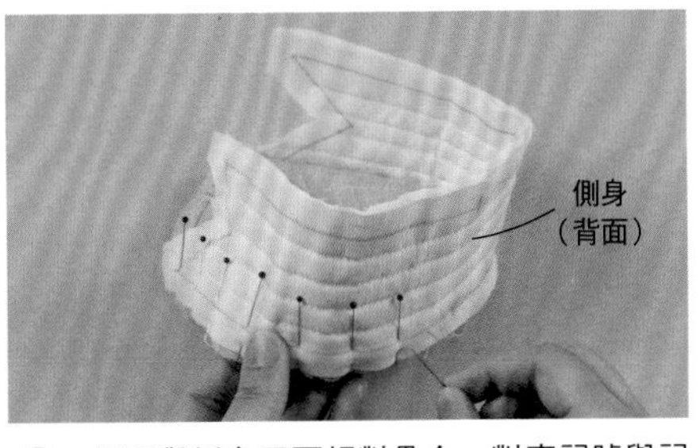

2 側面與側身正面相對疊合，對齊記號與記號，以珠針固定，離記號處稍微外側處作假縫。

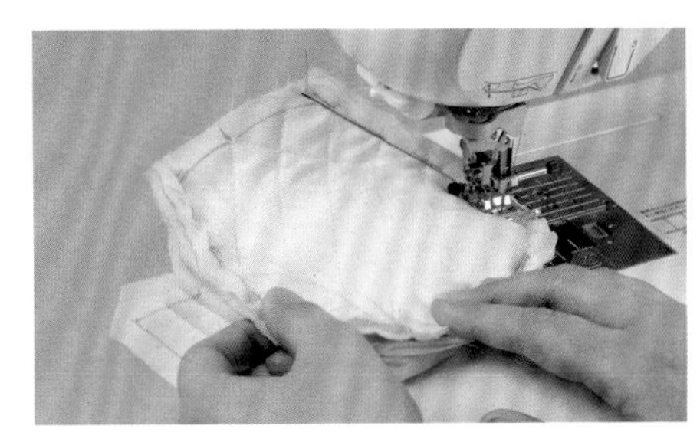

3 側面朝上，在記號上方車縫。為了避免底側的彎弧處錯位，慢慢地車縫。

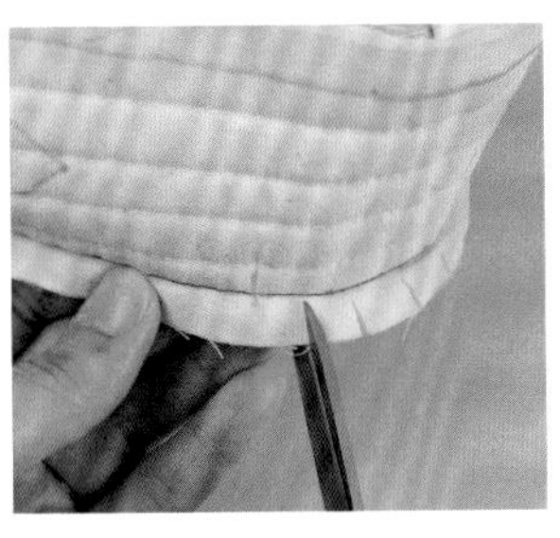

4 縫份的彎弧處開牙口。另一側也依同樣方式縫製。

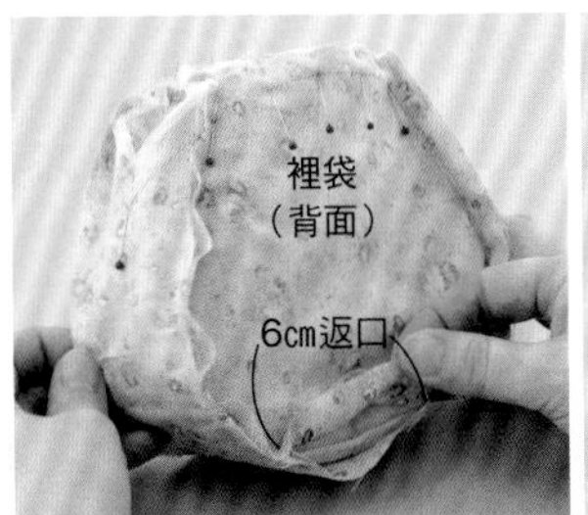

5 製作裡袋（底部留返口），與本體正面相對疊合後，對齊袋口記號，以珠針固定。

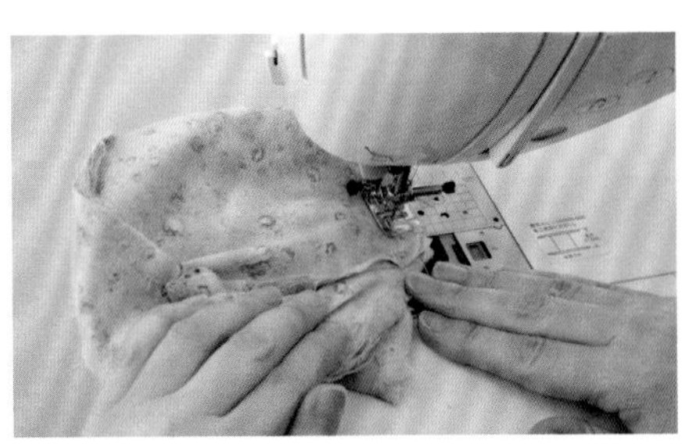

6 袋口車縫。若袋口太窄不易車縫時，以手縫進行回針縫也可以。

7 袋口的縫份裁齊至1㎝左右。側身的內凹處開牙口。

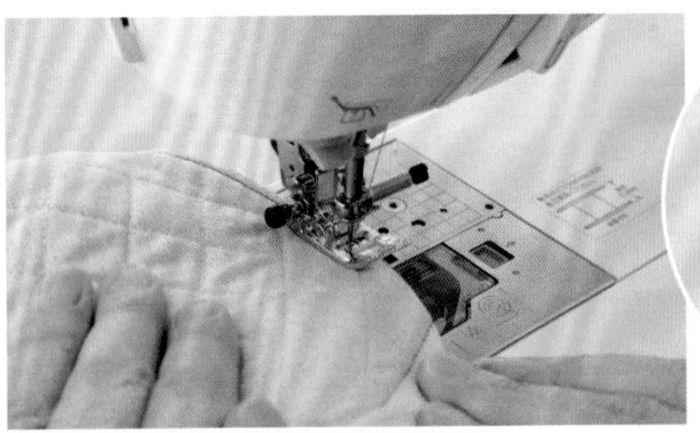

8 從返口翻回正面後，修整形狀，以藏針縫縫合返口。接著自袋口邊緣往內側0.2㎝車縫。

四片拼接形扭轉口金包 …………………… 指導／大畑美佳

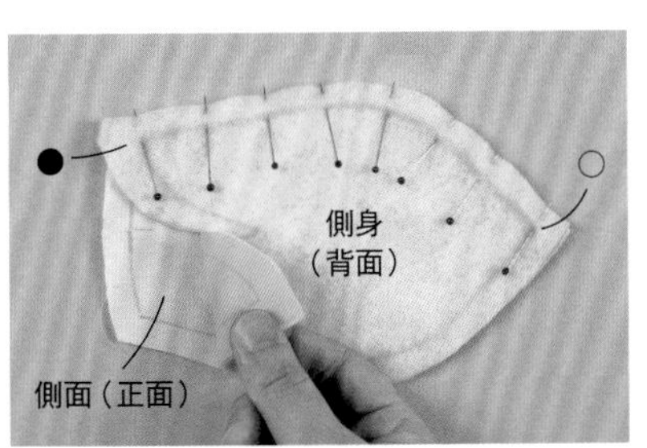

1 表布與棉襯疊合後壓線，準備在正面與背面畫好記號的側面及側身各2片。正面相對疊合後，對齊記號，以珠針固定。

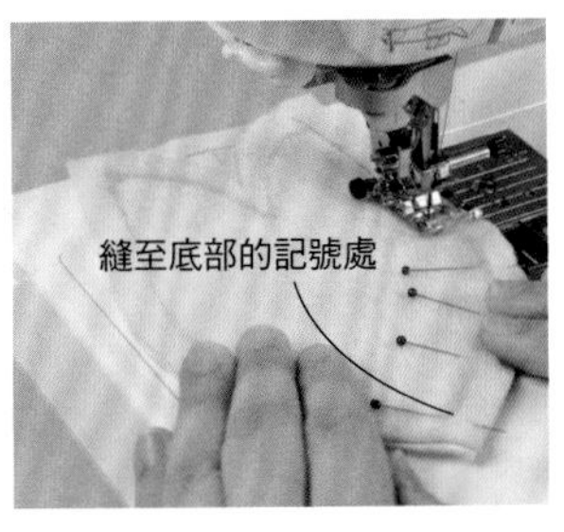

2 在記號上方車縫。縫至底部記號（○）處的邊角。珠針在縫合時取下。

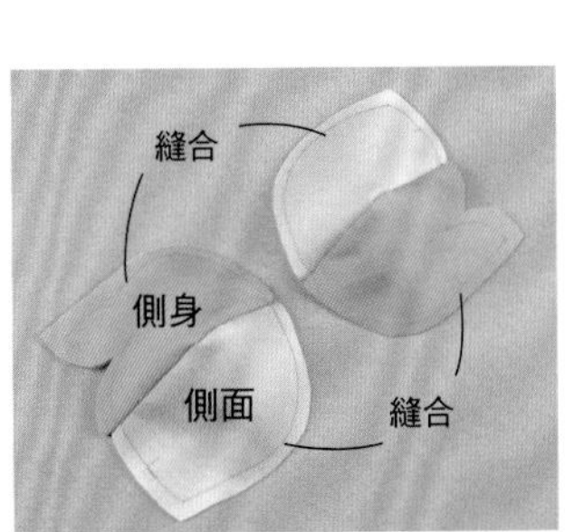

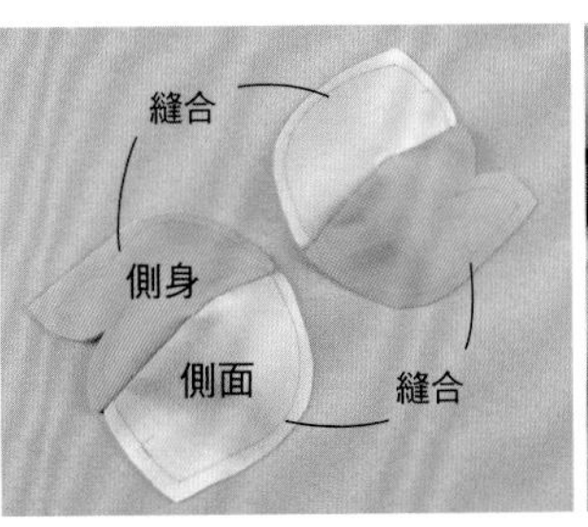

3 另行再製作1片相同方式縫合的側面與側身，2片正面相對疊合後，以珠針固定。從正面確認拼接處，確實地縫合。縫合布邊到布邊，縫份往側身倒向。接著裡袋依照圈式側身形組合方法 5 至 8 縫合。

使用大尺寸方形口金，組合出盒形造型，
擁有大收納空間的化妝包。
開口大，取物也很方便。
心型的貼布縫與造型蕾絲非常可愛。

設計・製作／南 久美子　12×19×6.5cm
［作法——P.60・P.97］

組合方法 …………………… 指導／南 久美子

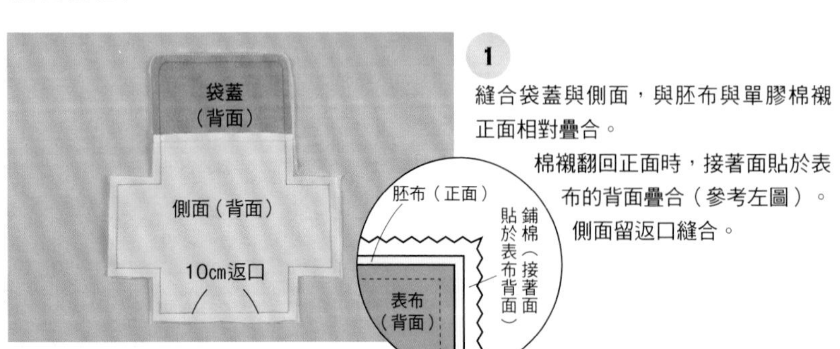

1 縫合袋蓋與側面，與胚布與單膠棉襯正面相對疊合。
棉襯翻回正面時，接著面貼於表布的背面疊合（參考左圖）。
側面留返口縫合。

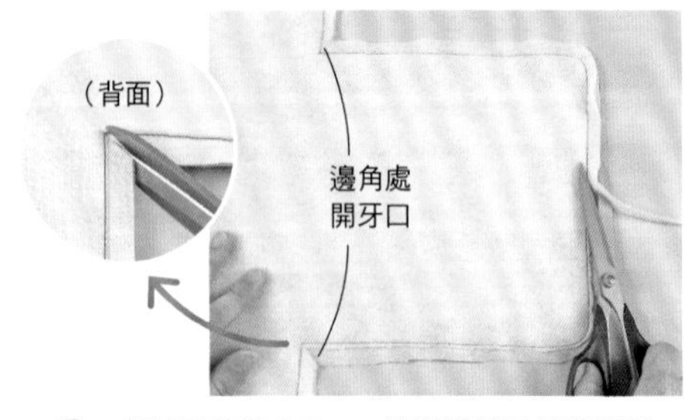

2 縫份裁齊約0.7cm。棉襯裁剪至縫線邊緣。邊角處開牙口至縫線前方，翻回正面。

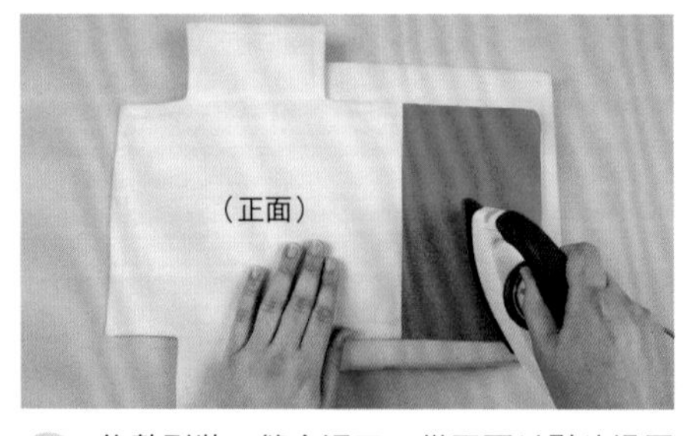

3 修整形狀，縫合返口，從正面以熨斗燙壓棉襯貼合。本體進行壓線。

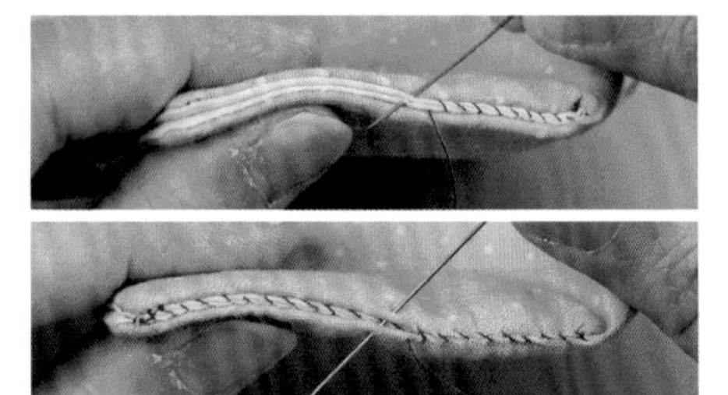

4 側面的四角正面相對，只挑針表布進行捲針縫（上）。接著胚布與胚布對齊進行捲針縫（下）。

扭轉式口金為底的本體製圖法 ……………………… 指導／大畑美佳

搭配喜歡的口金製作原創波奇包吧！沿著口金的彎弧處製作紙型是維持漂亮形狀的祕訣。
製作前請先試作，確認整體的形狀及放入溝槽彎弧部分喲！

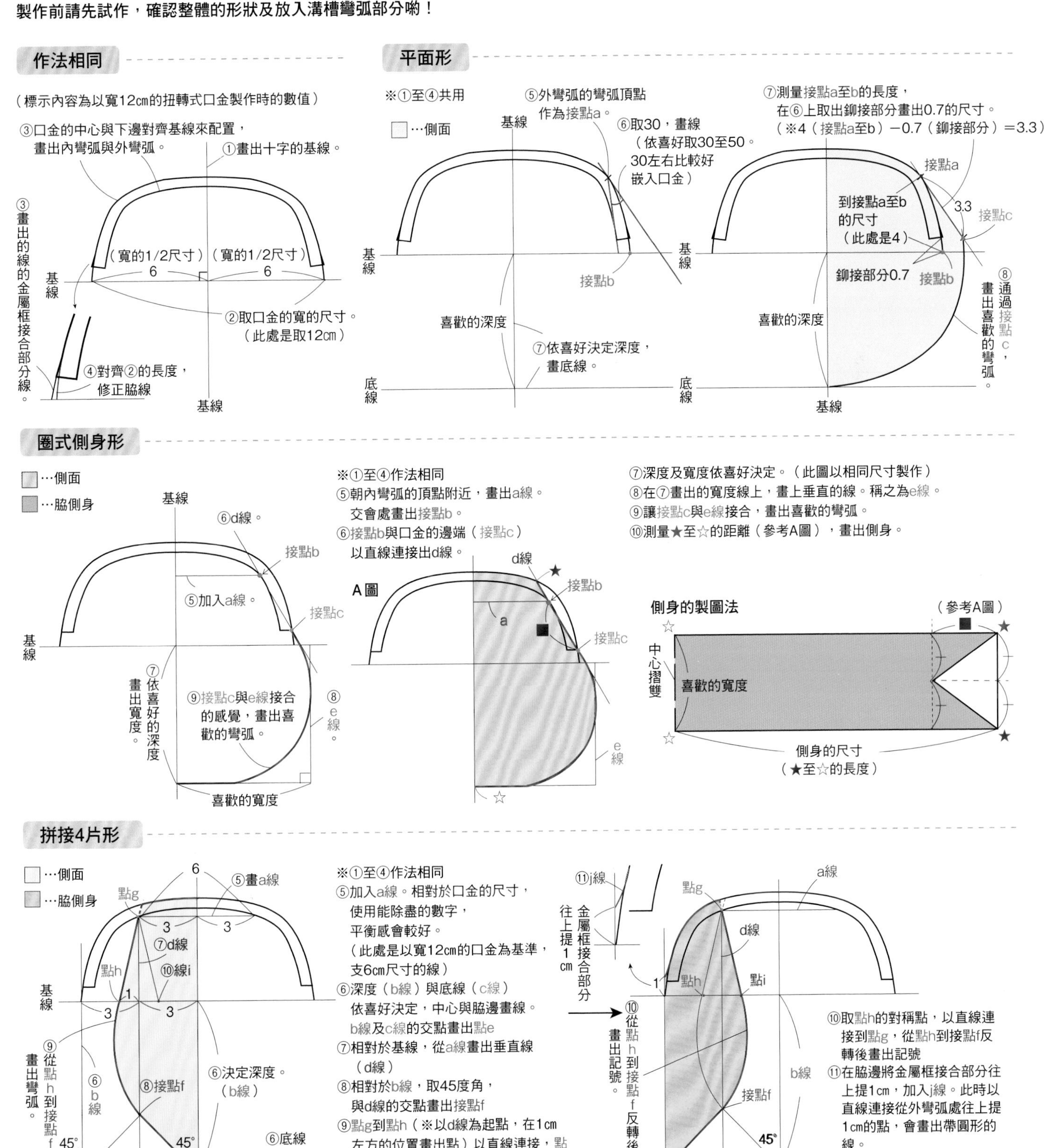

彈簧口金

穿過本體的口布裝上彈簧夾口金。以手指壓押兩端就能開闔。

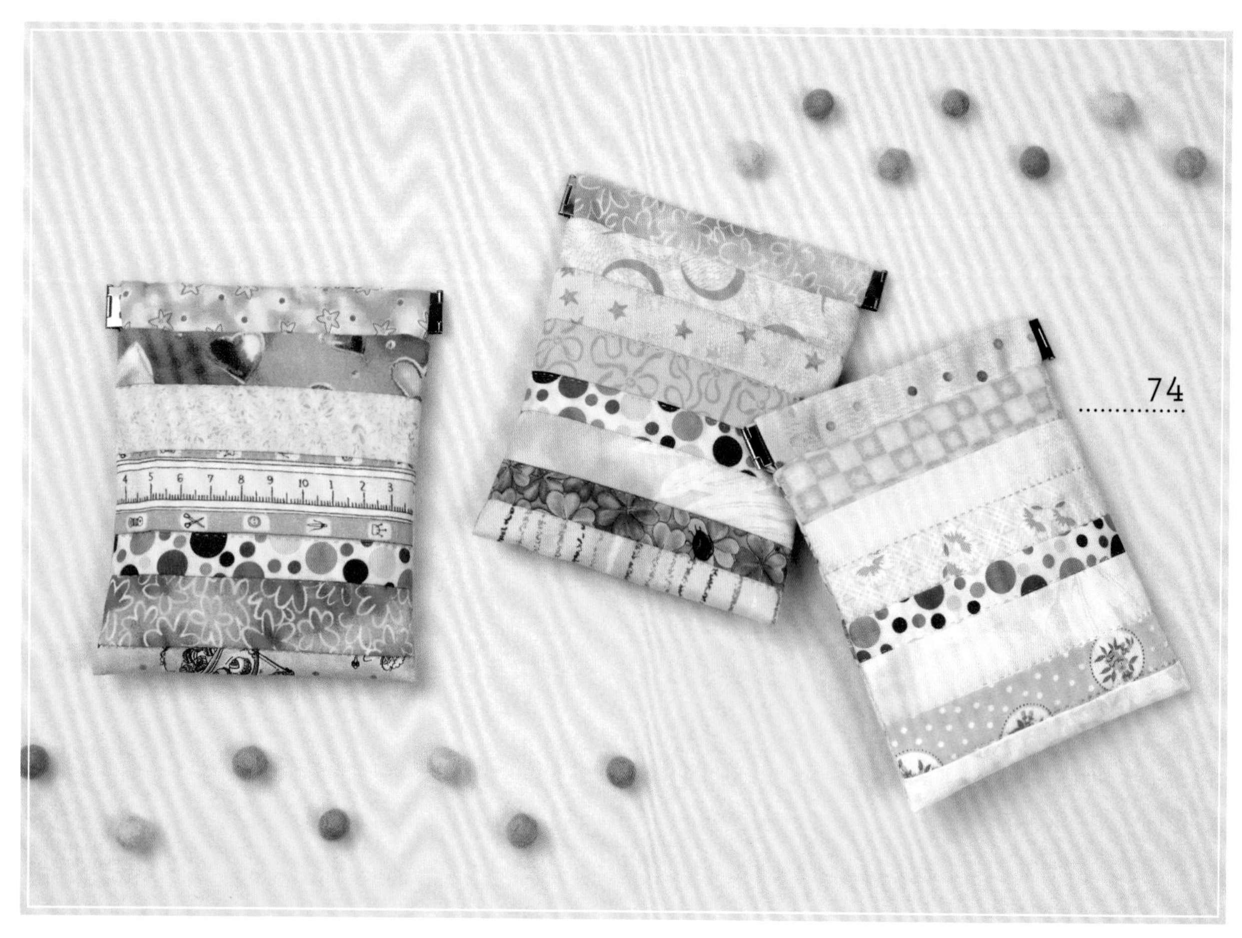

粉色系的配色如同馬卡龍般甜美可愛。
單手也能打開，袋口能確實閉合，
使用起來十分順手。

設計・製作／高須あつみ　15×12㎝（3款相同）
[作法→P.63]

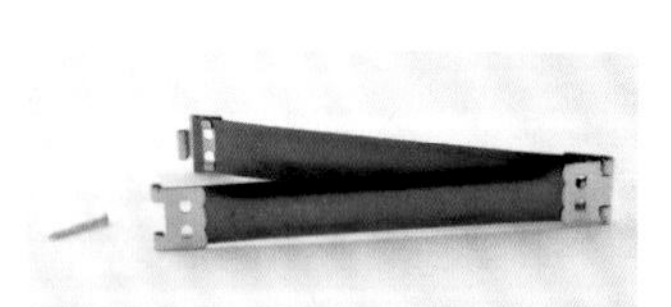

平面形口金穿過本體的口布，以金屬配件固定。

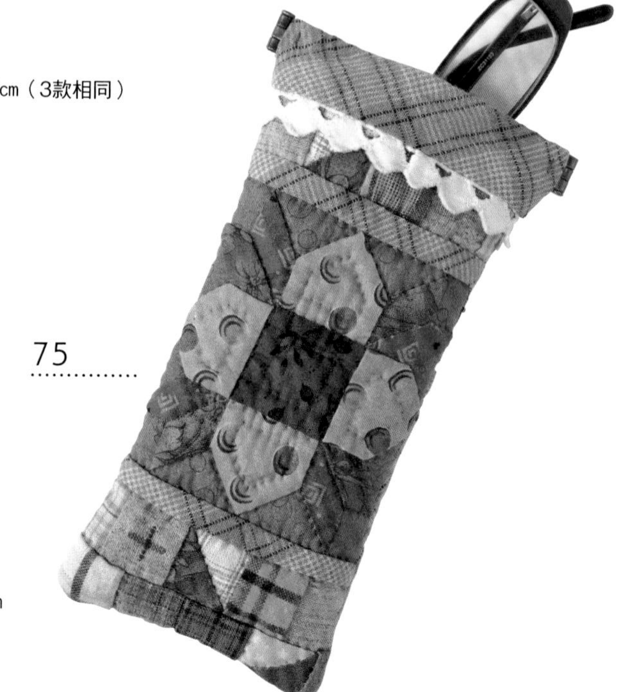

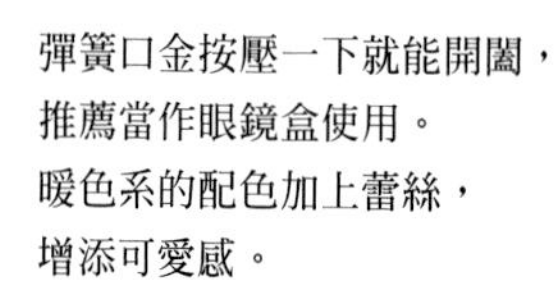

彈簧口金按壓一下就能開闔，
推薦當作眼鏡盒使用。
暖色系的配色加上蕾絲，
增添可愛感。

設計・製作／細川奈奈子　18×9㎝
[作法→P.99]

No.74波奇包

材料（1個的用量）

各式小木屋拼布用零碼布　口布15×15㎝
棉襯・胚布各35×20㎝　裡袋用布30×15㎝
長13㎝彈簧夾口金1個

作法順序

以小木屋拼布製作側面→從底部中心正面相對摺疊，縫合脇邊→製作口布，如圖組合。

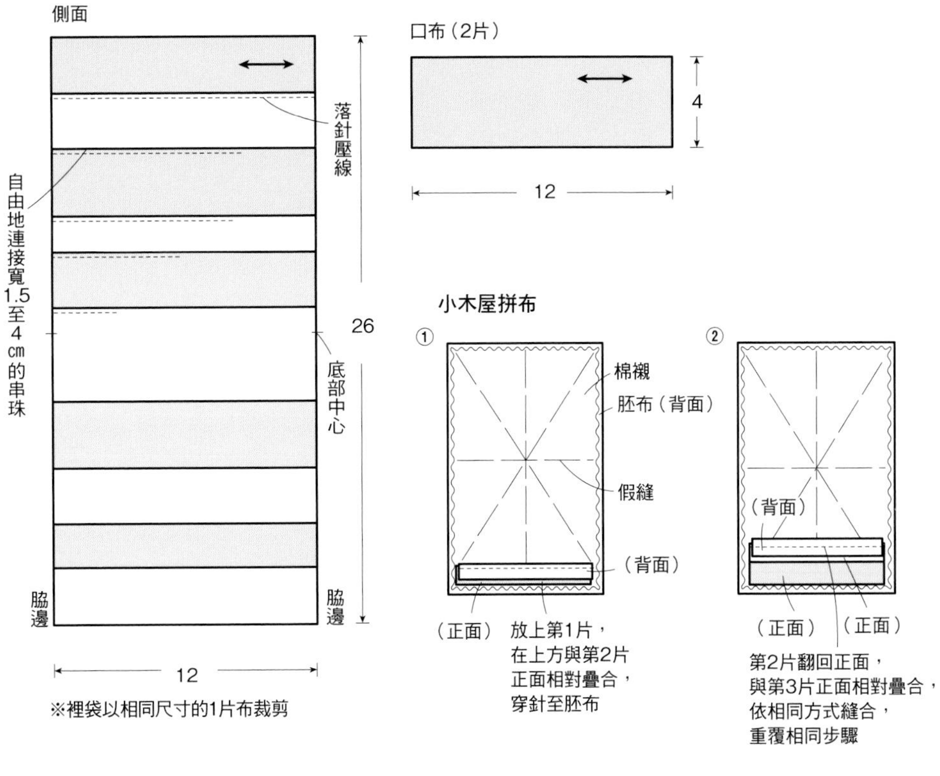

彈簧口金包……………………… 指導／高須あつみ

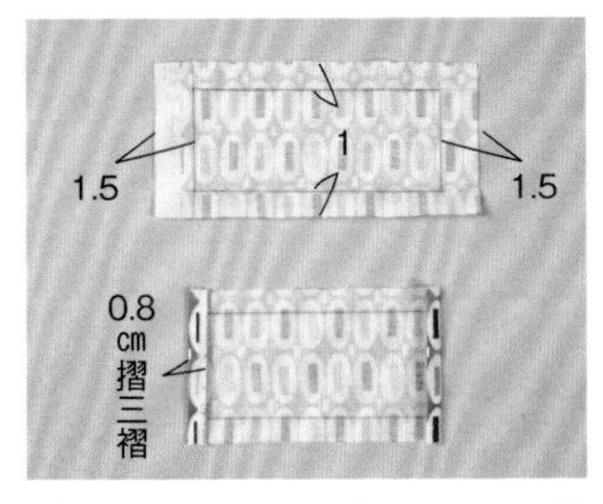

1 加上縫份，裁剪口布2片。橫向的尺寸與本體相同。脇邊以寬0.8㎝摺3褶後，以熨斗燙壓。

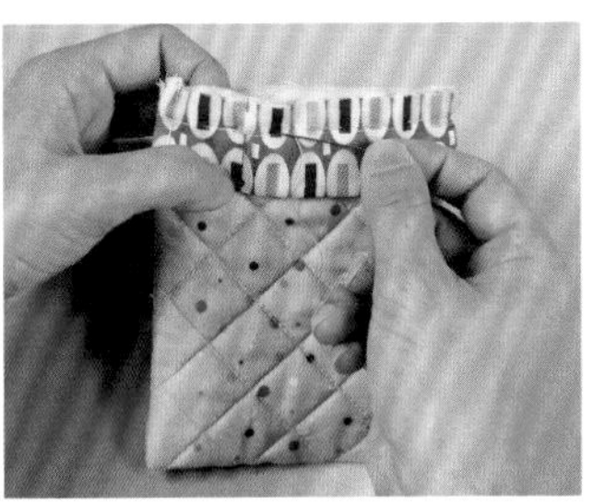

2 口布背面相對摺半，接於袋狀本體的袋口處。在口布的正面畫上袋口記號，與本體的記號對齊後，以珠針固定，假縫。

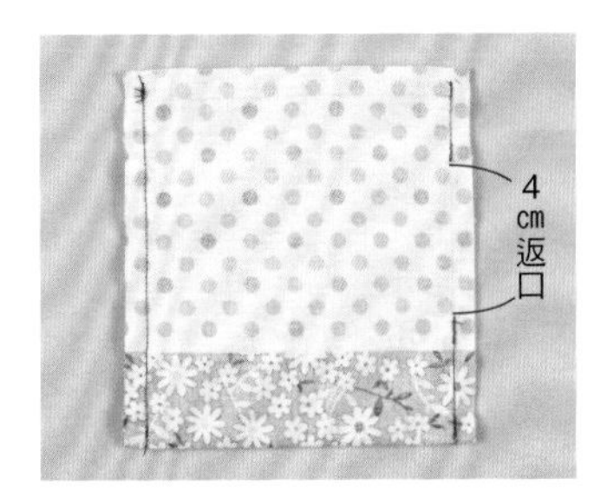

3 製作裡袋。與本體同尺寸的布從底布中心正面相對摺合，留返口後縫合脇邊。

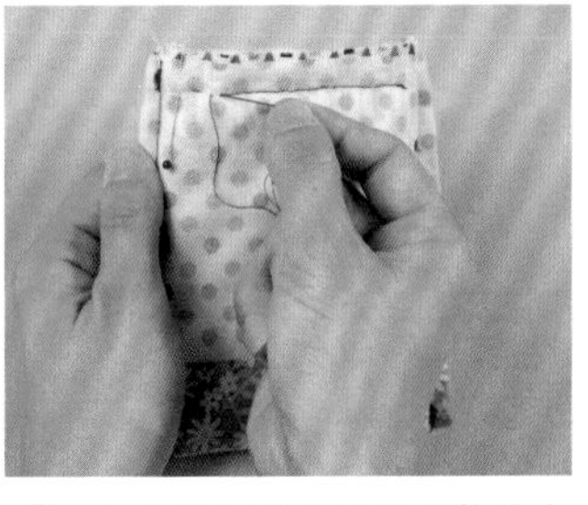

4 保持背面外翻的裡袋放於本體上方，對齊口布與裡袋的袋口記號，以珠針固定。跳過脇邊的縫份，進行回針縫。

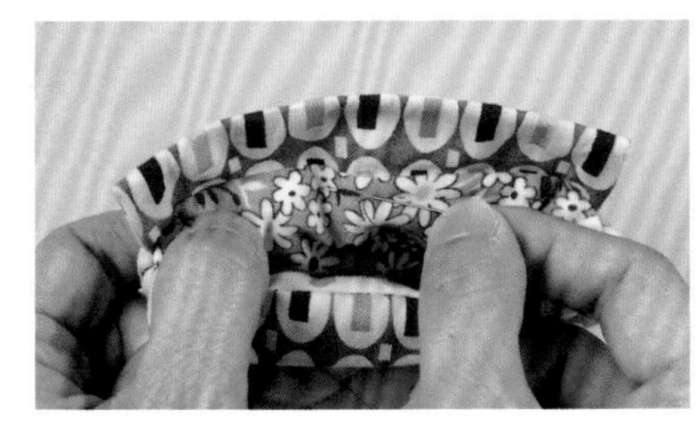

5 裁齊袋口的縫份，翻回正面後，縫合返口，將裡袋放入本體。為了壓住袋口的縫份厚度，袋口自內側進行星止縫（縫至棉襯）。

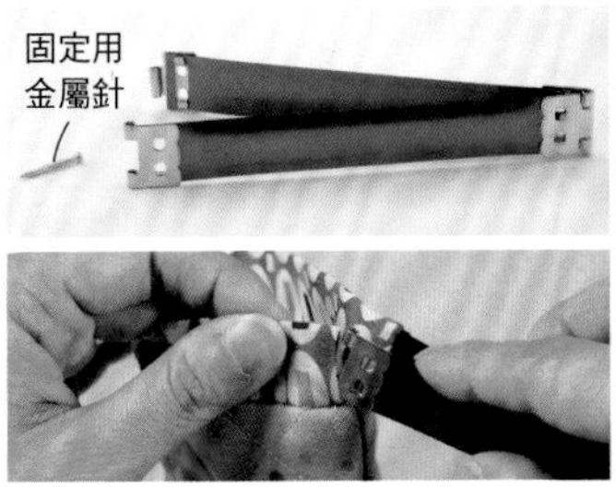

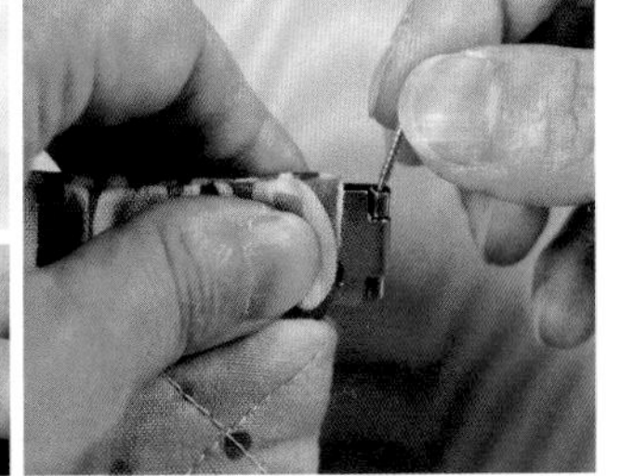

6 由2片彈簧夾組成的口金，拆下單邊固定金屬針的狀態。拆下金屬針後的那側，一片一片地穿過口布，直到邊緣，對齊2片，確實地將金屬針往下插入固定。

{ 鋁製口金 }

ㄇ字型的鐵絲穿過本體袋口製作。拉開拉鍊時，開口很大，內容物一目瞭然。若將側身加寬，使用更為方便。拉鍊選用比袋口長的尺寸，在邊端加上包釦。

大開口設計，適合當作化妝包使用。
中心使用「飛舞天鵝」的簡單圖案作為設計。

設計・製作／有岡由利子　14×20cm

[作法步驟 → P.65]

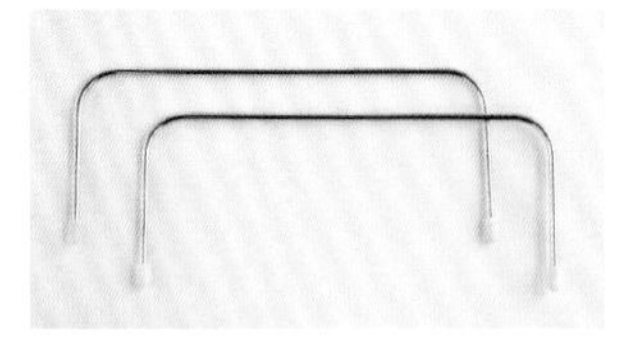

使用2個1組。

內側裝設2個方便收納的大口袋，
＆可放唇膏的口袋。

作法

材料

各式拼接、包釦用零碼布　C用布45×30cm　裡袋用布100×25cm（含內口袋・穿鐵絲用布）　單膠棉襯40×30cm　30cm拉鍊1條　直徑2.1cm包釦用芯釦4個　6×15cm鋁製口金1組

作法順序

A與B拼接後（參考P.102），與C接合，製作2片表布→正面相對，縫合底部中心→貼合直接裁剪的棉襯，壓線→從底部中心正面相對摺合，依①至⑨步驟組合。

※三摺邊縫合的部分，加上縫份2cm。

※本體的袋口縫份預留1.5cm。

※A與B原寸紙型參考P.80

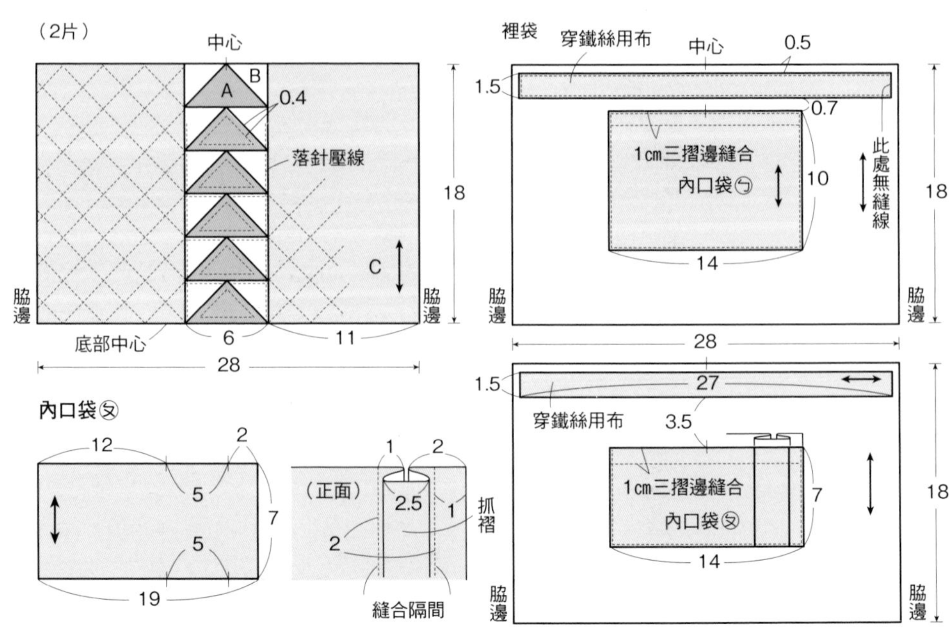

組合方法 ……………………… 指導／有岡由利子

本體的橫向尺寸 以口金為基準來計算

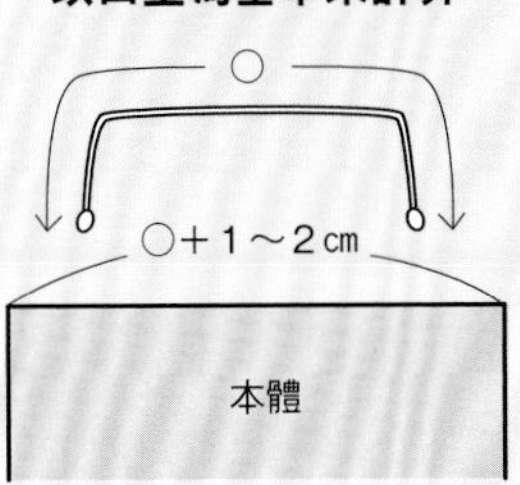

本體的橫向尺寸是以口金長度為基準，再多預留一些空間。

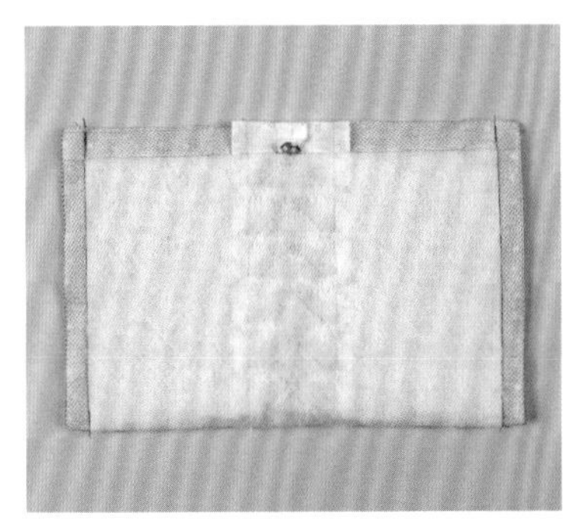

1 表布壓線，從底部中心正面相對摺合，對齊脇邊的記號，以珠針固定，縫合棉襯邊緣。手縫時，進行回針縫。

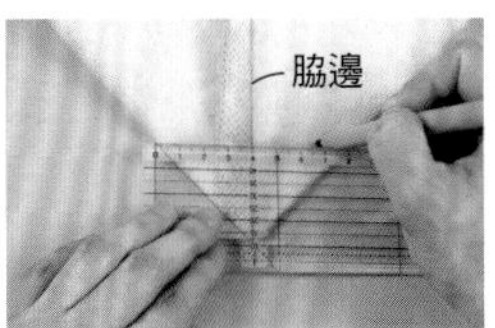

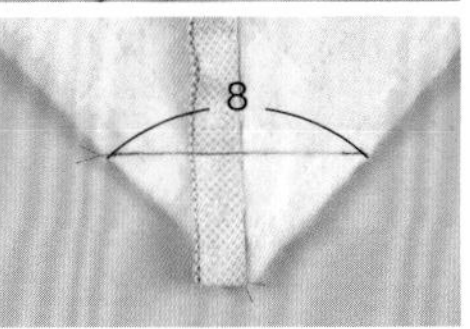

2 底部的邊角摺成三角形，避免與中心錯位，以珠針固定。使用量寸對齊側身的尺寸，畫上記號，縫合側身。

3 本體翻回正面，袋口縫份自棉襯邊緣往內側摺合，以珠針固定，假縫一圈。

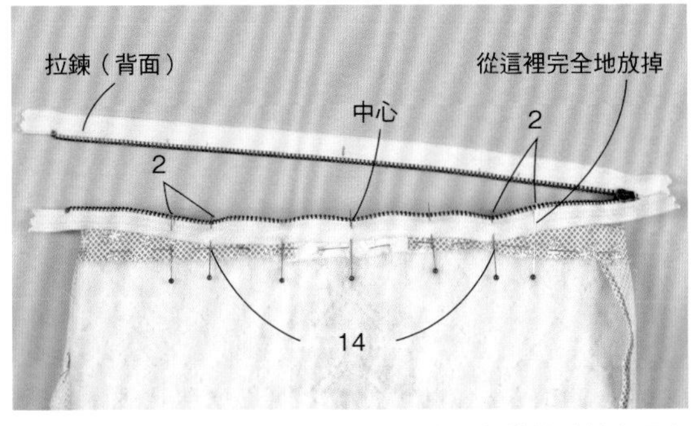

4 本體翻面，對齊中心後，疊合袋口與拉鍊（鍊齒露出布邊）。中心14cm以直線方式縫合，從圖示處開始，讓拉鍊外露往上提，以珠針回定。

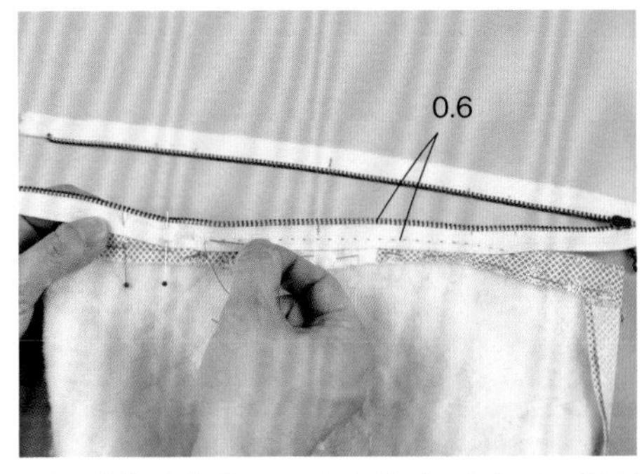

5 由鍊齒往下0.6cm左右位置，中心18cm進行星止縫。拉鍊上提部分，也以直線縫合。

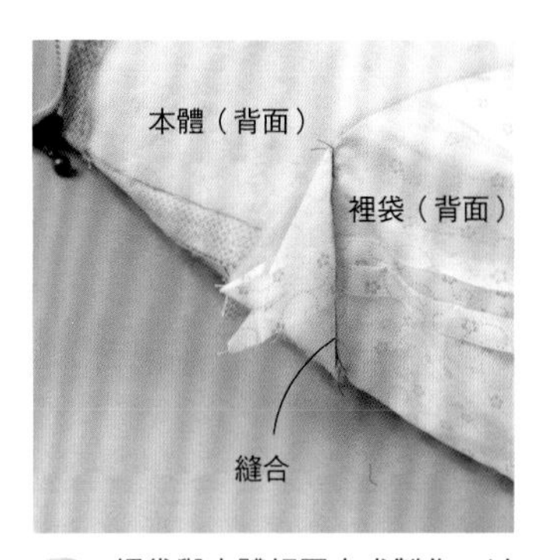

6 裡袋與本體相同方式製作，以騎馬釘方式縫合。對齊正面相對的本體與裡袋側身縫線，以珠針固定，在縫線上縫合。

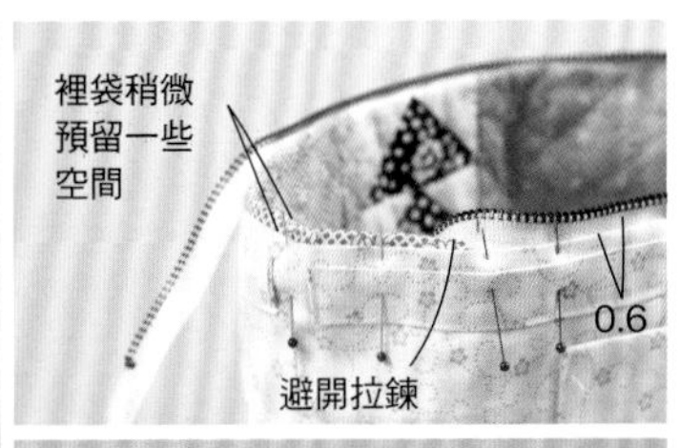

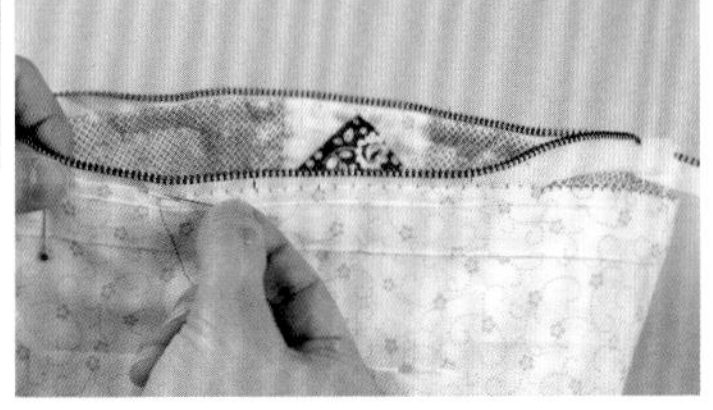

7 在本體上疊合裡袋，摺合裡袋袋口的縫份，對齊中心與脇邊，以珠針固定後，進行藏針縫。

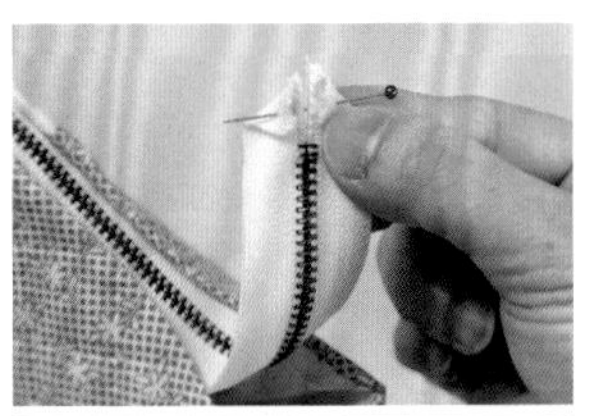

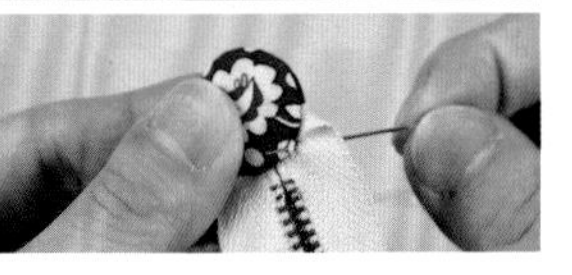

8 拉鍊邊緣摺三角形固定，夾入2個包釦（參考P.73），周圍進行藏針縫。

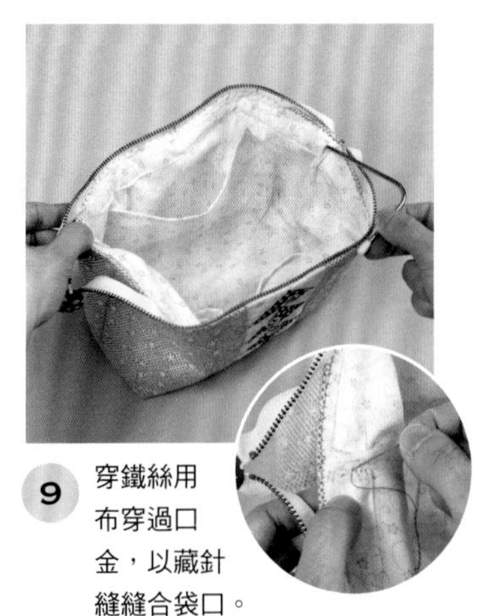

9 穿鐵絲用布穿過口金，以藏針縫縫合袋口。

可作為袋中袋使用的大尺寸包款。
加上提把，外出時也很方便。
袋口拉鍊設計顯目，
刻意使用深色配色來增添設計亮點。

設計・製作／渡邊美由紀
No.77 15×22cm No.78 12×19cm

[作法步驟→P.67]

作法

材料

No.77 各式拼布用零碼布 B・C用布55×35cm（含提把・包釦部分）裡袋用布40×35cm 棉襯・胚布各50×35cm 35cm塑膠拉鍊1條直徑2.4cm包釦用芯釦8個 5×20cm鐵絲口金1組 25號紫色繡線適量

No.78 各式拼布用零碼布（含包釦） 裡袋用布35×30cm 棉襯・胚布各40×35cm30cm拉鍊1條 直徑1.8cm包釦用芯釦4個 5×15cm鐵絲口金1組

作法順序

A與B拼接後，接合C後製作表布（No.78是拼接a）→疊合棉襯及胚布，壓線→在正面畫出完成線，依P.67作法組合。

※A（a）縫合順序參考P.102。

※No.77的提把在縫合袋口拉鍊前先縫合。

※包釦作法參考P.73。

※A・B・a原寸紙型參考P.98

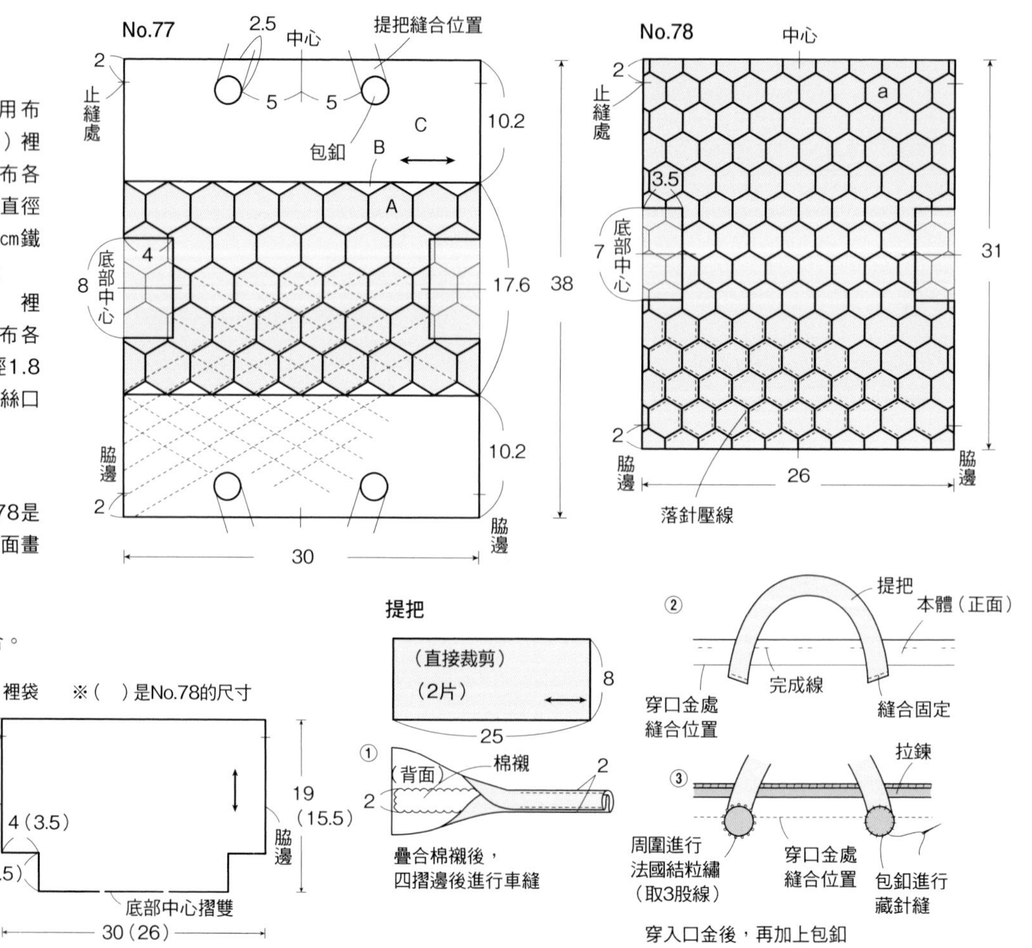

預留穿口金開口，縫合脇邊。

拉鍊縫於裡袋後，口金穿入部分再進行車縫。

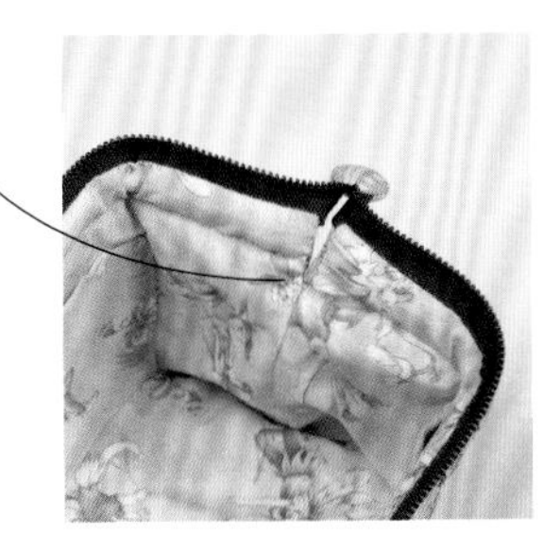

因為拉鍊以車縫縫合比較容易縫合，使用比本體袋口長4至5cm的拉鍊。較大的尺寸使用塑膠拉鍊。

組合方法 ……………………… 指導／渡邊美由紀

1 在壓線完成的本體正面畫出完成線，放上手作用複寫紙，使用點線器描記號，畫出完成線。不要忘記止縫處與中心的記號。

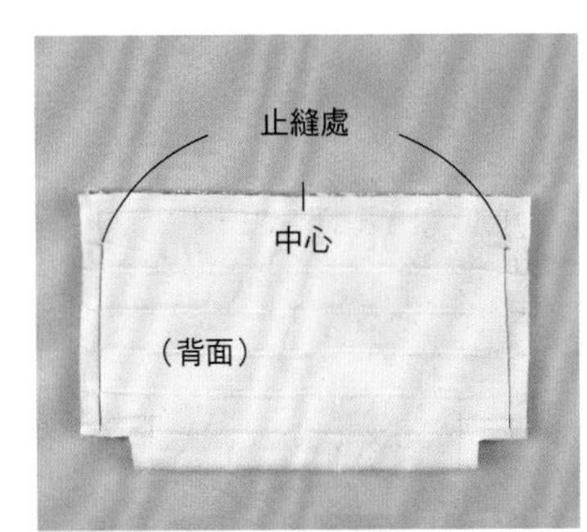

2 從底部中心正面相對摺合，對齊脇邊記號，以珠針固定，縫至止縫處。

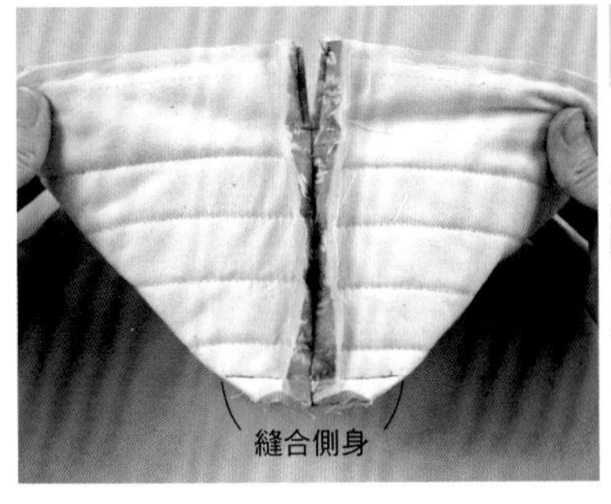

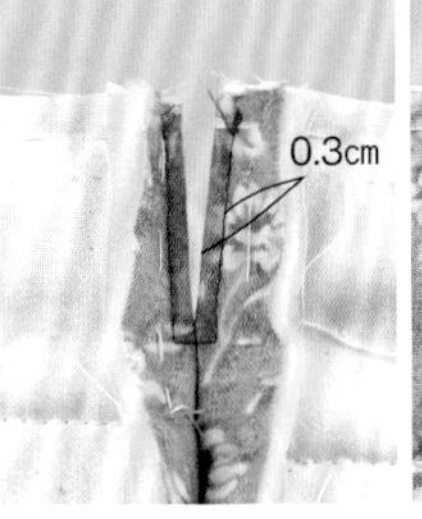

3 摺合脇邊的縫份，開口部位假縫，車縫出ㄇ字型。接著底部中心與脇邊對齊後摺疊，縫合側身。

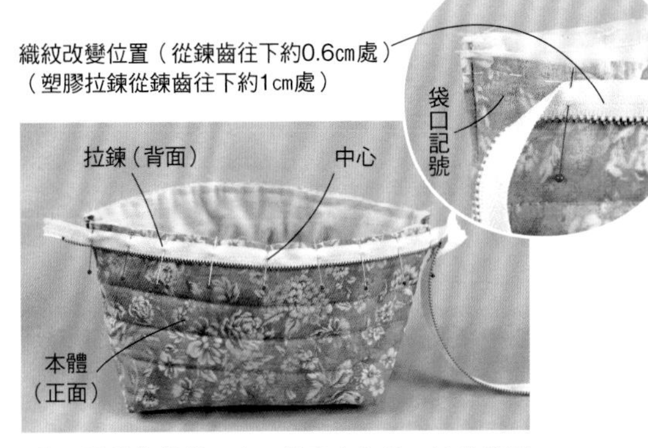

4 拉鍊放於袋口上，對齊中心後，以珠針固定。對齊袋口的記號與拉鍊的織紋改變位置。

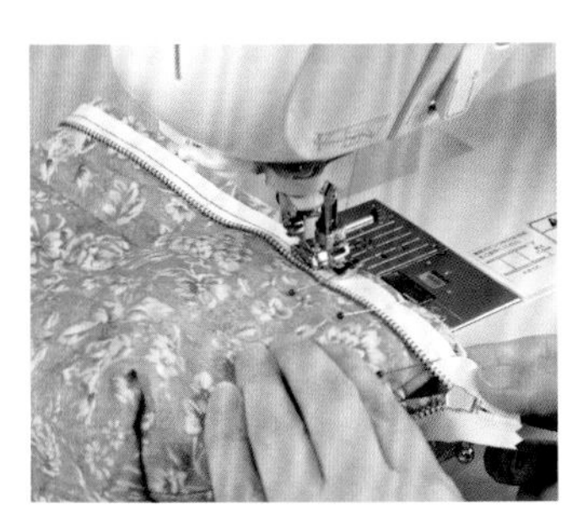

5 壓布腳替換成拉鍊壓線，車縫拉鍊（縫線使用與拉鍊同色，珠針在縫合時拆下）。從袋口邊端縫至邊端。

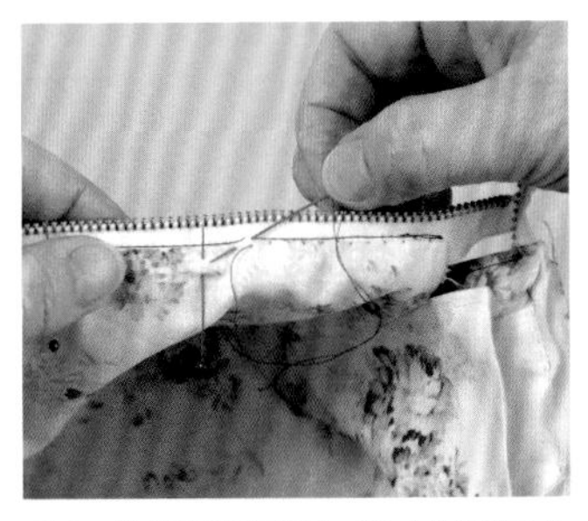

6 拉鍊翻回正面，與本體相同方式縫合的裡袋，放入內側，以藏針縫縫合袋口。注意重點在 5 的縫線下緣進行藏針縫。

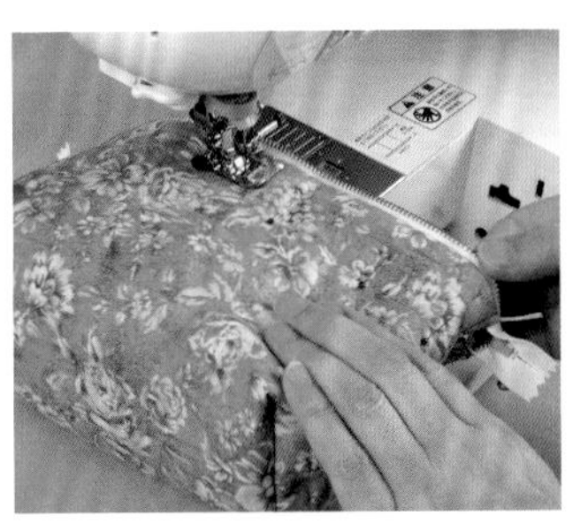

7 從袋口往下算1.5cm的位置畫線。在不會干擾縫合位置上以珠針固定，讓本體與裡袋固定，車縫口金穿入部分。

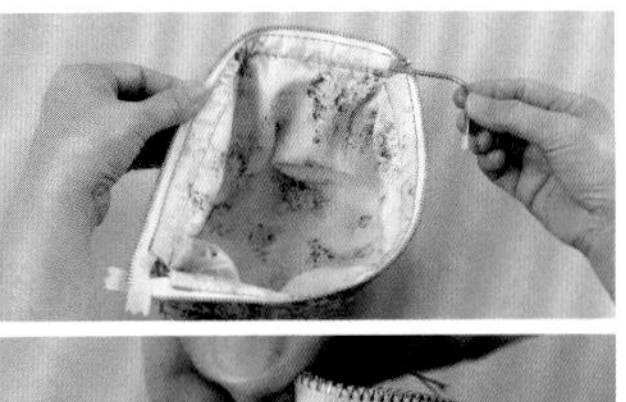

8 從脇邊的開口穿入口金，以藏針縫縫合開口處。最後在拉鍊邊端縫上包釦（參考P.73）。

以袋口滾邊，袋口閉合時拉鍊也不明顯
大尺寸波奇包以花朵配件裝飾
小尺寸波奇包以雛菊造型進行貼布縫。

設計・製作／菊地昌惠

No.79 12.5×22.5cm No.80 11.5×10.5cm

[作法步驟 → P.69]

作法

材料

No.80 拼接、各式貼布縫用零碼布（含包釦部分） C用布15×15cm D・E用布・棉襯・胚布・裡袋用布各35×25cm 滾邊用寬3.5cm斜紋布50cm20cm拉鍊1條 直徑2.4cm包釦用芯釦4個 4×10cm鐵絲口金1組 25號棕色繡線適量

No.79 米色圓點（含滾邊部分）
米色素布・米色印花布各各55×25cm
原色素布55×35cm（含花朵配件部分）
裡袋用布35×35cm 棉襯・胚布各40×40cm 35cm拉鍊1條 直徑2.4cm包釦用芯釦4個 直徑1.8cm包釦用芯釦1個 6×18cm鐵絲口金1組 包釦用布適量

作法順序

No.80 拼接A，以貼布縫製作B的圖案（參考P.102）→C進行貼布縫，刺繡→接合D E，製作表布→疊合棉襯與胚布，壓線→從底部中心正面相對摺疊，縫合脇邊及側身，縫合脇邊的縫份→以下參考P.69，最後右上花朵配件。

No.79 A至D橫向接合成1列，製作表布→疊合棉襯及胚布後壓線→以下與No.80相同。

※No.80的A・B原寸紙型參考P.100，No.79的A至E、花朵配件的原寸紙型與壓線圖案參考P.99

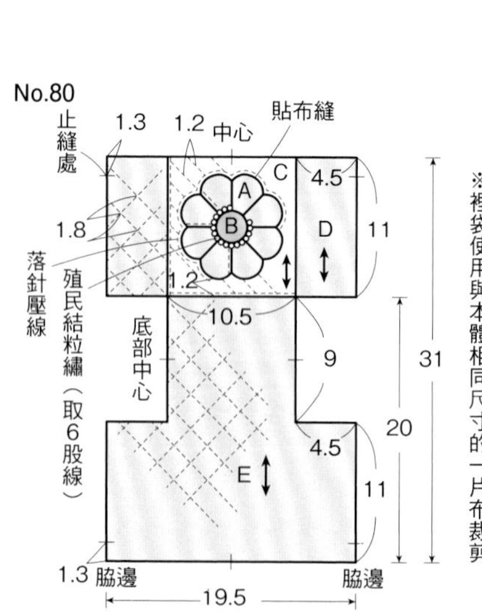

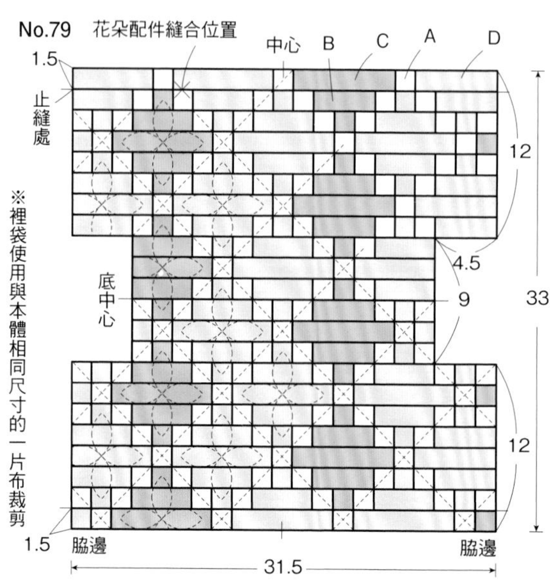

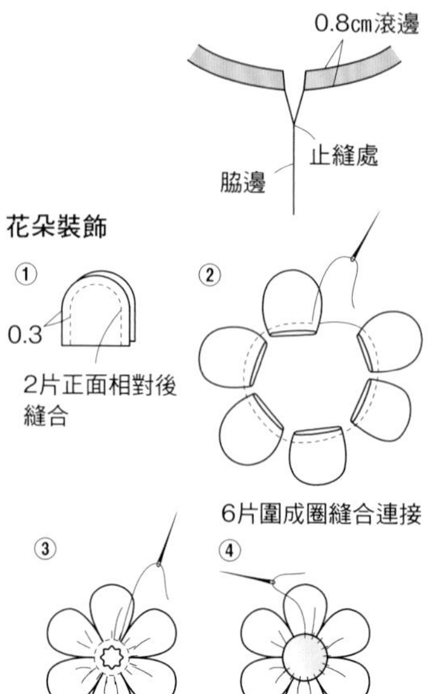

加上拉鍊及裡袋後，
口金穿入部分
進行星止縫。

依喜好將口金的
左右兩側斜向拉開，
拉起拉鍊時，
袋口會斜向展開。

因為拉鍊以手縫縫合，
拉鍊的長度與袋口
相同尺寸也沒關係，
稍微長一點也ok。

組合方法 .... 指導／菊地昌惠

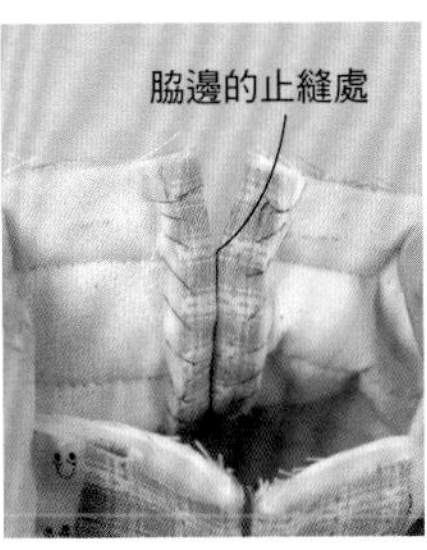

1 與P.67相同，縫合本體的脇邊及側身，壓開脇邊的縫份縫合。

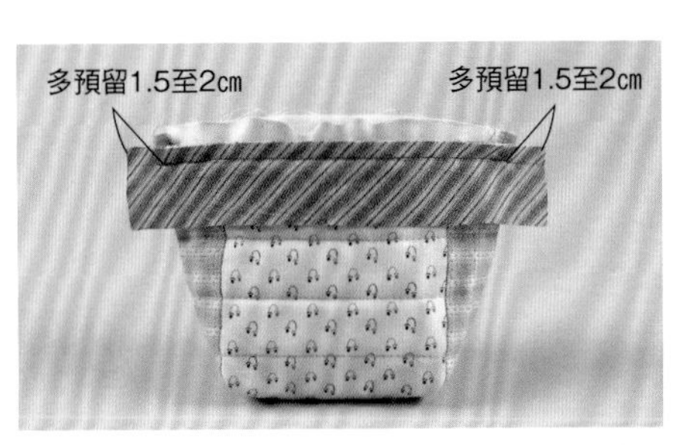

2 準備比袋口長的斜紋布（背面以0.8cm的縫線作記號），如圖正面相對疊合，縫線與袋口記號對齊縫合。

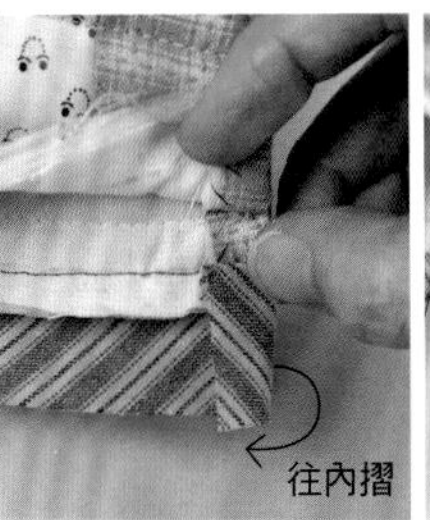

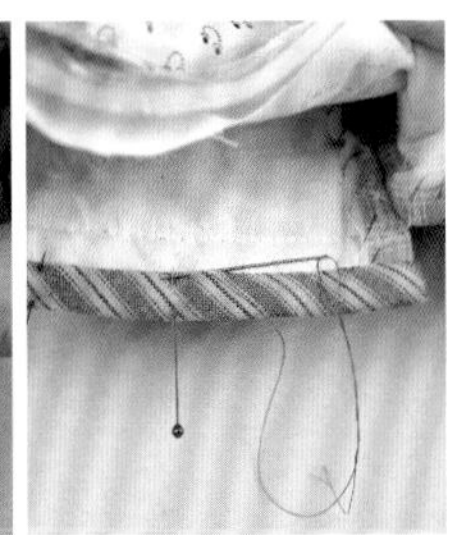

3 袋口的縫份沿著斜紋布裁齊。斜紋布翻回正面，兩側預留部分如左圖往內摺後，包住縫份進行藏針縫。

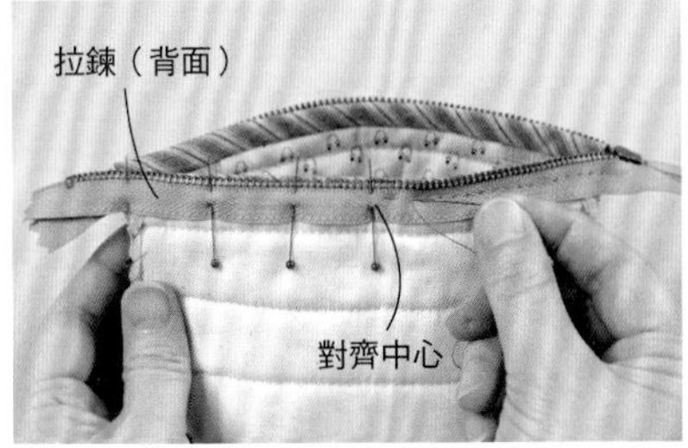

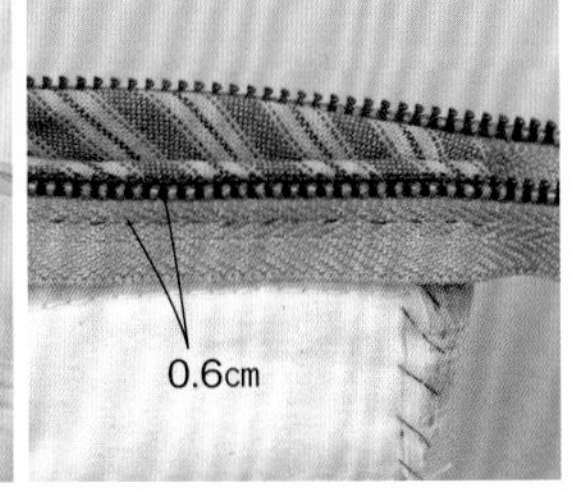

4 本體翻回背面，袋口縫上拉鍊。對齊鍊齒及滾邊的邊緣，以珠針固定，自鍊齒往下方0.6cm處進行星止縫。

5 與本體相同方式縫合完成的裡袋袋口進行藏針縫。進行藏針縫隱藏 **4** 的星止縫吧！

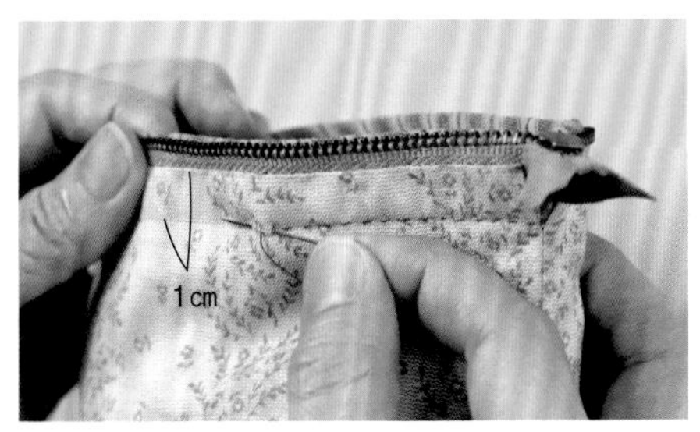

6 從裡袋袋口往下1cm處畫線，在口袋穿入部位進行星止縫。縫線不要露入正面，只挑針至棉襯。

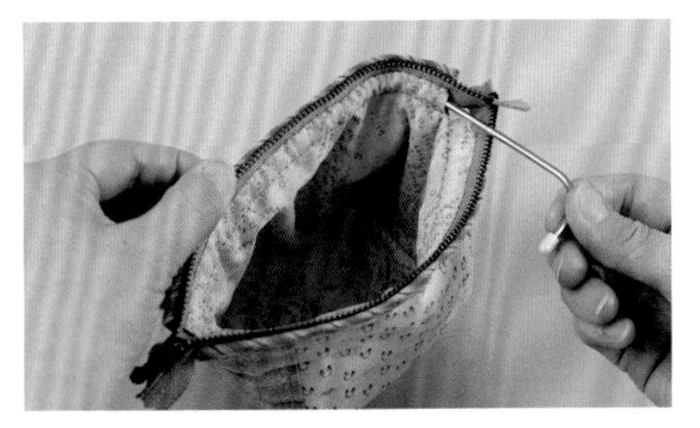

7 從脇邊的開口穿入口金。

8 以藏針縫縫合開口。最後在拉鍊的邊緣加上包釦（參考P.73）。

袋口加上蕾絲拉鍊的浪漫造型小波奇包，
車縫穿口金處，在袋口正面加上拉鍊。

No.81 設計・製作／渡邊美由紀　8×11cm
No.82 設計・製作／青木朱里　11×14cm
［作法→P.71］

拉鍊使用車縫縫合時，使用比袋口長度長4至5cm的拉鍊。

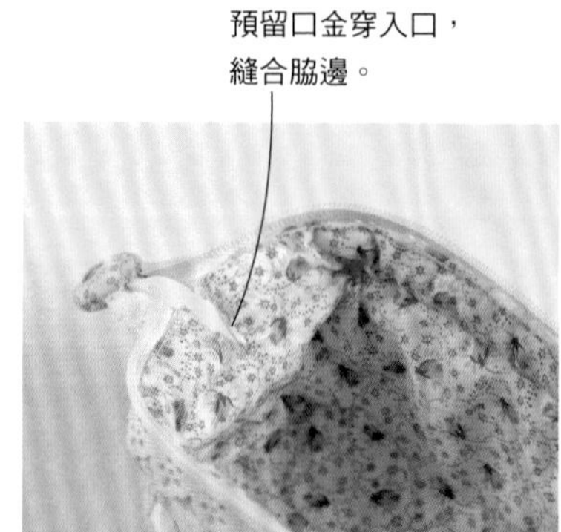

預留口金穿入口，縫合脇邊。

作法

材料（1個的用量）※（　）內的尺寸是No.82

各式拼布用零碼布（含包釦部分） 裡袋用布25×20cm（35×25cm） 棉襯・胚布各30×25cm（35×30cm） 20cm（25cm）蕾絲拉鍊1條 直徑1.8cm（2cm）包釦用芯釦4個 3×10cm（4×12.5cm）鐵絲口金1組 只有No.82部分的C用布25×20cm

作法順序（作法相同）

參考P.102後，拼接A，製作表布（No.82參考P.102，拼接A與B後，製作6片圖案，與C接合，製作表布）→疊合棉襯與胚布後壓線→參考P.67，自底部中心正面相對摺合，縫合脇邊及側身→製作裡袋，本體與裡袋正面相合，依下方圖示組合。

※包釦縫合方式參考P.73

※No.82A・B原寸紙型參考P.98

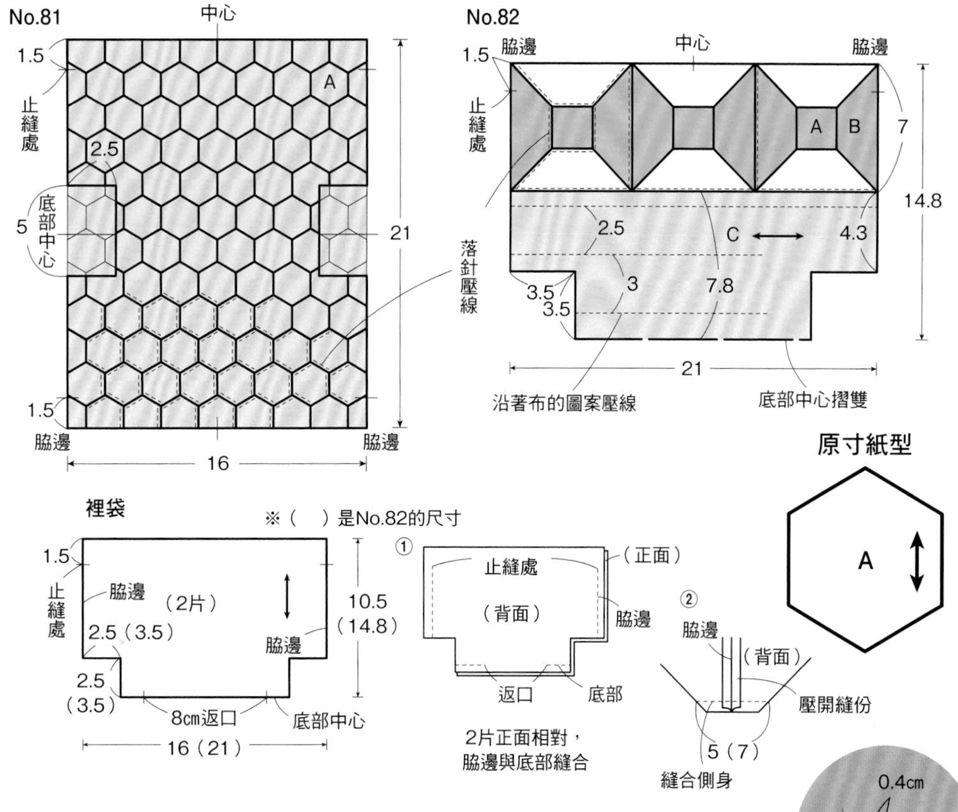

組合方法……………………… 指導／渡邊美由紀

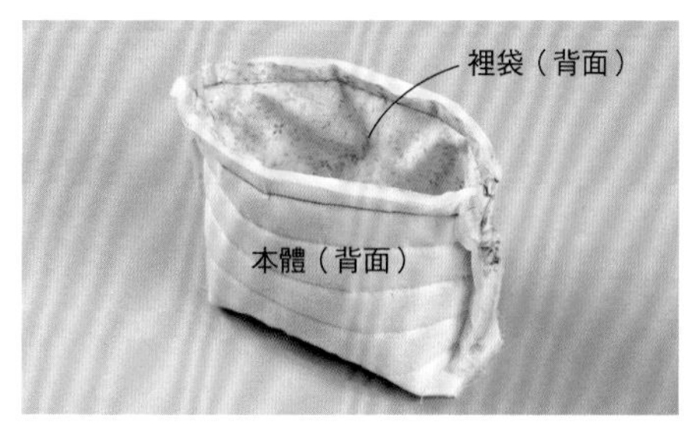

1 與P.67相同，縫合脇邊及側身的本體與裡袋（底部預留返口）正面相對，縫合袋口。

2 從返口翻回正面，縫合返口，自袋口往下1.5cm處畫線，車縫穿口金處。

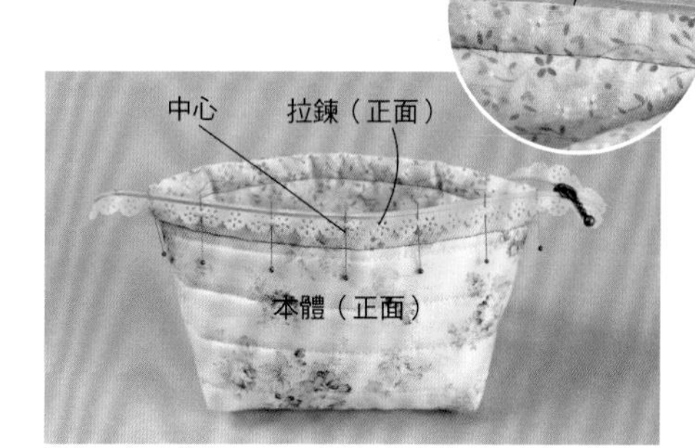

3 袋口正面與中心對齊，放上蕾絲拉鍊，以珠針固定從背面看，拉鍊自袋口露出0.4cm。

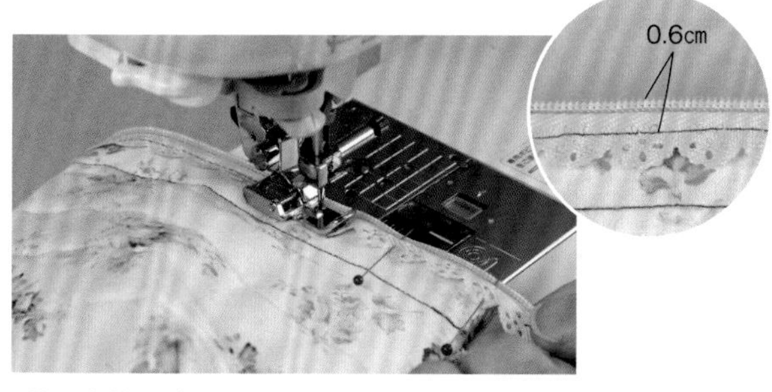

4 由於以車縫製作，若以珠針固定不夠穩定，可採假縫自拉鍊鍊齒往下0.6cm處慢慢地車縫。

手縫時

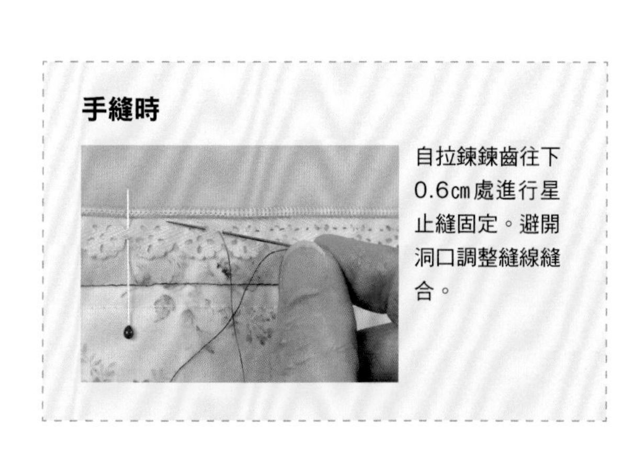

自拉鍊鍊齒往下0.6cm處進行星止縫固定。避開洞口調整縫線縫合。

安裝拉鍊注意事項

錬頭拉把

拉鍊鍊頭

鍊齒

上止處

下止處

縮短拉鍊長度的方法

…… 縮短金屬鍊齒的長度 ……

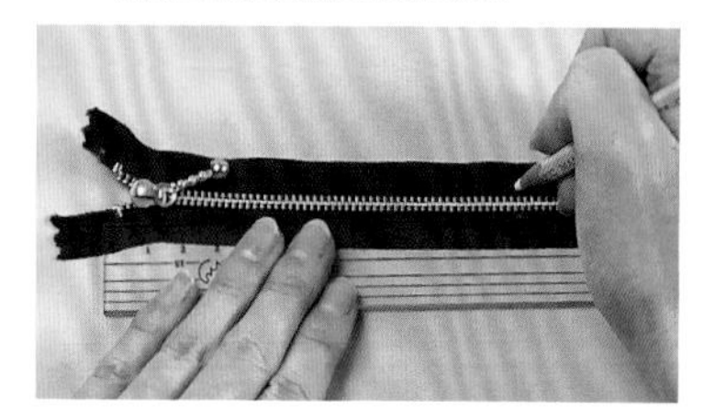

1 從上止處的金屬件位置，放上量尺，在想要縮短的位置正面，作上記號。

2 從拉鍊背面拆下止處的金屬件。首先，以錐子插入布與金屬件之間，扳開鍊齒（左），從正面以扳手將金屬件拔下（右）。不傷害金屬件輕輕地取下。

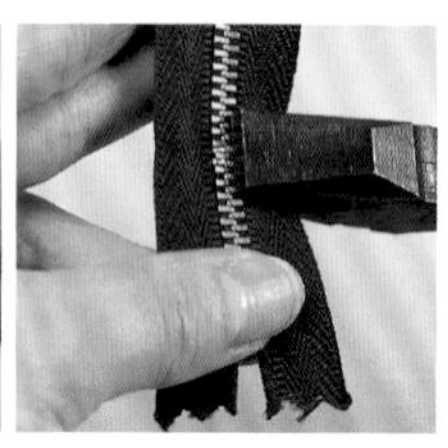

3 於步驟2取下的金屬件，在作記號處從正面插入（左）。鍊齒齒爪穿過布料後，自背面摺齒爪，以扳手壓合固定（右）。不傷害金屬件表面，貼上透明膠帶。

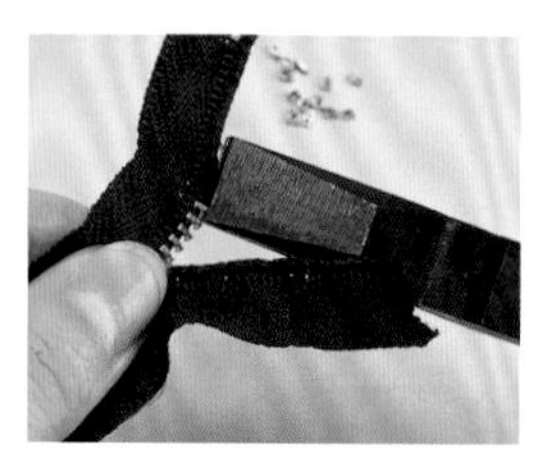

4 從移動後的下止處金屬件，以扳手將下方的鍊齒夾住，直接拔下。

…… 將塑膠拉鍊剪短 ……

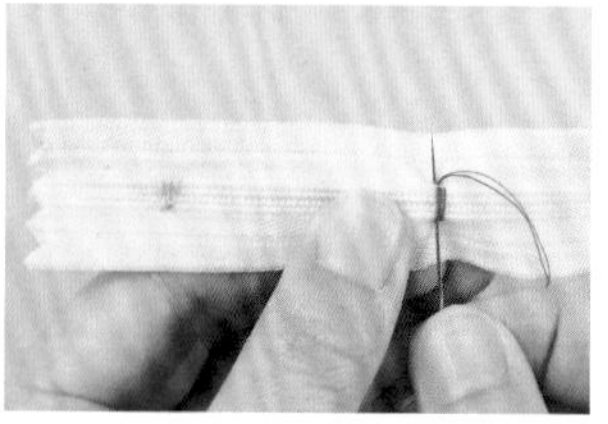

1 調整下止處。在想縮短位置的鍊齒上，取2股線，重覆入針到鍊頭能牢牢固定。

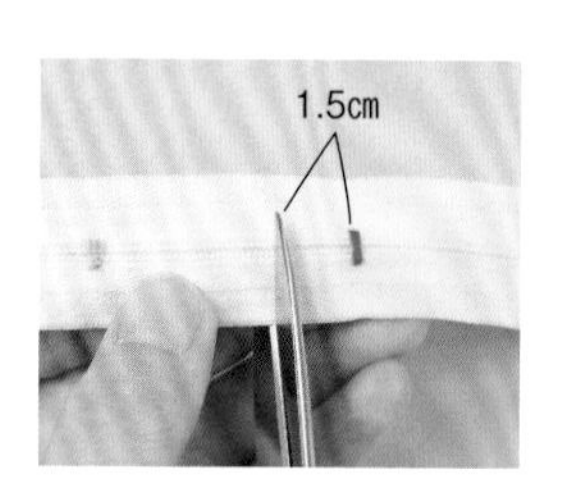

2 線於背面打結固定，拉鍊多餘的部分預留1.5cm左右，以剪刀裁剪。

…… 不改變拉鍊長度，將多餘部分藏於內側 ……

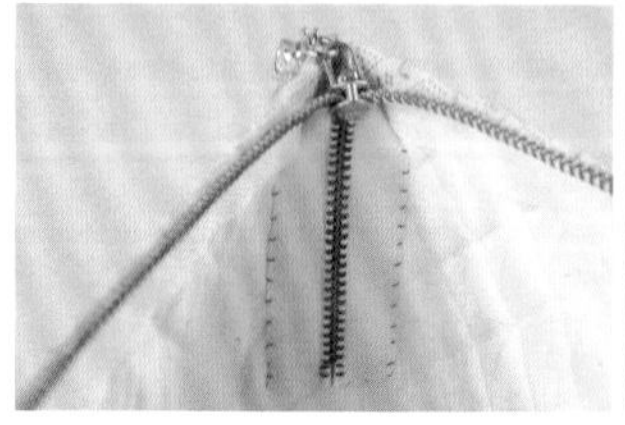

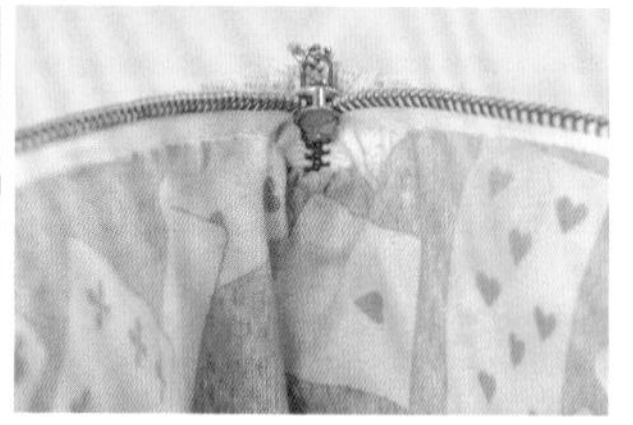

多餘部分沒有很長時，將多餘部分像這樣放入內側，進行藏針縫。如右圖，從上方套住裡袋進行藏針縫，就會隱藏起來看不見。

…… 不改變長度將多餘部分露於外側 ……

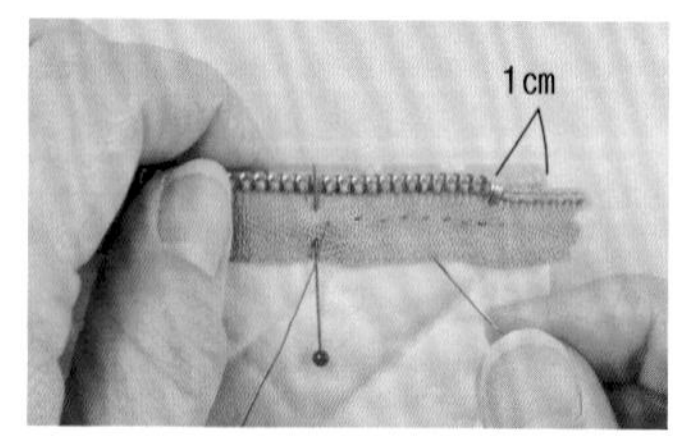

1 適合比波奇包袋口長1至5cm左右的拉鍊。從上止處縫合，從波奇包的脇邊起算1cm內側位置，對齊金具部分，進行星止縫。

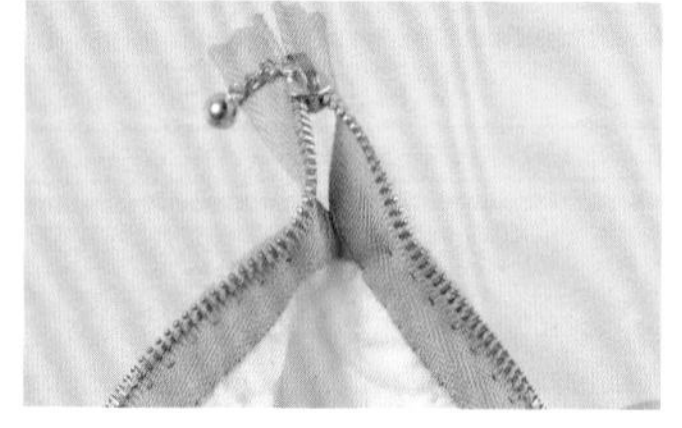

2 下止處從脇邊縫至內側1cm的位置。另一側也相同方式縫合，像這樣留有空隙的狀態。邊端如下方所示，以布包覆後，作出釦絆。

在露於外側的拉鍊邊端加上釦絆

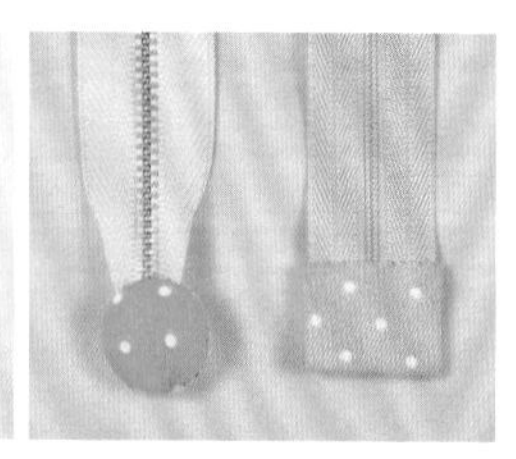

拉鍊邊端以布料包覆，夾入包釦，作成拉鍊尾縫片。

…… 以布包覆 ……

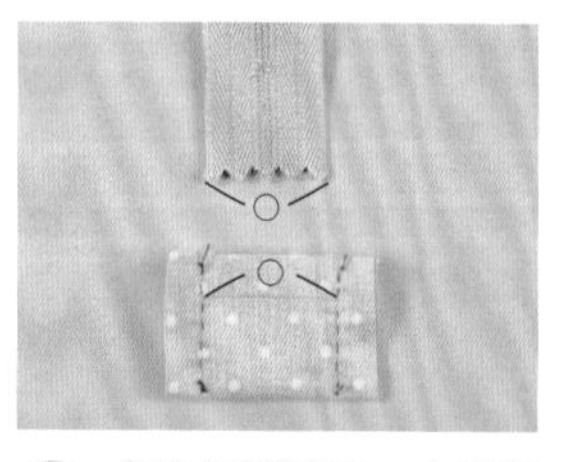

1 製作包覆用布。布寬對齊拉鍊寬度，長度依喜好決定。正面相對對摺，縫合脇邊。

2 翻回正面後，摺袋口縫份。

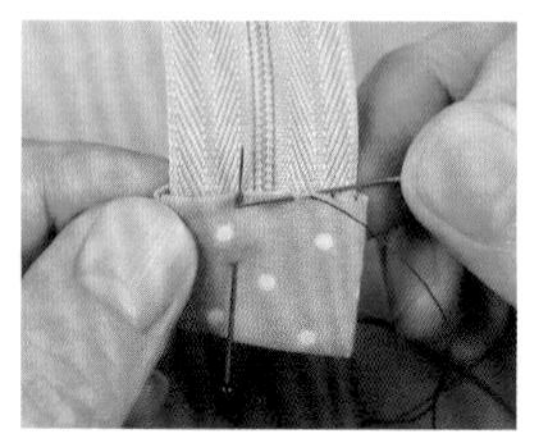

3 縫於波奇包上的拉鍊邊緣下止處蓋上布料，隱藏金屬件後，進行藏針縫。

…… **夾入包釦** ……

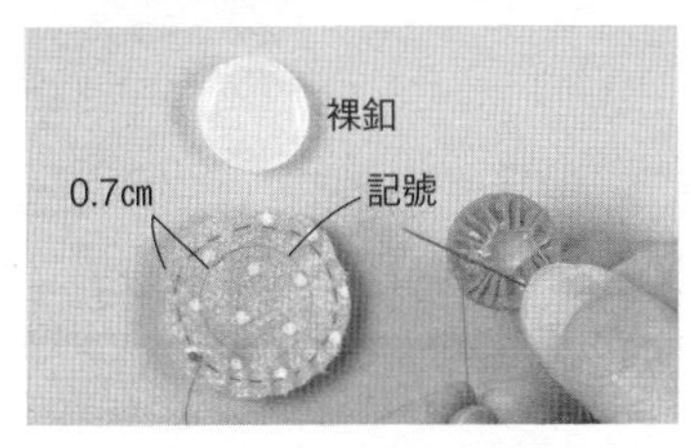

1 製作包釦。首先將裸釦放於布的內側，作上記號，縫份留0.7㎝後裁剪。接著以平針縫縫合周圍，放入裸釦縮縫。避免線鬆脫，請確實打結固定。

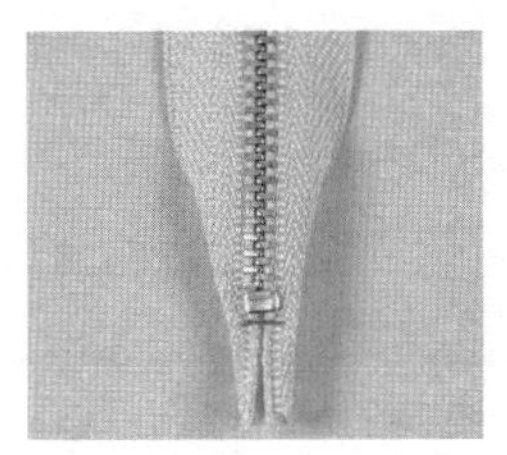

2 為了從波奇包的脇邊讓拉鍊整齊地露出，下止處往內摺後，將寬度縮小，縫合固定。

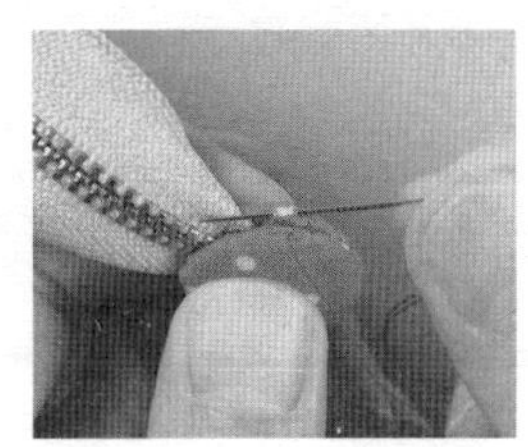

3 以2個包釦夾住拉鍊，隱藏下止處的金屬鍊齒，以直針藏針縫的方式縫合。

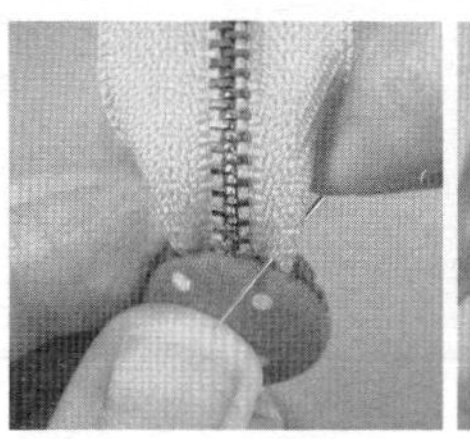

拉鍊部分穿針入拉鍊布後，縫合。鍊齒的部分不穿針， 挑針鈕釦的布。

拉鍊拉把以鈕釦替換

P.6的波奇包，鍊頭拉把換成大的牛角釦，方便拉開拉鍊使用。也成為設計的重點。

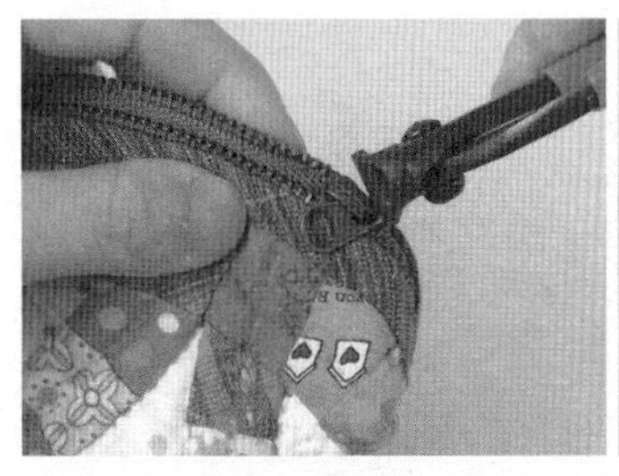

1 以鉗子將拉鍊鍊頭的拉把剪斷。

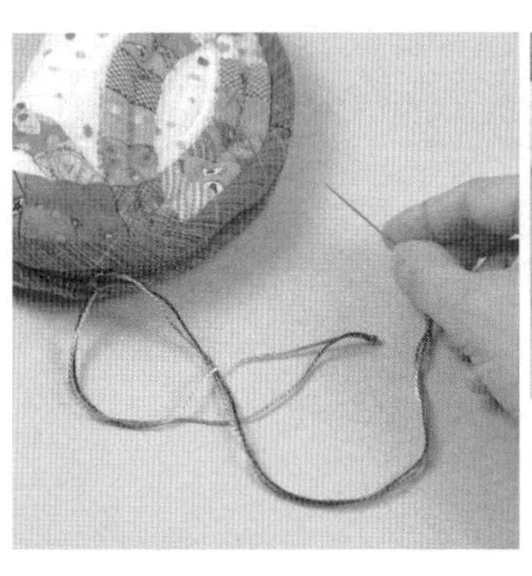

2 取2股5號繡線，在線邊打結，穿過拉鍊頭，針穿過用線繞出的圓（左）。拉線（右）。

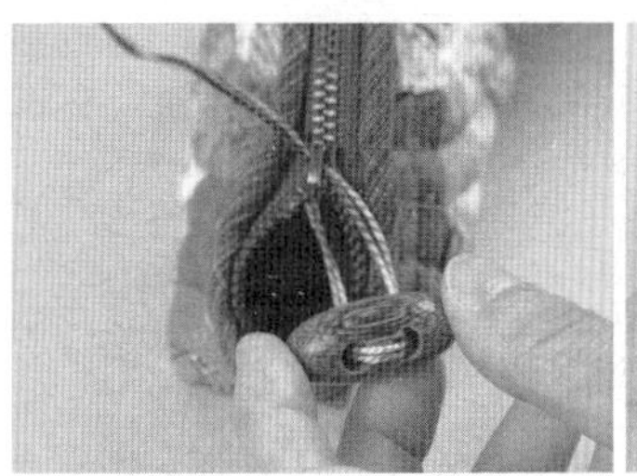

3 鈕釦穿線，穿過拉鍊頭（左）。拉線，拉鍊頭再穿針一次（右）。

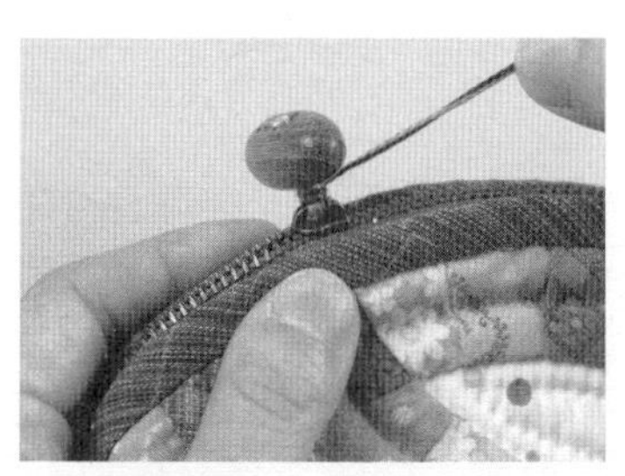

4 在底部捲線5次左右。讓線不要鬆脫，緊緊地捲好。

5 底部入針4次左右，插針穿線，再剪掉線。

作法

●圖片中的單位是cm。
●作品完成品與圖片中的尺寸多少會有差異。
●縫份沒有特別指定時，請預留1cm裁剪。
拼布的布片預留0.7cm，貼布縫預留0.3至0.5cm的縫份後裁剪。
●直接裁剪時，不預留縫份，依指定的尺寸裁剪。
●請參考P.72・P.73拉鍊相關的注意事項，P.95的繡法，
P.103・P.104的拼布基礎技法。

P13 .... No.10至No.17

動物造型波奇包

材料（1個的用量）
各式貼布縫用零碼布　A用布15×15cm　B用布35×25cm（含滾邊部分）　雙膠棉襯・胚布各25×15cm　12cm拉鍊1條　25號棕色繡線・手工藝用棉花適量
串珠類（8個的用量）　直徑0.3cm串珠12個　直徑0.2cm串珠4個　長0.6cm串珠3個
繩帶類　獅子用0.7cm寬波浪型織帶20cm　牛用寬0.3cm的皮繩、寬0.3cm的棉繩各5cm　小豬用直徑0.2cm的麻繩10cm

作法順序
拼接A與B，製作表布→貼合棉襯與胚布，壓線→製作貼布縫及刺繡→滾邊周圍→縫上拉鍊→脇邊邊自底部中心正面相對摺疊，以捲針縫縫至拉鍊止縫處→縫合側身。

作法重點
○刺繡取2股線。

※小豬・獅子・大象的原寸貼布縫圖案參考P.75
※兔子・貓咪・牛・小狗・小豬的耳朵圖案原寸紙型B面⑤

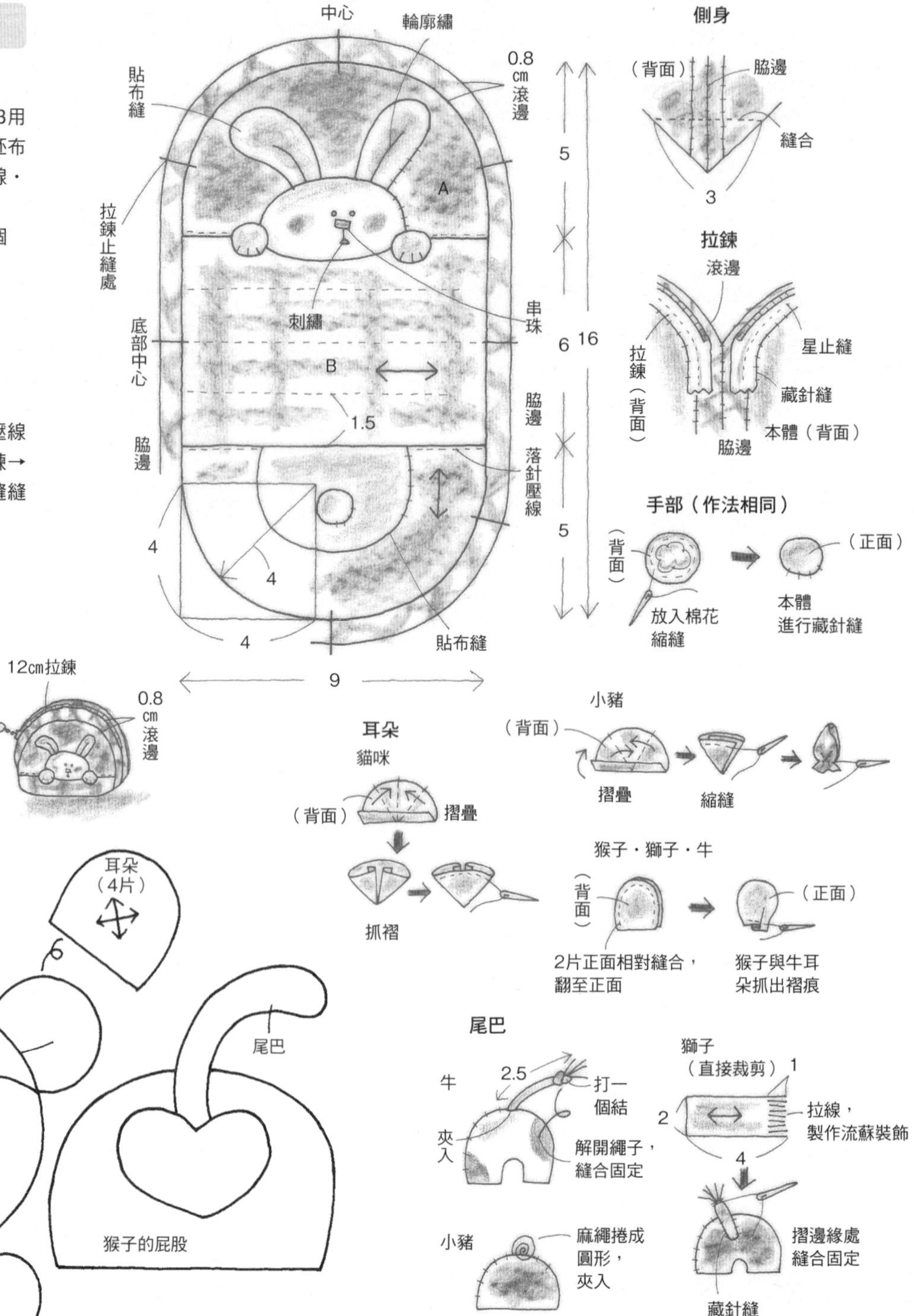

P6 .... No.5

「雙重婚戒」造型波奇包

材料

各式拼接用零碼布　D・E用布25×20cm　滾邊用寬3.5cm斜紋布70cm　棉襯・胚布各30×30cm　24cm拉鍊1條　寬3cm的牛角釦1個　5號繡線適量

作法順序

拼接A至E製作表布→疊合棉襯及胚布，壓線→參考P.8，周圍滾邊，縫上拉鍊→底部中心正面相對摺疊，脇邊進行捲針縫→縫合側身→拆下拉鍊的拉把，加上鈕釦（參考P.73）。

※A至E的原寸紙型參考P.100

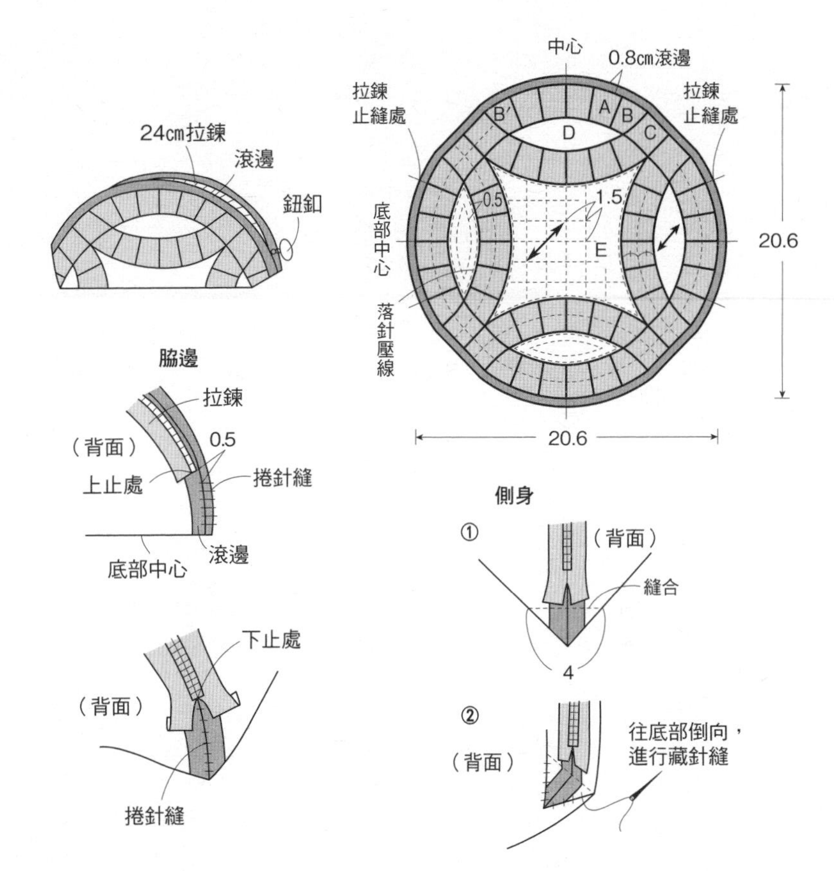

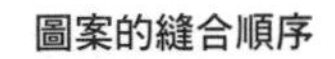
圖案的縫合順序

全部皆從記號處縫至記號處

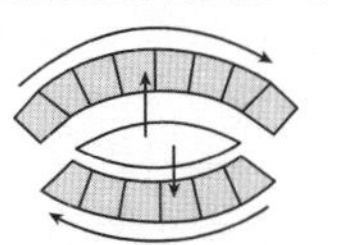
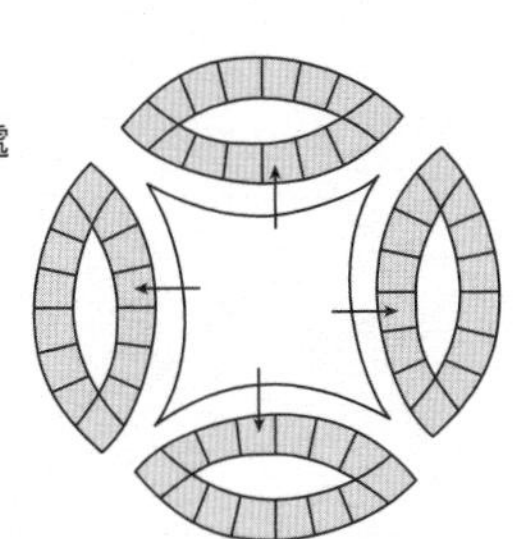

箭頭是指縫份倒向方向

P.74原寸貼布縫圖案

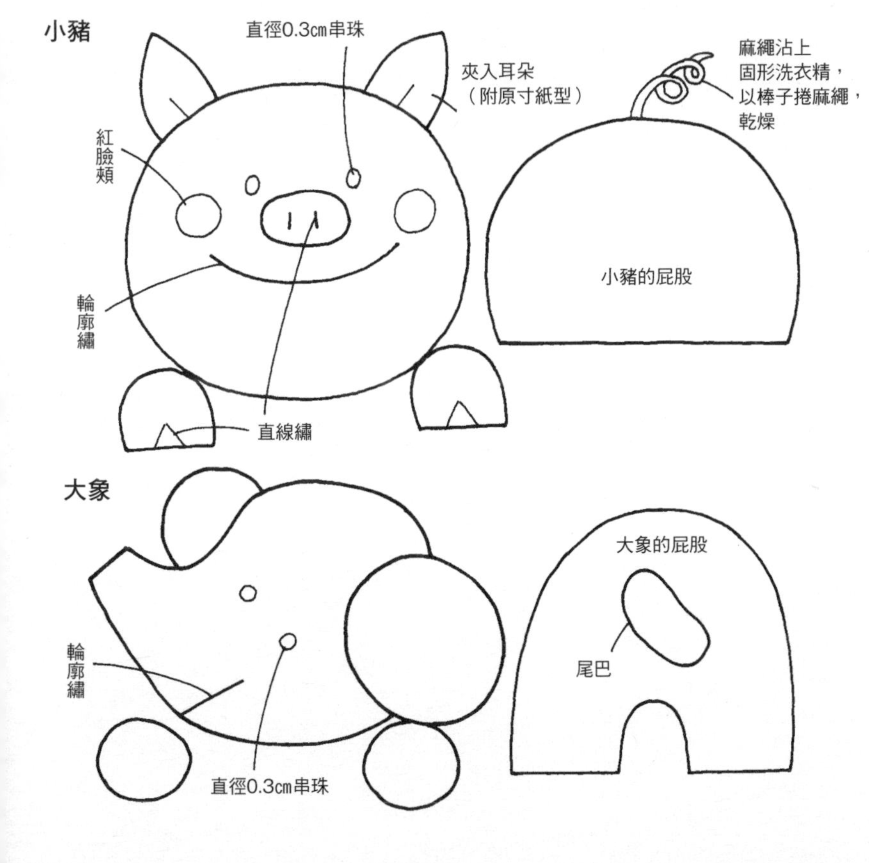

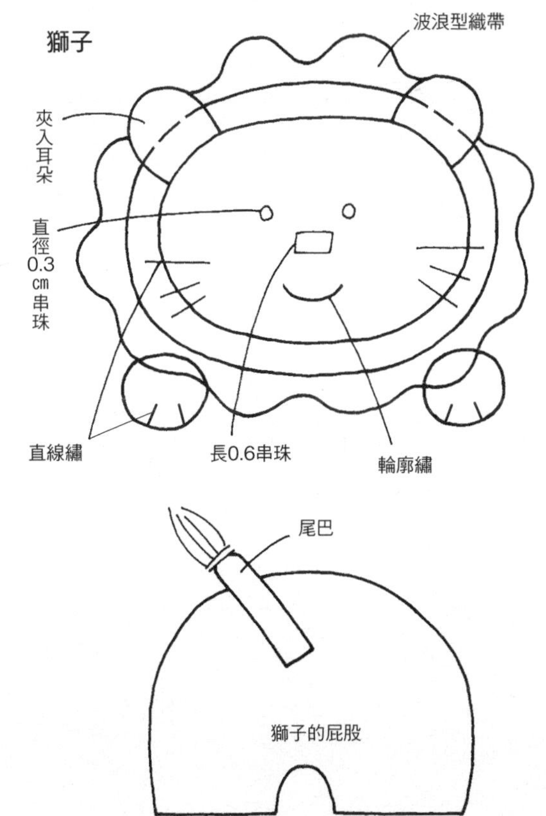

抓褶裝飾波奇包

材料

No.21 抓褶裝飾拼布、 釦絆用零碼布 A用布25×10㎝ B用布25×25㎝ 貼邊用布35×35㎝ 棉襯・胚布各55×25㎝ 蕾絲1.2㎝寬50㎝ 25㎝拉鍊1條 直徑2.4㎝包釦的裸釦4個 直徑0.6㎝鈕釦10個

No.20 抓褶裝飾拼布用零碼布 A・B用布40×30㎝ 滾邊用寬4㎝斜紋布55㎝ 棉襯・胚布各45×30㎝ 22㎝拉鍊1條 寬0.5㎝串珠12個長40㎝皮革製提把1條

作法順序

No.21 製作10片抓褶裝飾拼布，連接A與B，製作表布2片→疊合棉襯與胚布後壓線→加上蕾絲與鈕釦→2片正面相對，縫合袋子→袋口加上貼邊布→縫上拉鍊→加上釦絆。

No.20 製作12片抓褶裝飾拼布， 連接A與B，製作表布→疊合棉襯與胚布後壓線→加上串珠→自底部中心正面相對摺疊，縫合脇邊及側身→滾邊袋口→縫上拉鍊→縫上提把。

作法重點

◯縫份的處理方法參考P.104・A。
◯拉鍊縫合方法參考P.16・P.17。
◯No. 21的釦絆縫合方法參考P.73。

※抓褶裝飾拼布原寸紙型&壓線圖案參考P.77

抓褶裝飾拼布

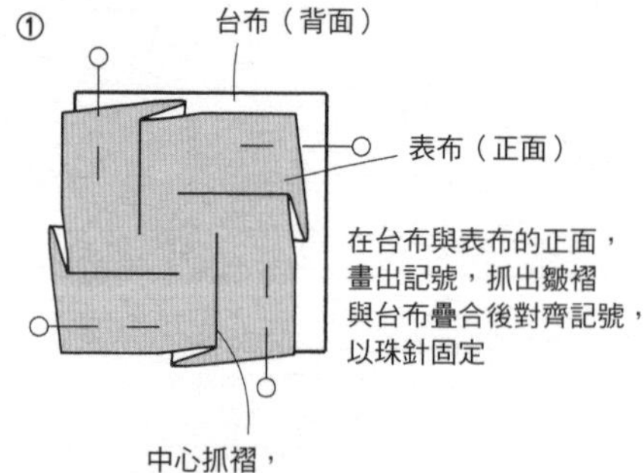

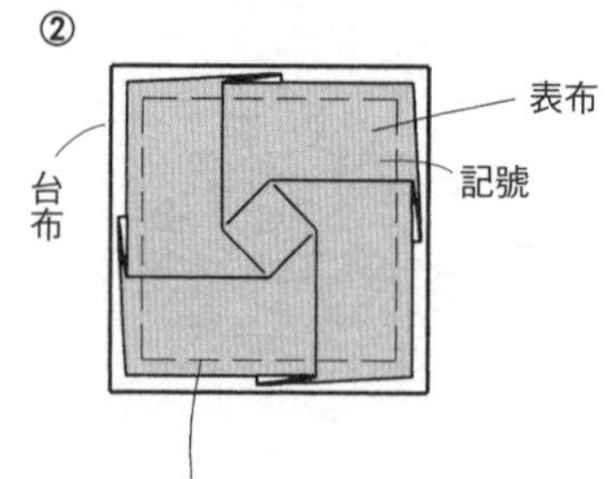

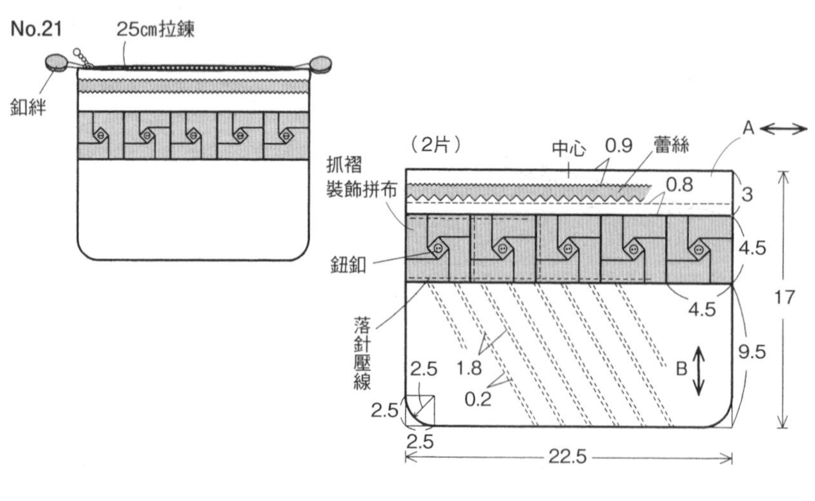

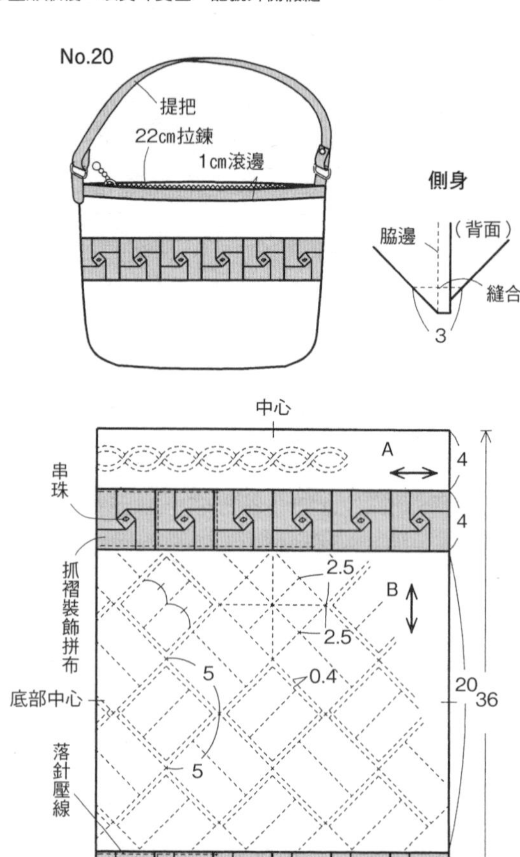

袋口處理

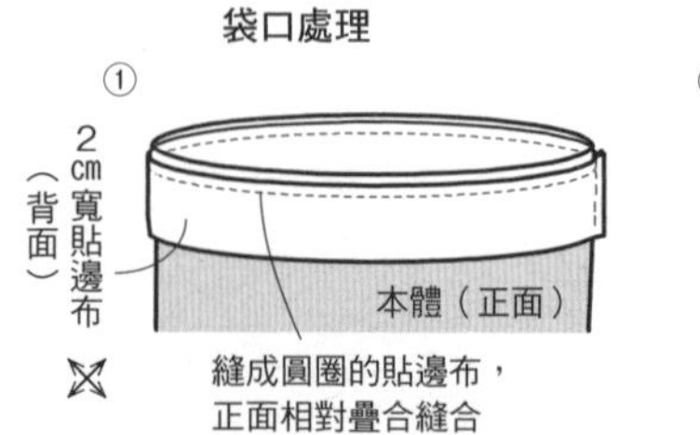

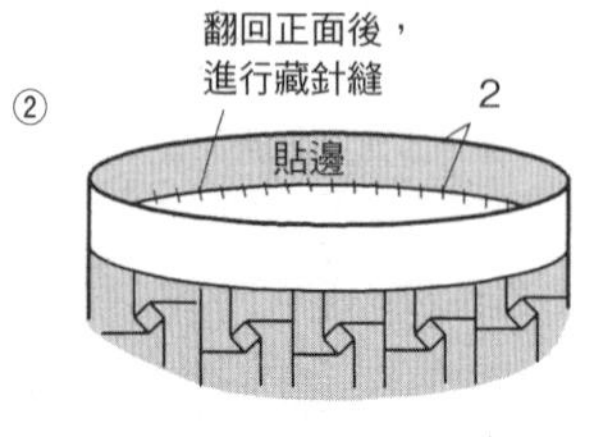

P14 .... No.18

心形波奇包

材料

各式拼接用零碼布　N用布25×20㎝ 滾邊用寬3.5㎝斜紋布50㎝　棉襯・胚布各35×25㎝　19㎝拉鍊1條

作法順序

拼接A至M，接合N後，製作表布→疊合棉襯與胚布後壓線→從底部中心正面相對摺疊，縫合脇邊→縫合側身→袋口滾邊→縫上拉鍊。

作法重點

◯縫份的處理方法P.104・A。
◯拉鍊縫合方法參考P.16。
◯圖案的縫合順序は參考P.102。

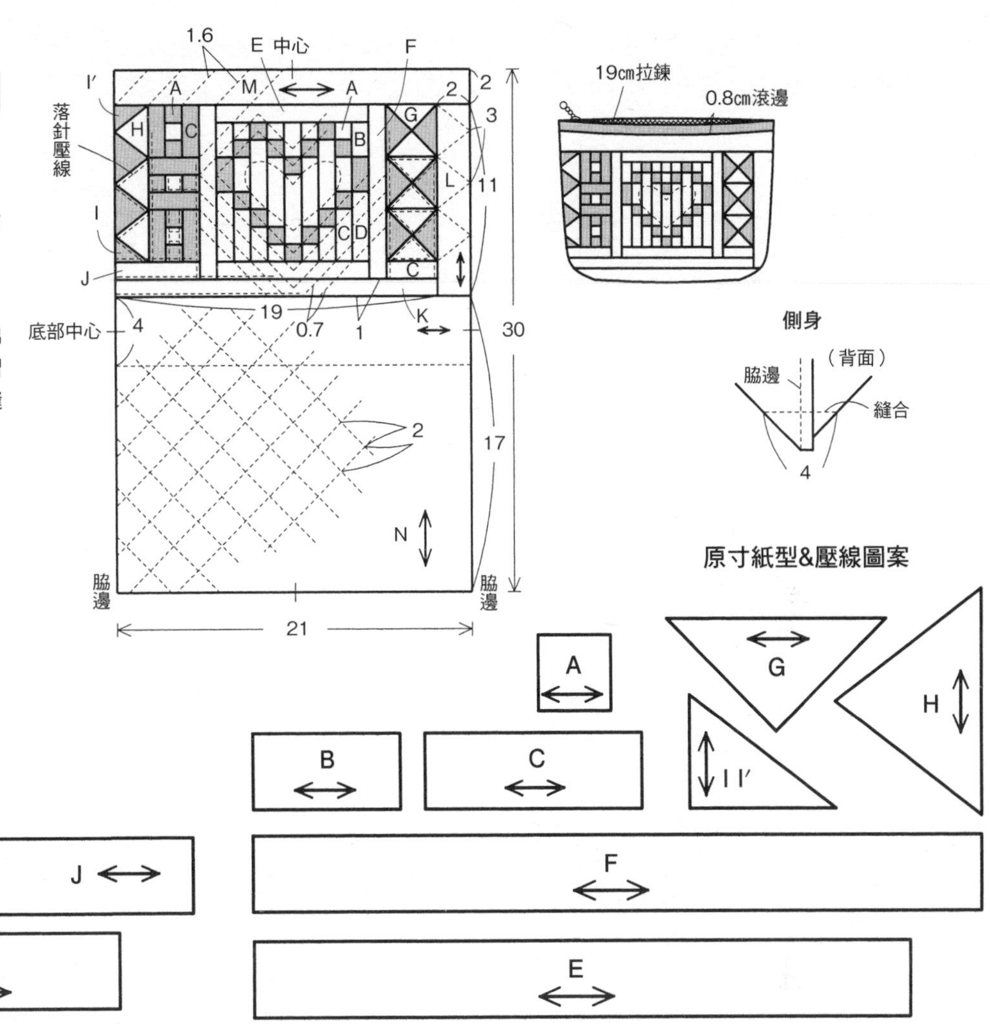

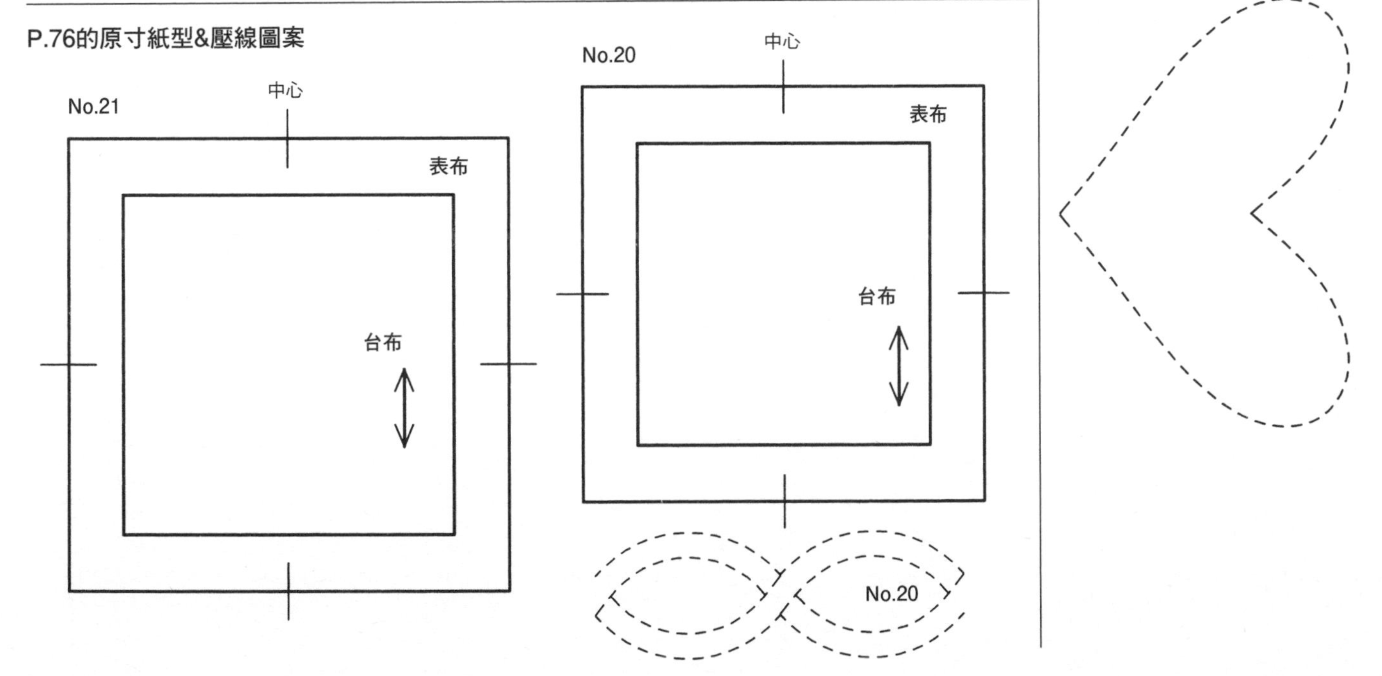

P14 .... No.19

花朵裝飾波奇包

材料

各式拼接・釦絆・花朵裝飾用零碼布　B用布30×20cm　滾邊用寬3.5cm斜紋布40cm　單膠棉襯・胚布各40×30cm　20cm拉鍊1條　直徑1.8cm包釦的裸釦5個　白色燭蕊線適量

作法順序

拼接A，與B相接，製作表布→貼上棉襯，疊合胚布後壓線→自底部中心正面相對摺疊，縫合脇邊與側身→袋口抓褶，滾邊→縫上拉鍊（參考P.17 No.23的波奇包）→縫上釦絆與花朵裝飾。

作法重點

◯縫份的處理方法參考P.104・A。
◯釦絆的縫合方法參考P.73。
◯花朵裝飾縫於喜歡的位置，背面加上適合大小的胚布，以藏針縫將縫線隱藏。

釦絆
20cm拉鍊
0.8cm滾邊
花朵裝飾

原寸紙型

花瓣
（16片）
A

中心
抓褶
B
A
6
20
32
底部中心
脇邊
脇邊
24

袋口進行平針縫，抓褶後，長度約18cm
18
（正面）

側身
脇邊
（背面）
縫合
3.5

花朵裝飾
①
（背面）
2片正面相對後縫合，翻回正面
②
製作8片，相連縫合，縮縫
③
放上包釦（作法P.73），進行藏針縫
④
以殖民結粒繡固定本體

P20 .... No.27

束縛之星波奇包

材料

各式拼接用零碼布　E用棕色格紋（含後片）　滾邊用寬4cm斜紋布2種50cm・25cm　棉襯・胚布各40×30cm　網眼布15×25cm　20cm拉鍊1條

作法順序

拼接A至E（參考P.102）製作前片表布→疊合棉襯及胚布後壓線→後片也以相同方式壓線→袋口滾邊→口袋袋口滾邊後，疊合於後片上，暫時固定→前片與後片正面相對疊合，縫合袋身→縫上拉鍊（參考P.16）

※A至D原寸紙型參考P.79

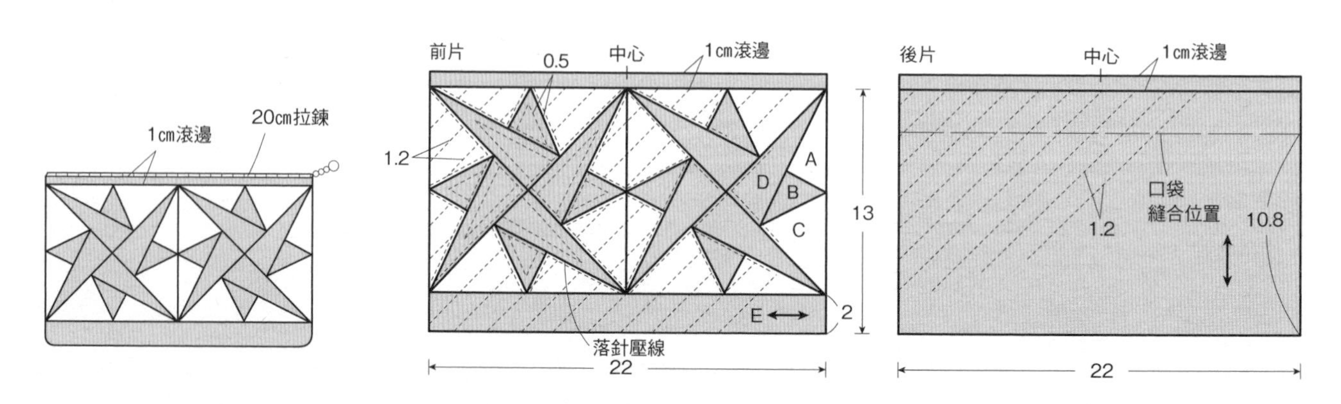

P47 .... No.54

票卡夾

材料（1個的用量）

各式拼接用零碼布　口袋用布・貼布襯各15×10cm　滾邊用寬3.5cm斜紋布60cm　棉襯・胚布各20×20cm　2cm寬蕾絲10cm　魔鬼氈適量

作法順序

自由拼接後製作表布→疊合棉襯與胚布後壓線→疊合口袋後，周圍滾邊（此時夾入蕾絲釦絆）→加上魔鬼氈。

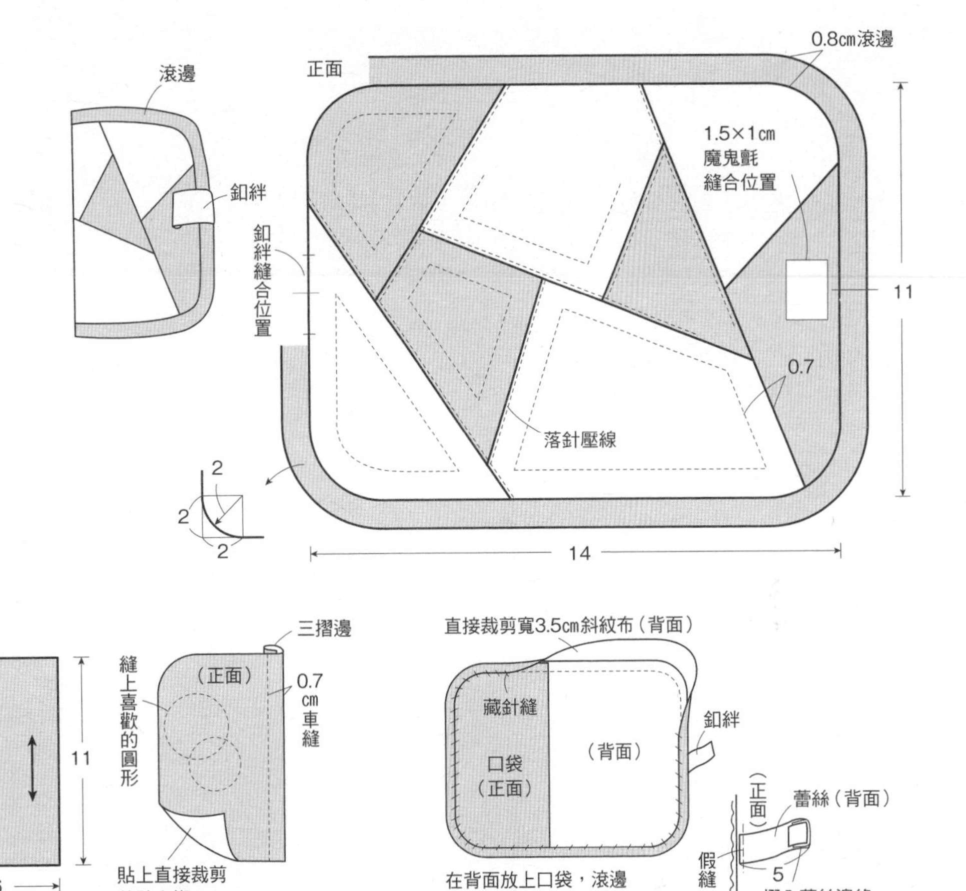

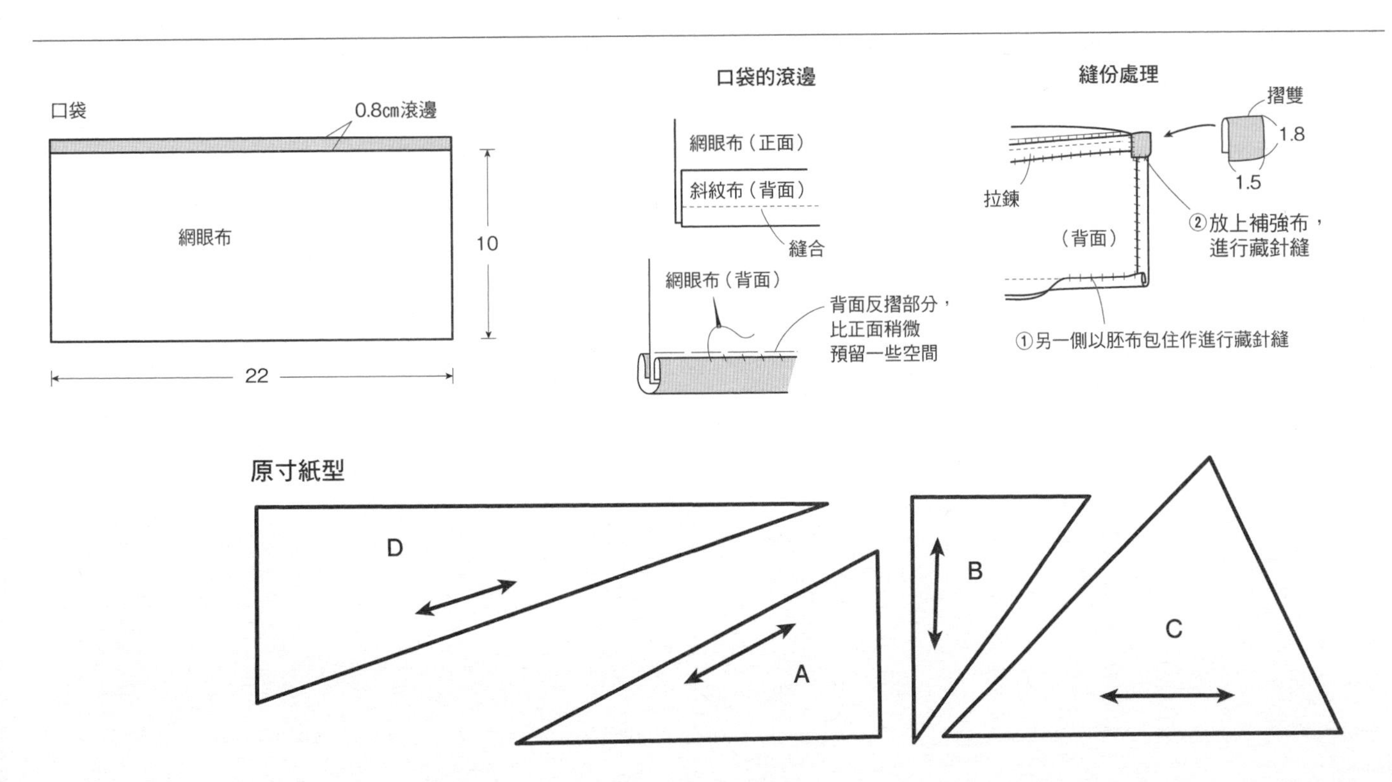

P21 ……… No.28

拉鍊口袋波奇包

材料（1個的用量）

各式拼接用零碼布　上部・C用先染布55×25cm（含滾邊部分）　棉襯・胚布各35×25cm　裡袋用布45×30cm（含口袋胚布）　15cm・19cm拉鍊各1條

作法順序

拼接A至B'，與C相接後，製作下部表布→疊合棉襯與胚布後，壓線→口袋袋口滾邊→上部也以相同方式壓線，口袋袋口滾邊→對齊滾邊處，以捲針縫縫至止縫處，如圖所示組合。

作法重點

○袋口拉鍊縫合方法參考P.16。

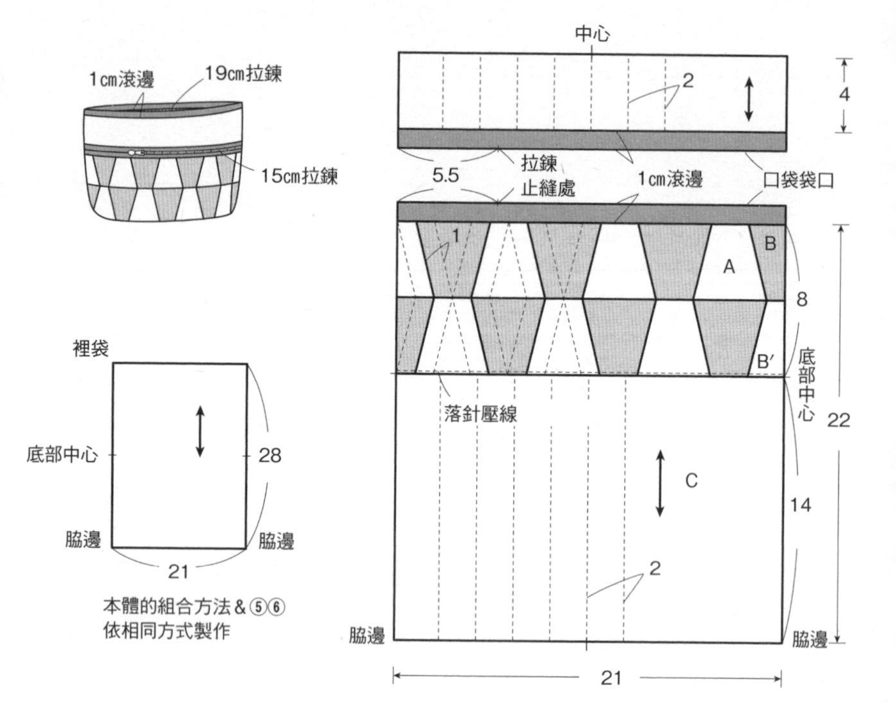

本體的組合方法＆⑤⑥依相同方式製作

組合方法

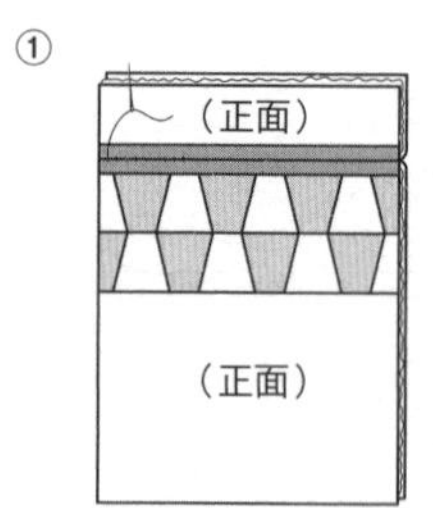

上部與下部的滾邊處正面相對對齊，以捲針縫縫至止縫處

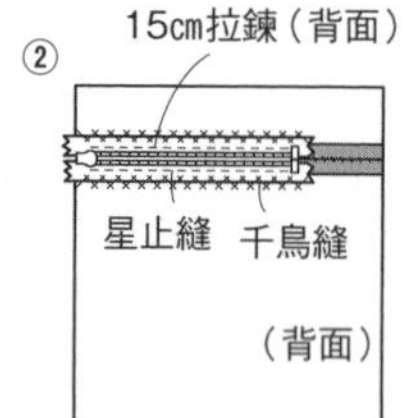

背面放上拉鍊，以星止縫固定

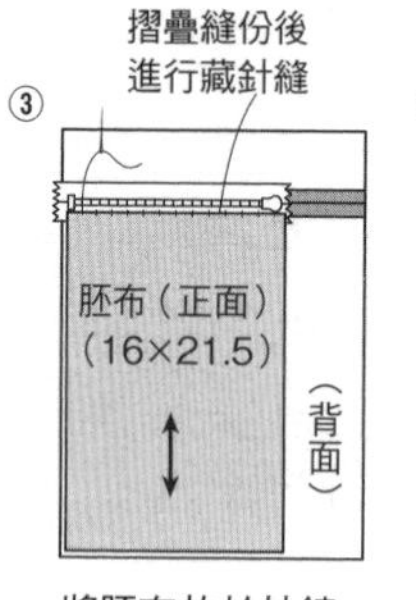

將胚布放於拉鍊下方部位，進行藏針縫

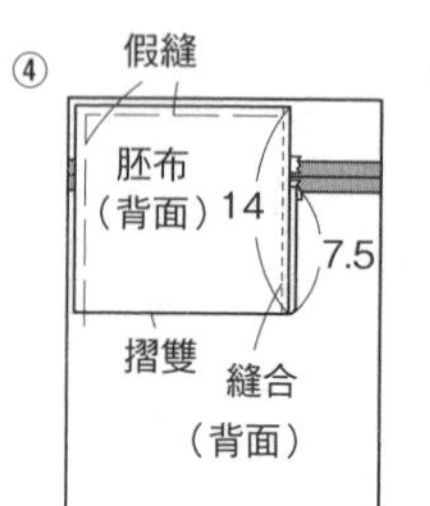

胚布往上方摺合，只有一側的脇邊縫合固定
上部與另一側的脇邊進行假縫

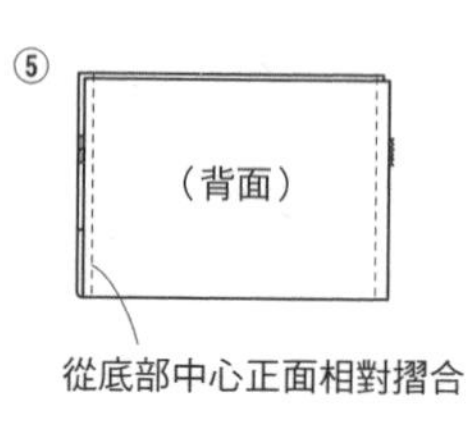

從底部中心正面相對摺合

縫合側身

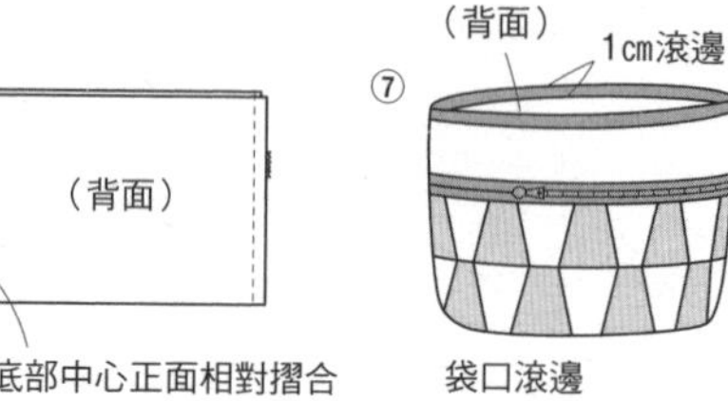

袋口滾邊

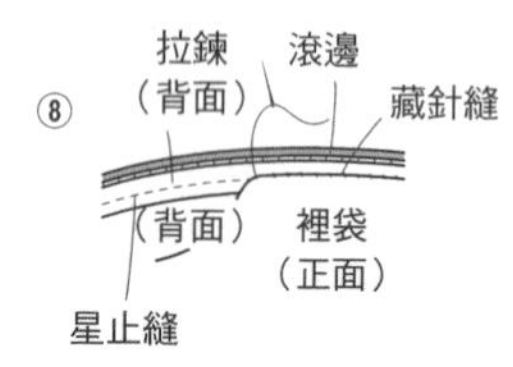

縫上拉鍊，放入裡袋進行藏針縫

原寸紙型

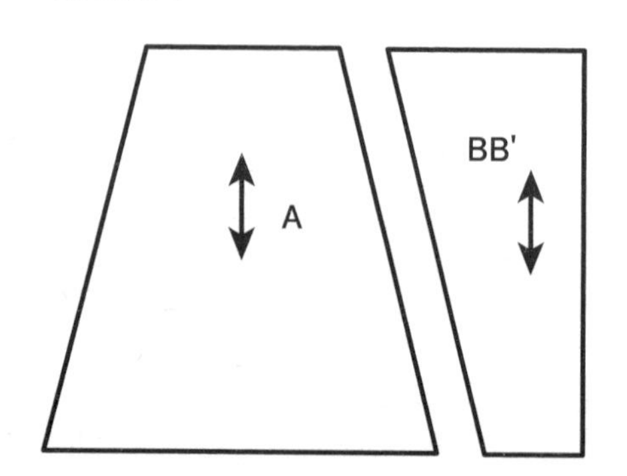

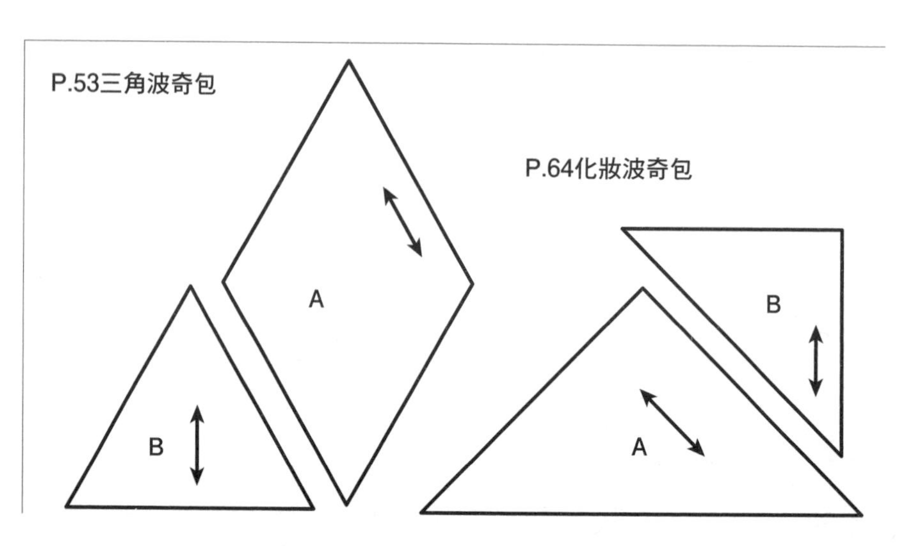

P22 .... No.29

圈式側身波奇包

材料

各式拼接用零碼布　台布45×30cm（含後片，下側身部分）　上側身布2款各25×25cm　滾邊用寬4cm斜紋布130cm　吊耳、釦絆用布20×15cm　棉襯・胚布各90×25cm　27cm拉鍊1條長14cm鋅鉤附皮革提把1條　內尺寸1cmD型環1個　25號黃色繡線適量

作法順序

拼接前片A　24片，後片A　6片，進行貼布縫後，製作表布→疊合棉襯及胚布後，壓線→前片進行刺繡→上側身縫上拉鍊，與下側身正面相對後，縫成一圈→前・後片與側身背面相對後進行滾邊→縫上提把。

※前片&後片の原寸紙型B面⑥

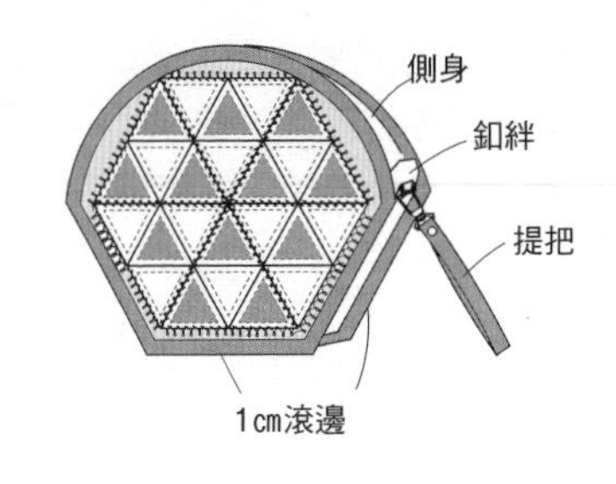

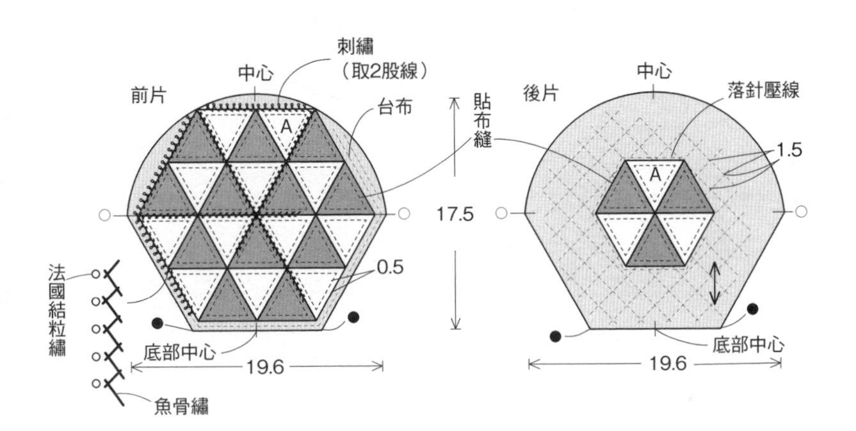

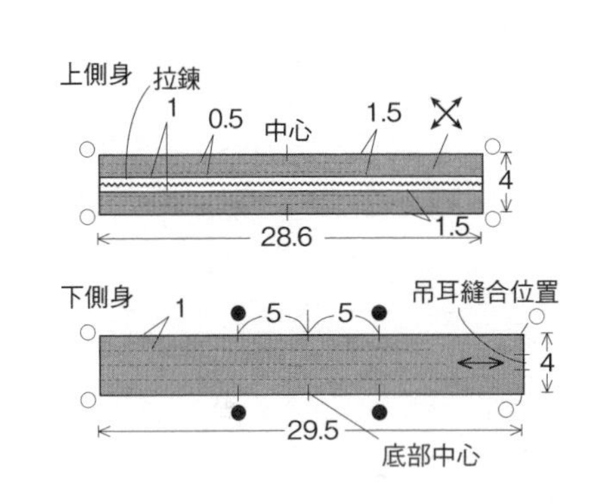

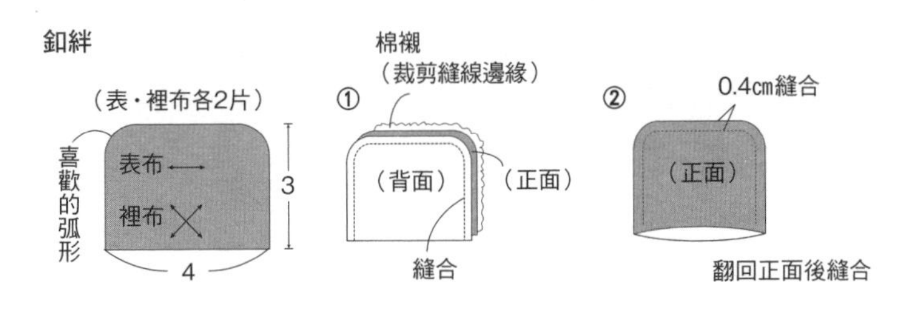

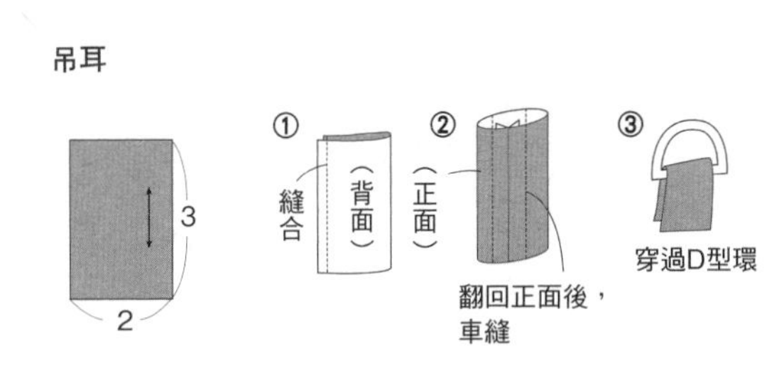

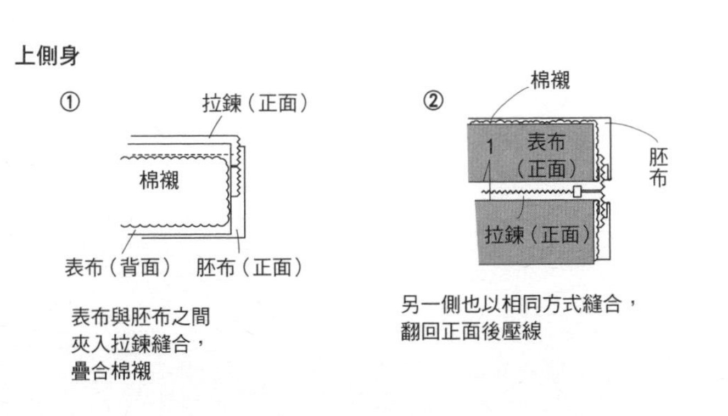

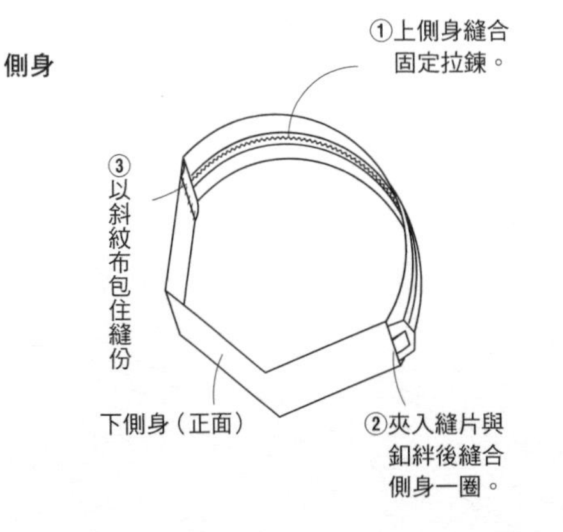

P23 .... No.30

四角拼接波奇包

材料（1個的用量）

各式拼接用零碼布　棕色（另外是水藍色）圓點印花布35×35㎝（含B、提把裡布部分）　麻布25×15㎝（含口袋表布部分）　單膠棉襯・裡袋用布（含上側身的胚布・口袋裡布部分）各50×35㎝　寬5.5㎝六角網眼蕾絲25㎝　29㎝拉鍊1條

作法順序

拼接A，連接下側身、B（此時夾入口袋固定）→貼上棉襯，壓線→製作上側身→上側身在前片後片的上方部位，正面相對縫合→上側身與下側身對齊後縫合，縫合脇邊時單片夾入提把固定）→裡袋放入本體後進行藏針縫。

作法重點

◯B壓線時，避開口袋。
◯縫合脇邊時，先拉開拉鍊。
◯裡袋與上側身縫合成袋狀。上方縫合至記號處。

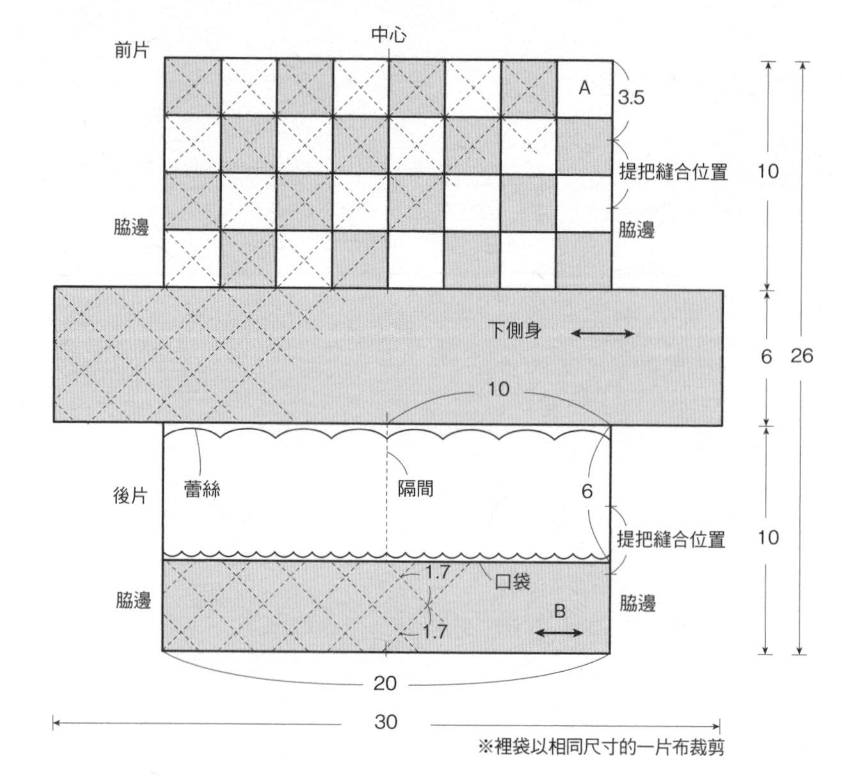

原寸紙型

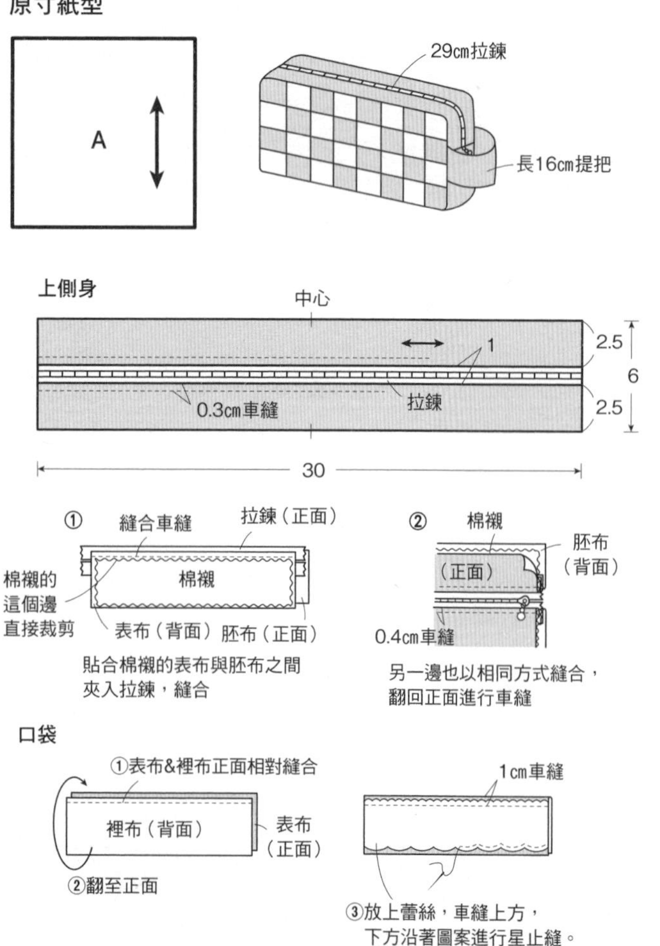

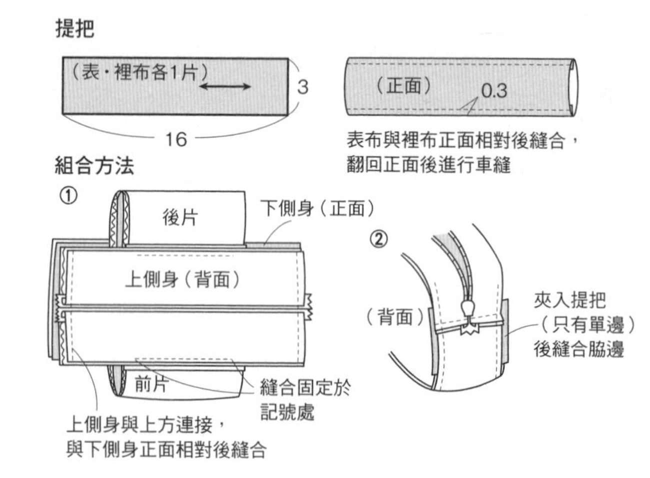

P.83下方波奇包的原寸紙型＆貼布縫・刺繡圖案

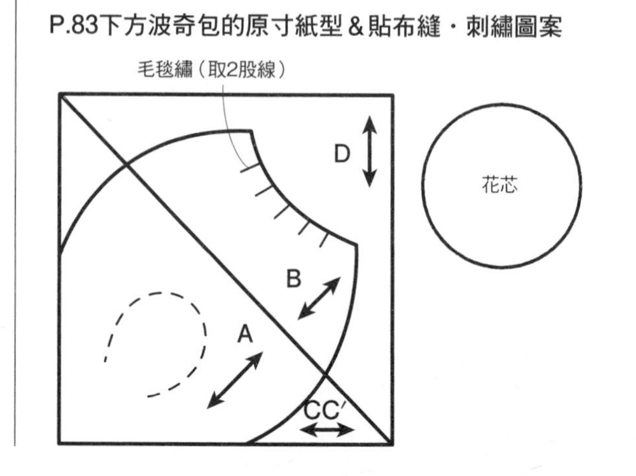

P26 .... No.34

底部側身波奇包

材料

各式拼接用零碼布　D用布25×25cm（含底部）　滾邊用寬3.5cm斜紋布135cm　棉襯・胚布各50×25cm　寬2.8cm蕾絲45cm　寬1.4cm蕾絲35cm　寬0.8cm蕾絲50cm　30cm拉鍊1條　寬1.5cm配件2個　直徑0.3cm珍珠串珠12個

作法順序

暫時固定蕾絲於D→拼接A至C後，加上蕾絲，連接D後，製作2片側面的表布→疊合棉襯與胚布，壓線→底部也以相同方式壓線→滾邊側面的袋口→縫上拉鍊→側面2片正面相對後，脇邊以捲針縫縫至拉鍊止縫處→底部背面相對後進行滾邊→加上配件及串珠。

作法重點

◯串珠參考圖示，縫合在喜歡的位置上。

※A至C的原寸紙型A面⑧

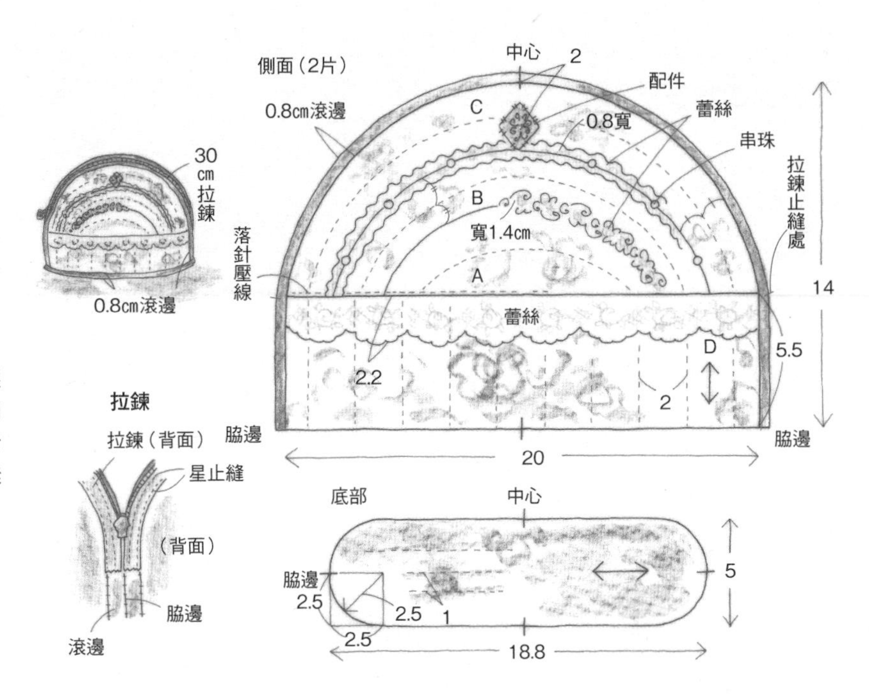

P23 .... No.31

「花水木波奇包」

材料

各式拼接用零碼布　淡粉紅色印花布40×35cm（含後片・側身・釦絆部分）　棉襯・胚布各55×35cm　20cm蕾絲拉鍊1條　直徑0.3cm串珠、25號粉紅色繡線、手工藝用棉花適量

作法順序

拼接A至D，刺繡後加上串珠→接合E至F′後製作前片表布→疊合棉襯與胚布後壓線→後片也以相同方式壓線→製作上側身，與下側身正面相對後縫合（此時夾入釦絆）→前後片與側身正面相對縫合

作法重點

◯縫份以斜紋布包住處理。

※圖案的原寸紙型參考P.82

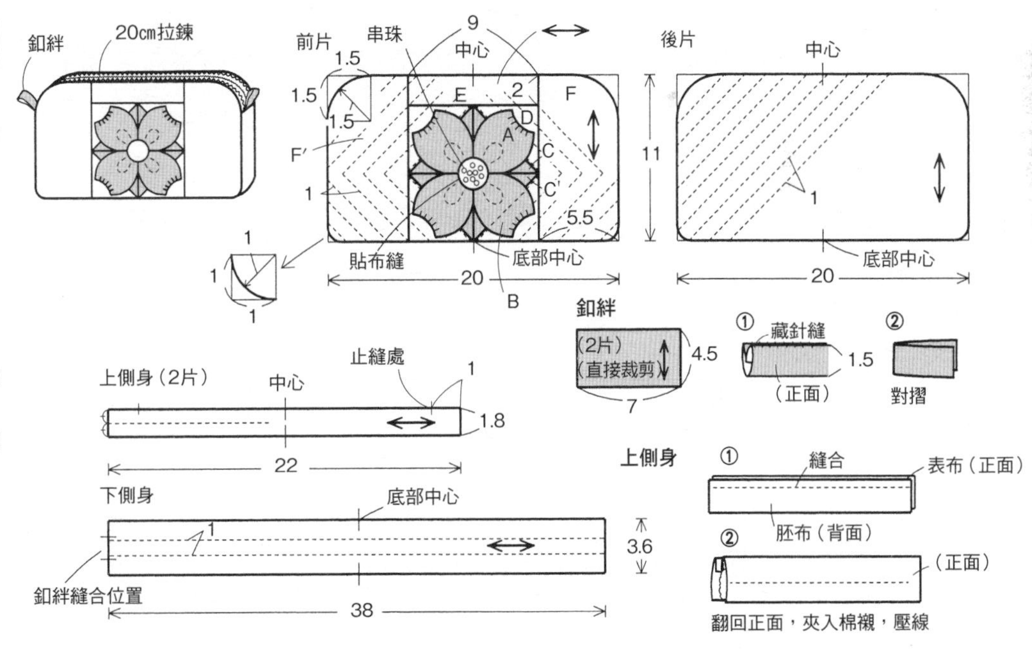

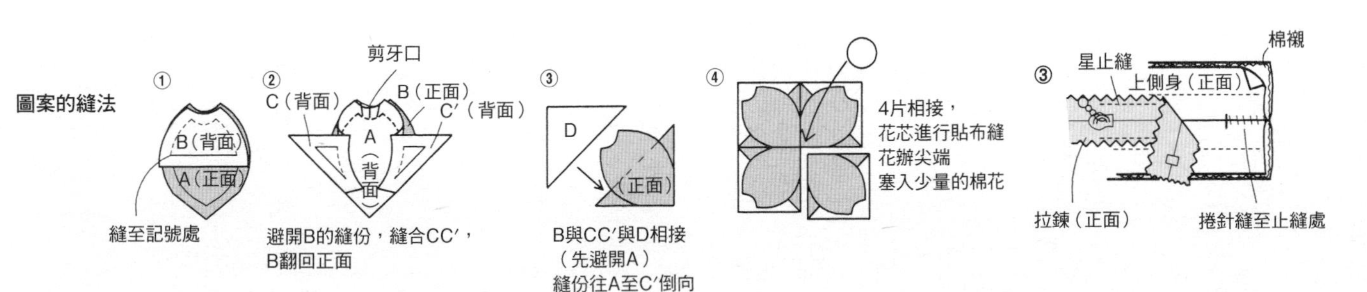

圈式側身波奇包

材料

No.33 各式拼接用零碼布 側身用布40×30cm（含釦絆部分） 單膠棉襯50×30cm 胚布30×25cm 20cm拉鍊1條

No.32 拼接、各式貼布縫用零碼布 F用布55×40cm（後片・側身・釦絆部分） 單膠棉襯50×30cm 胚布40×20cm 20cm拉鍊1條 25號黃綠色繡線適量

作法順序

No.33 A使用紙型板接合，製作2片側面的表布→貼上棉襯，疊合胚布後壓線→製作側身→側面與側身正面相對縫合（此時先拉開拉鍊）→側身的縫份側面進行藏針縫，處理縫份。

No.32 E上方作貼布縫及刺繡，拼接A至F，製作前片的表布→貼合棉襯，疊合胚布後壓線→後片也以相同方式壓線→製作側身→與前後片正面相對後縫合（此時先拉開拉鍊）→側身的縫份側面進行藏針縫，處理縫份。

作法重點

◯No.32的圖案縫合順序參考P.102。
◯側身的作法參考P.25。
◯上側身的棉襯No.33直接裁剪3×23cm、No.32直接裁剪2×23cm。下側身的棉襯No.33直接裁剪7×24cm、No.32直接裁剪5×26cm。

※No.32的原寸紙型參考P.85。

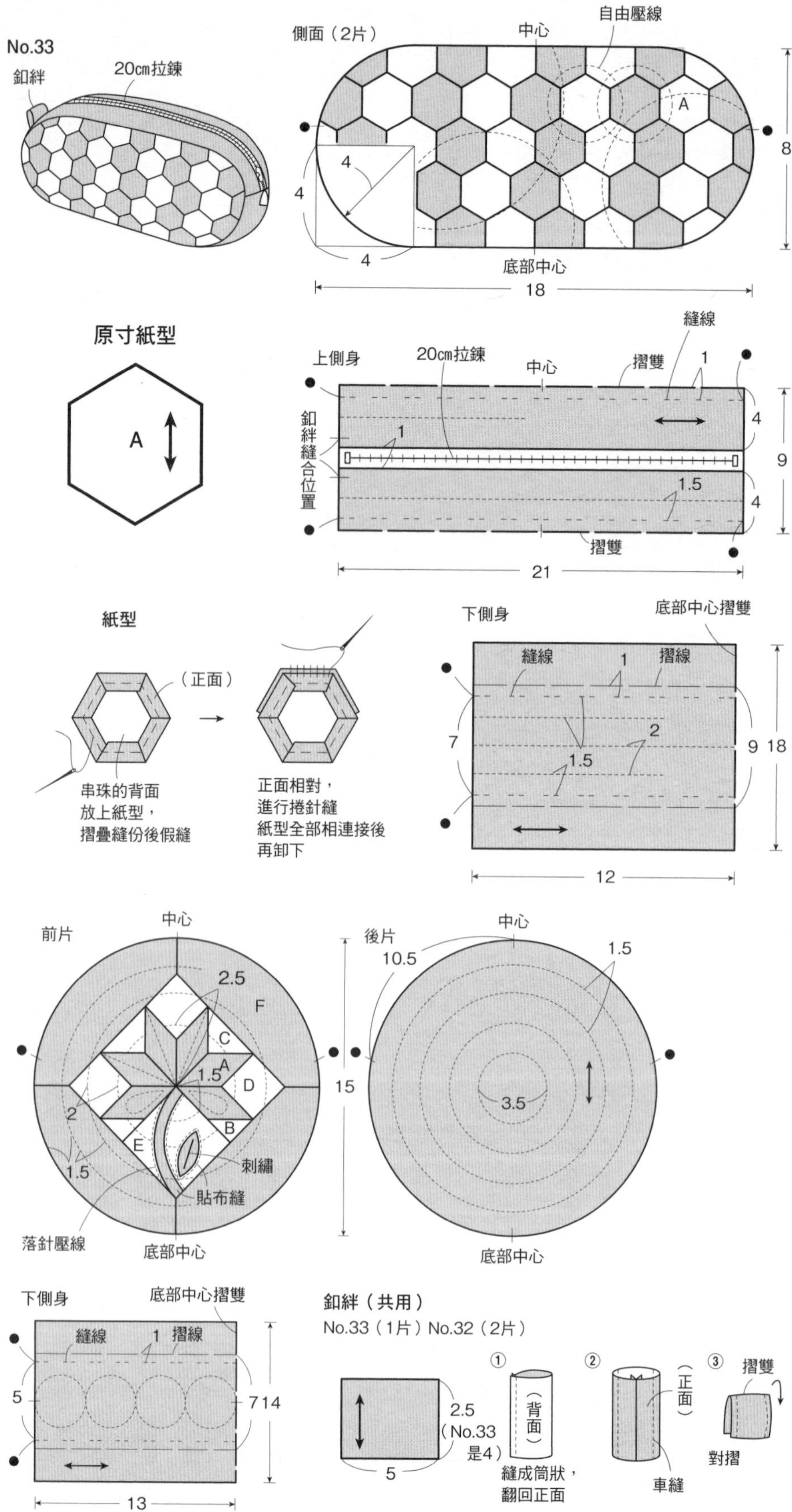

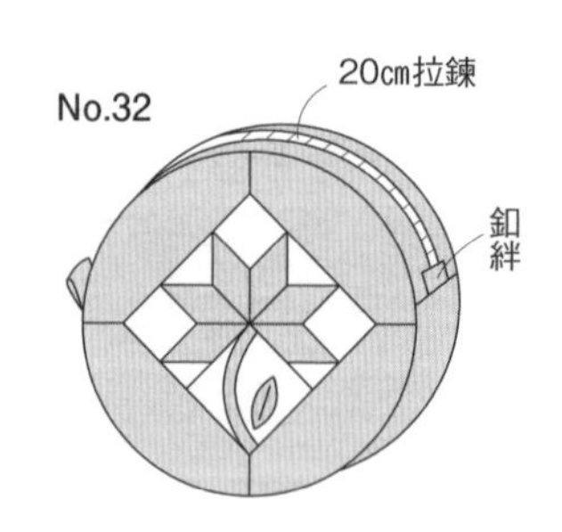

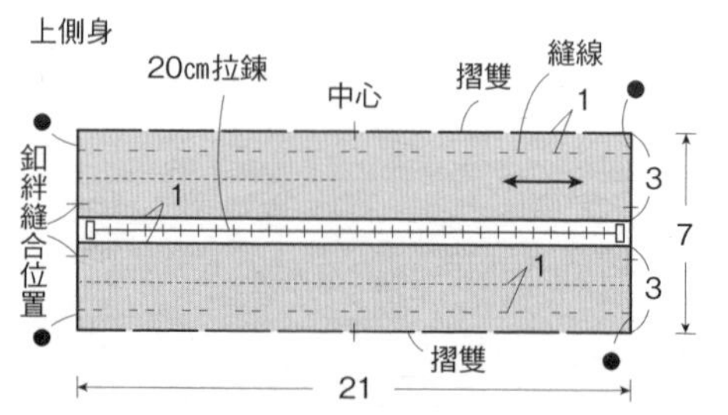

P33 .... No.39

袋蓋波奇包

材料

各式拼接用零碼布　棉襯・胚布各30×30cm　直徑1.4cm磁釦1組（縫合固定款）　寬0.7cm心形鈕釦2個　25號棕色・深綠色繡線適量

作法順序

拼接A至D後，製作圖案（參考P.102）→與E・F相接後，製作表布→疊合棉襯的胚布正面相對疊合，留返口後，縫合周圍→翻回正面後，縫合袋口，壓線→刺繡，加上鈕釦→對齊●記號的角，邊緣進行捲針縫→縫上磁釦。

作法重點

○棉襯以摺雙方式裁剪。

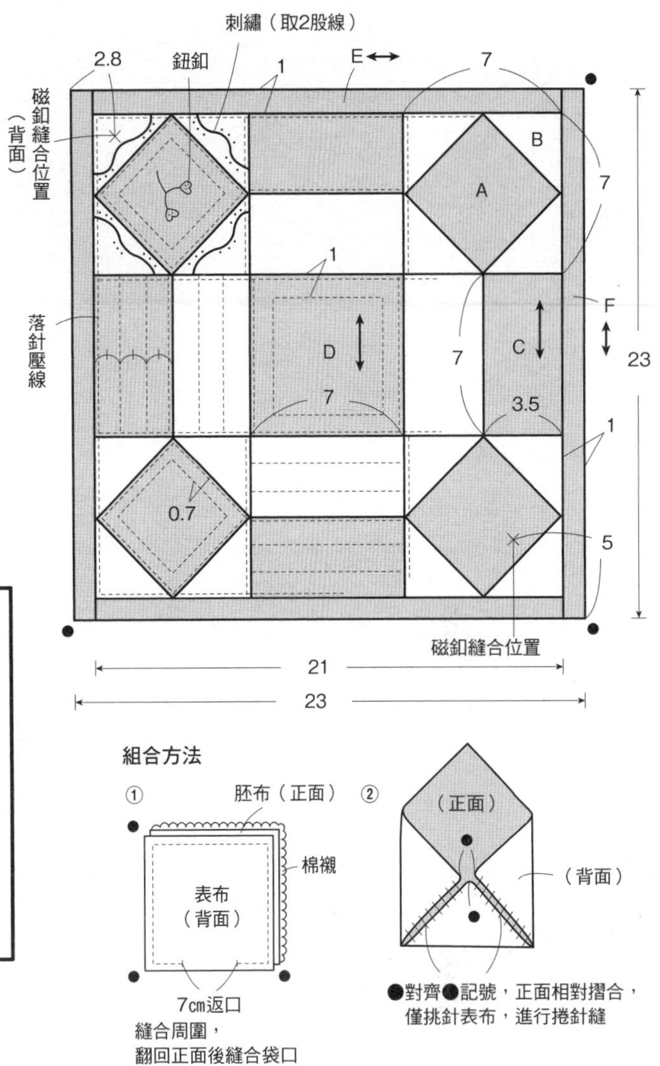

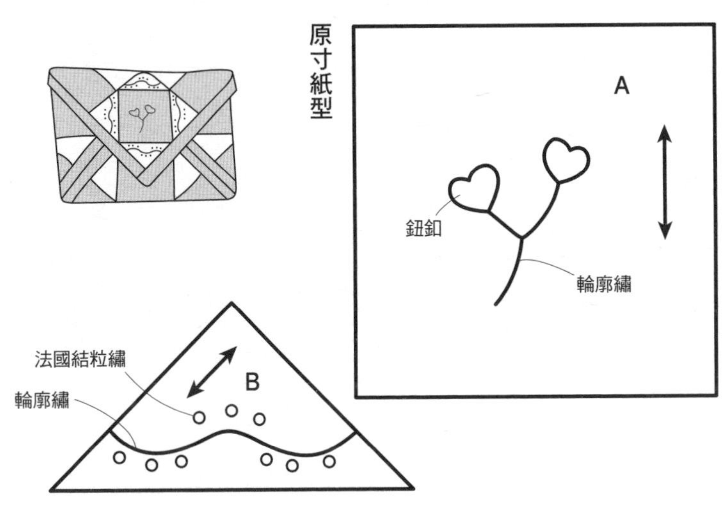

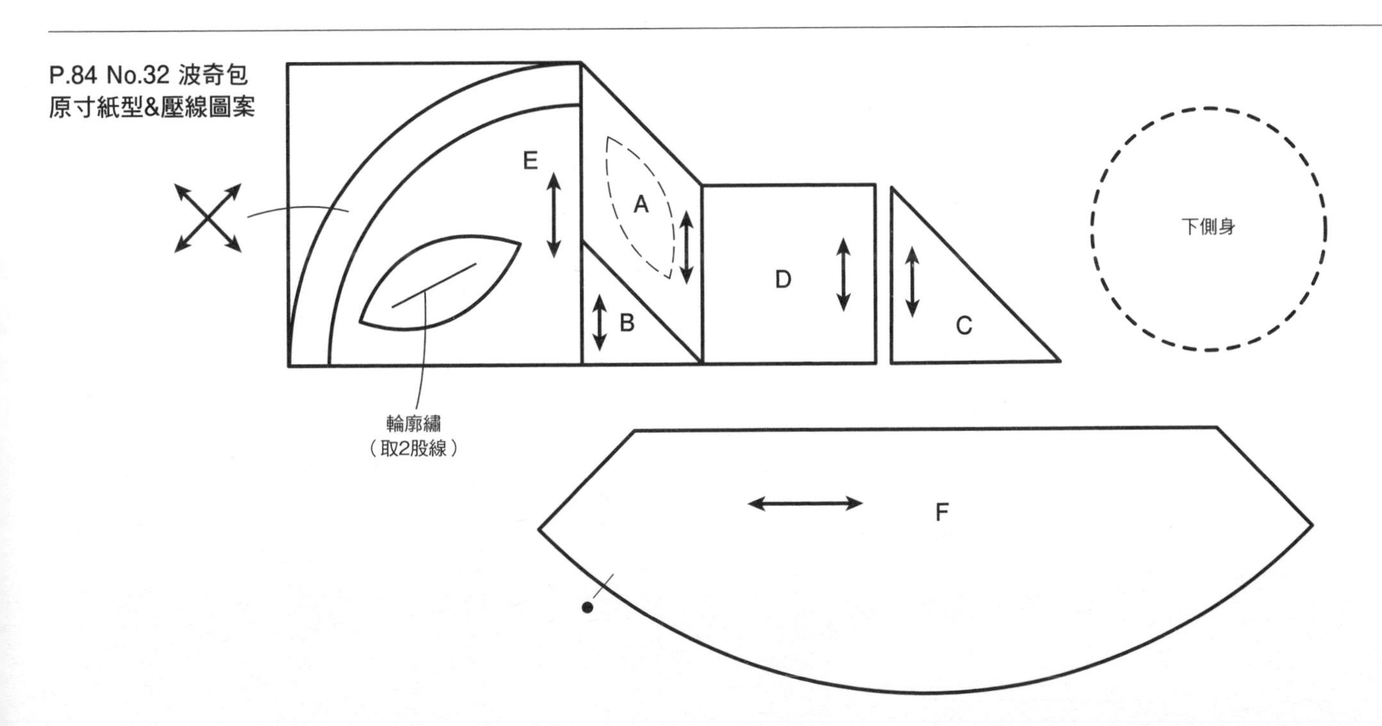

P36 .... No.41

筆袋

材料

各式拼接用零碼布　水藍色印花布50×30cm　滾邊用寬布35×25cm（含釦絆）　棉襯・胚布各30×30cm　22cm拉鍊1條　長0.5cm竹製串珠18個

作法順序

拼接後製作表布→棉襯與胚布疊合後壓線→縫上串珠→滾邊袋口→縫上拉鍊→對齊底部中心與袋口，縫合脇邊（此時夾入釦絆固定）→縫合側身。

作法重點

◯串珠的邊緣進行落針壓線。

◯拉鍊的縫法參考P.37。

※原寸紙型A面⑨

22cm拉鍊　釦絆

釦絆

5　（2片）　4

① 縫合（背面）　② 2 翻至正面　③ 對摺

0.8cm滾邊　中心　串珠　2.5　0　底部中心　25　脇邊　脇邊　23

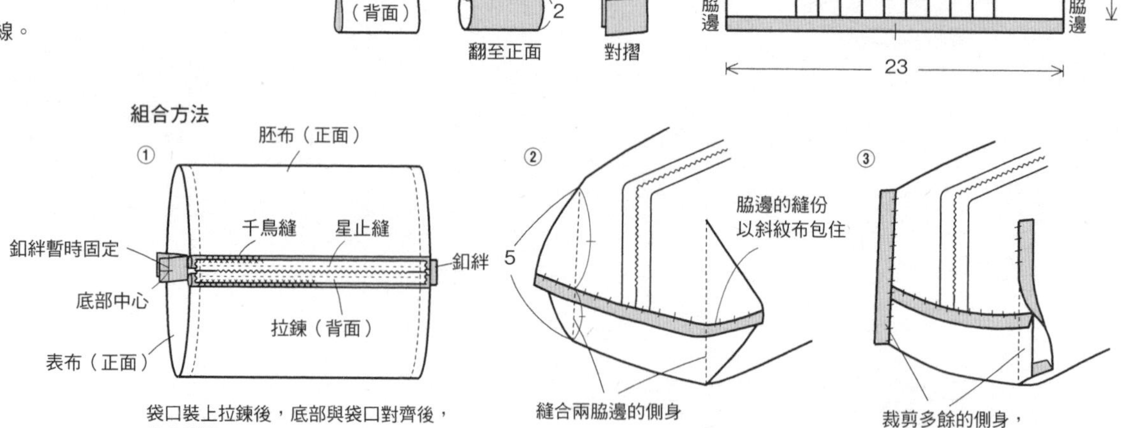

P36 .... No.42

筆袋

材料

各式拼接用零碼布　台布用麻布・棉襯・胚布各30×20cm　滾邊用寬4cm斜紋布50cm　20cm拉鍊1條　寬1.5cm織帶10cm

作法順序

使用紙型板（參考P.84）拼接A→台布進行貼布縫，製作表布→疊合棉襯與胚布，壓線→上下方滾邊→縫上拉鍊→縫合成筒狀（此時夾入釦絆）。

作法重點

◯拉鍊縫合方法參考P.37。

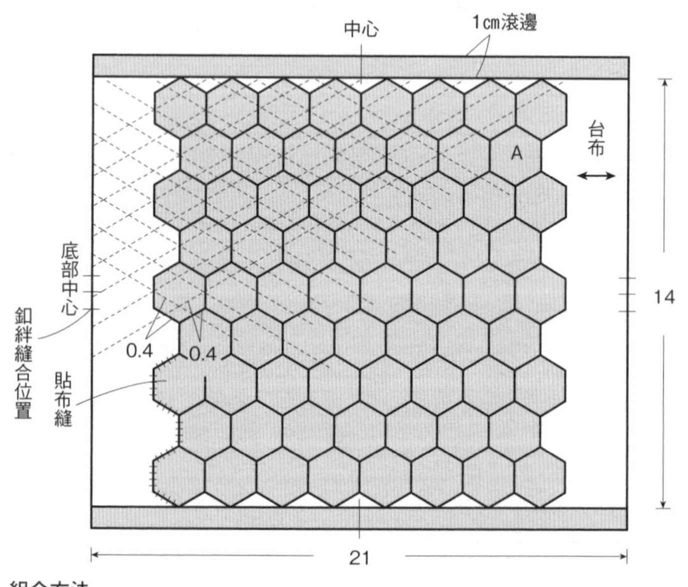

原寸紙型

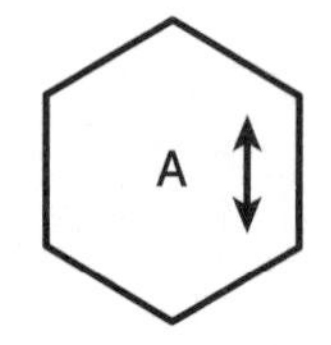

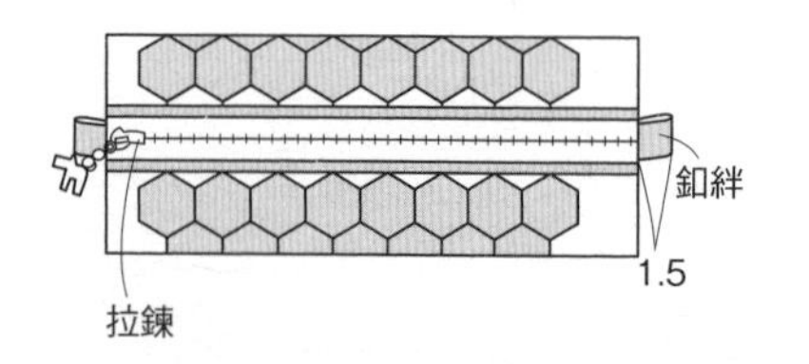

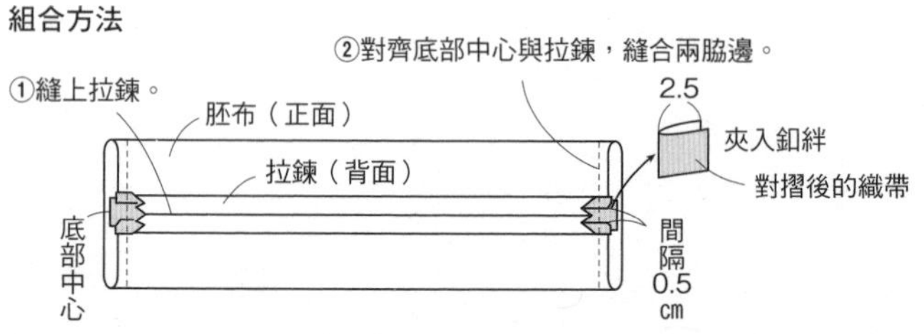

P38 .... No.43・No.44

筆袋

材料

共用（1個的用量）

各式拼接用零碼布　棉襯・胚布各25×20㎝

No.44　D用布30×25㎝（含滾邊部分）裡袋用布25×20㎝　19㎝拉鍊1條

No.43　20㎝蕾絲拉鍊1條

作法順序

No.44　拼接A至D，製作表布→疊合棉襯及胚布，壓線→從底部中心正面相對摺合，縫合脇邊→滾邊袋口→縫上拉鍊（參考P.16）→製作裡袋，放入本體，進行藏針縫。

No.43　拼接A，製作表布→表布與胚布正面相對，疊合棉襯後縫合袋口→翻回正面壓線→以袋口為中心，背面相對，縫上拉鍊→翻回背面後，縫合上下側。

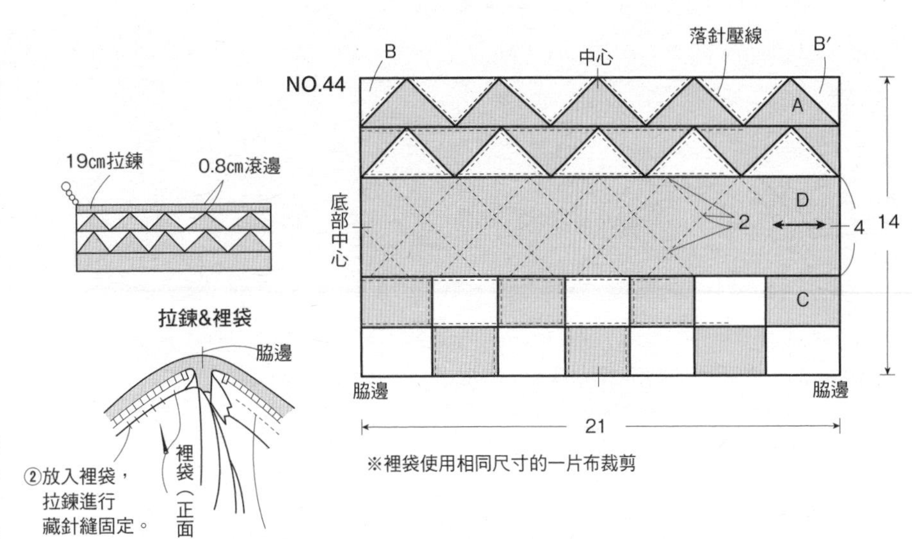

①對齊拉鍊鍊齒與滾邊的邊緣，進行星止縫（邊緣往內摺入）。

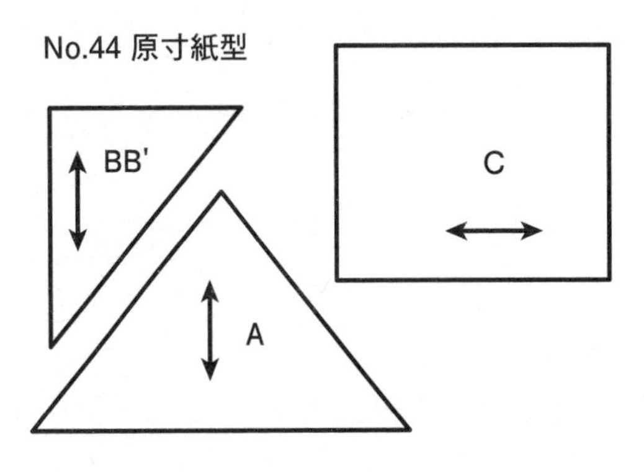

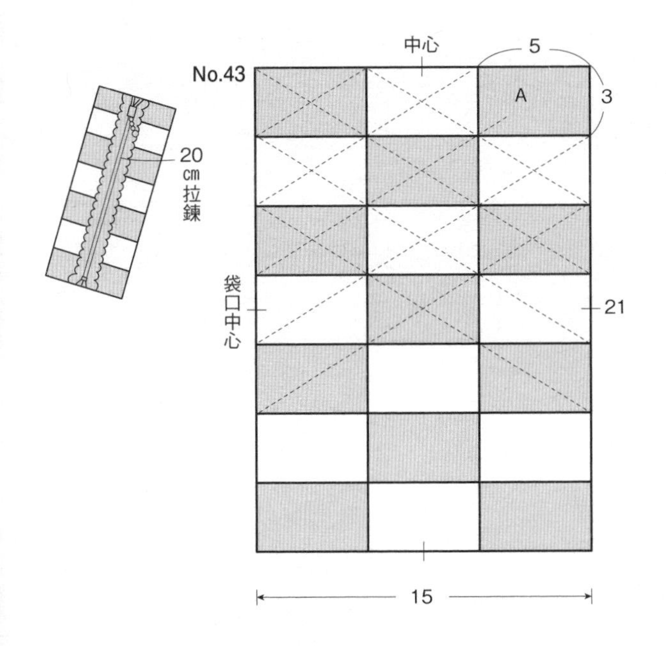

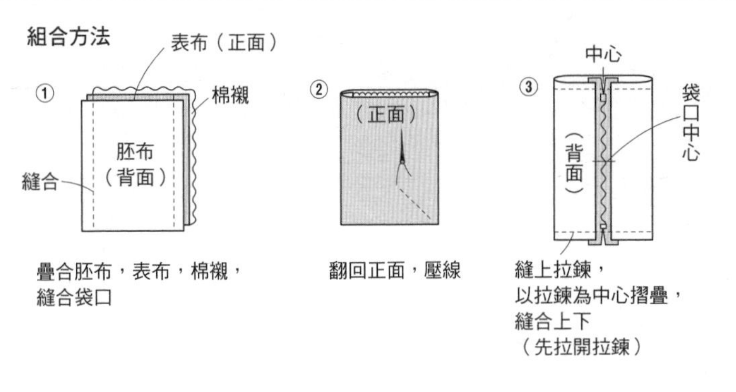

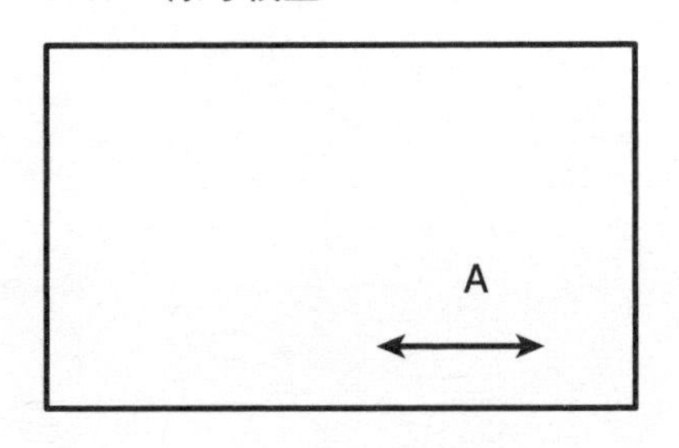

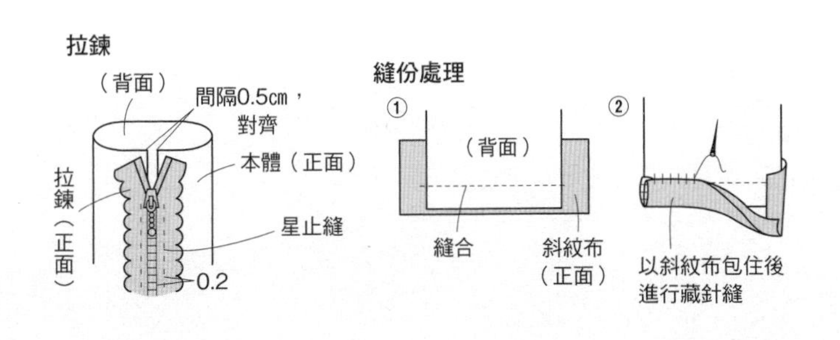

P39 .... No.45

面紙袋

材料

各式拼接用零碼布　台布35×30cm（含口袋及面紙收納部分）　棉襯・胚布・裡布各25×20cm　25號繡線適量

作法順序

拼接A（參考P.102），台布進行貼布縫→表布疊合棉襯及胚布，壓線→刺繡→摺疊完成的口袋、面紙收納部位放於本體上，裡布正面相對疊合，留返口後縫合周圍→翻回正面，縫合返口，周圍進行星止縫。

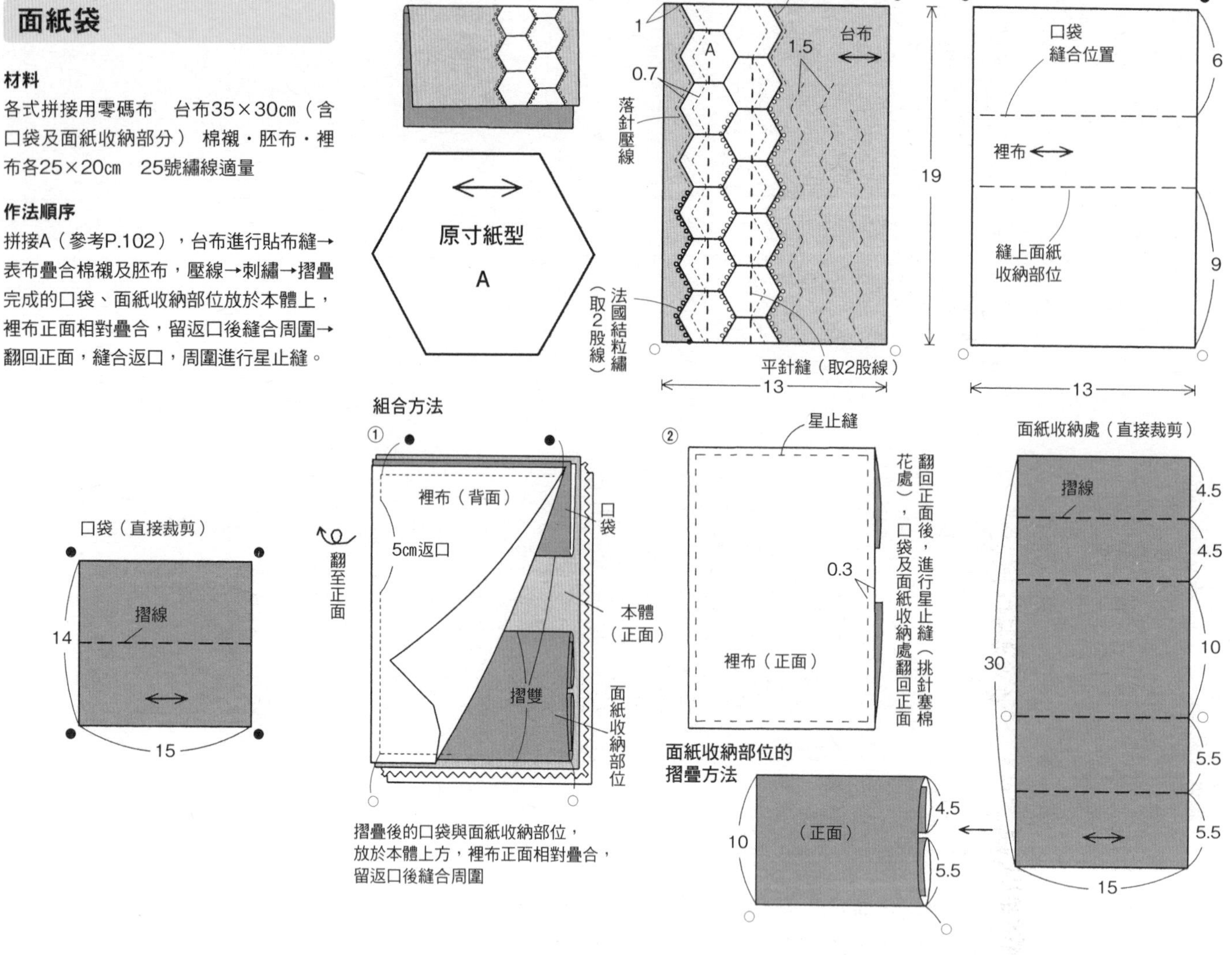

P39 .... No.46

面紙袋

材料

各式拼接用零碼布　米色丹寧材質布料20×15cm　棉襯・胚布各15×15cm　裡袋用布25×20cm　12cm拉鍊1條　伸縮織帶25cm

作法順序

將10片A各自拼接，取出口的背面貼上伸縮織帶→表布疊合上棉襯，胚布正面相對後縫合袋口→翻回正面後壓線→前片2片正面相對疊合後，以捲針縫縫合袋口→縫合後片側身，與前片正面相對後縫合→縫上拉鍊→裡袋放入本體，拉鍊進行藏針縫。

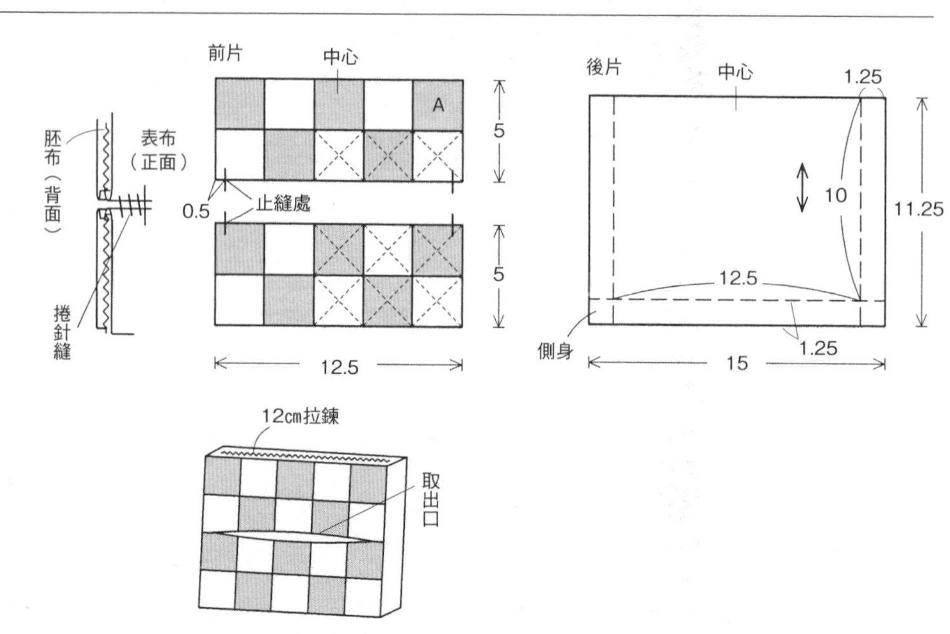

P40 .... No.47

眼鏡盒

材料

YoYo拼布用緞面材質30×30cm（含裡布縫份）
粉紅羊毛材質30×20cm　棉襯・胚布各35×25cm
直徑1cm磁釦1組（縫合固定款）

作法順序

表布放上棉襯及胚布疊合，壓線→裡布正面相對疊合，留返口，縫合周圍→翻回正面後縫合返口→從摺線開始正面相對摺疊，脇邊進行捲針縫→加上磁釦→袋蓋縫上YoYo拼布。

作法重點

◯壓線使用金屬繡線。

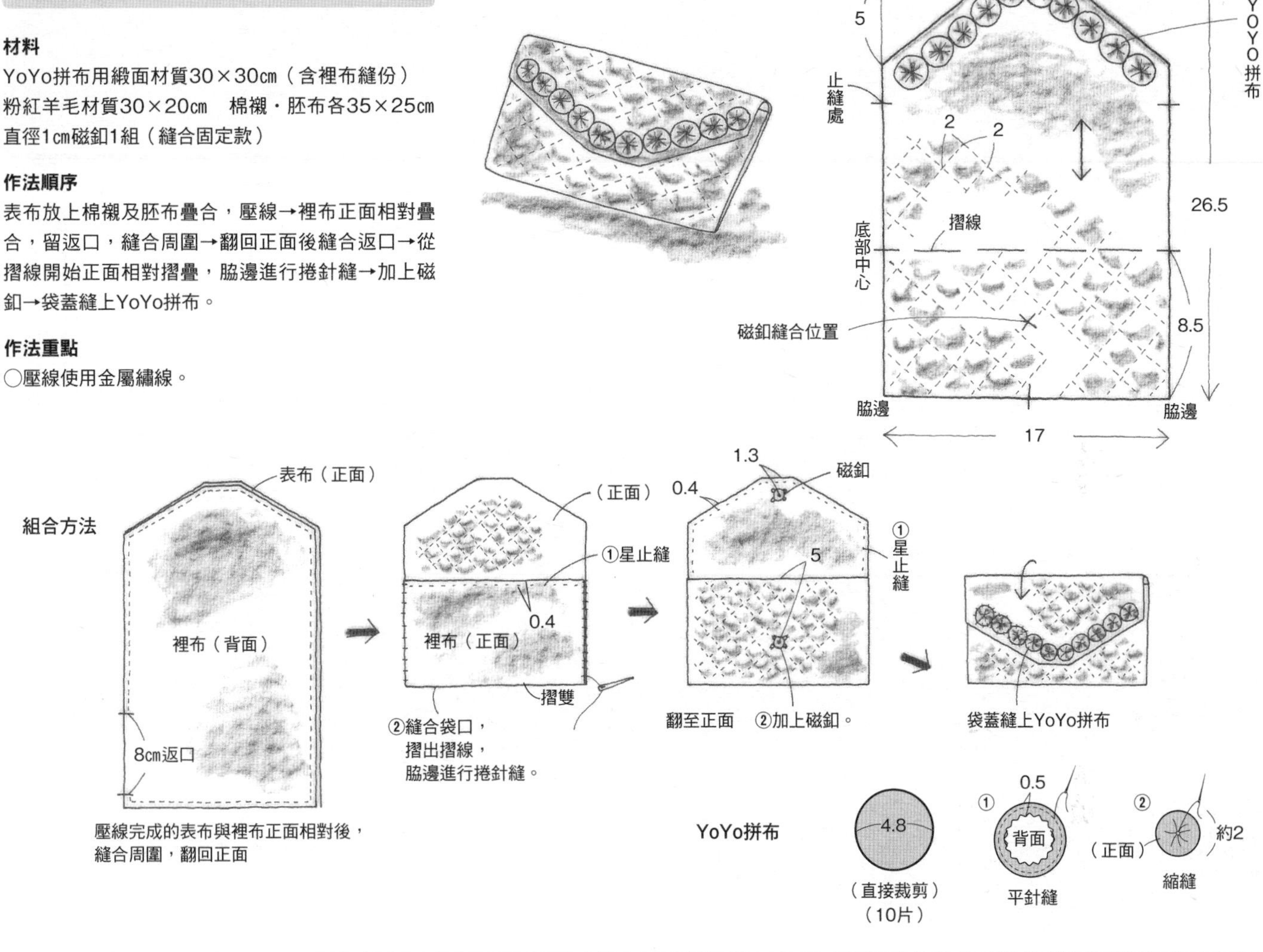

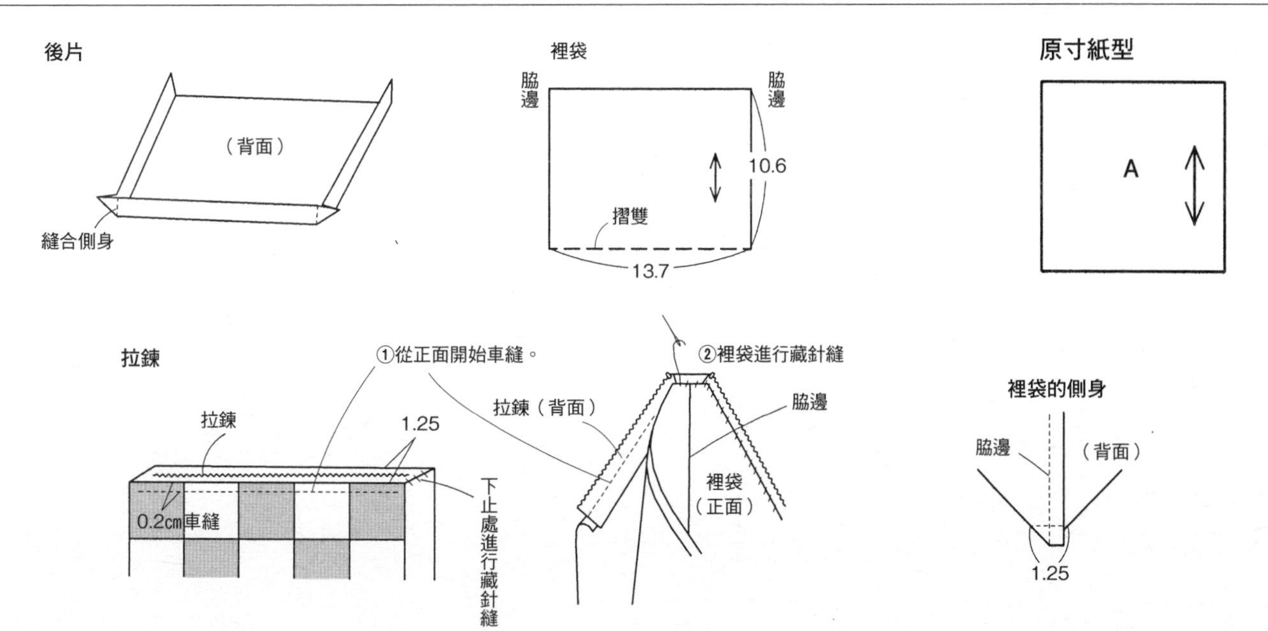

P45 .... No.51

手冊套

材料

各式拼接用和服布料（大島紬等）零碼布　棉襯30×30cm　胚布30×25cm　裡布用紬布30×55cm（含口袋ㄈ，口袋滾邊部分）　網眼布25×25cm　滾邊用紬布寬30×40cm（含釦絆部分）　直徑1.2cm四合釦1組　口袋ㄈ用中厚貼布襯25×25cm　薄貼布襯適量

作法順序

拼接A至D，製作表布→疊合棉襯與胚布後壓線→加上四合釦→製作內側口袋→口袋暫時固定於裡布上→本體與裡布背面相對，滾邊周圍。

作法重點

○口袋的滾邊用織帶的布紋橫紋或直紋擇一
○周圍滾邊的邊角以包邊方式組合（參考P.104）
○和服布料在背面貼上薄布襯使用。

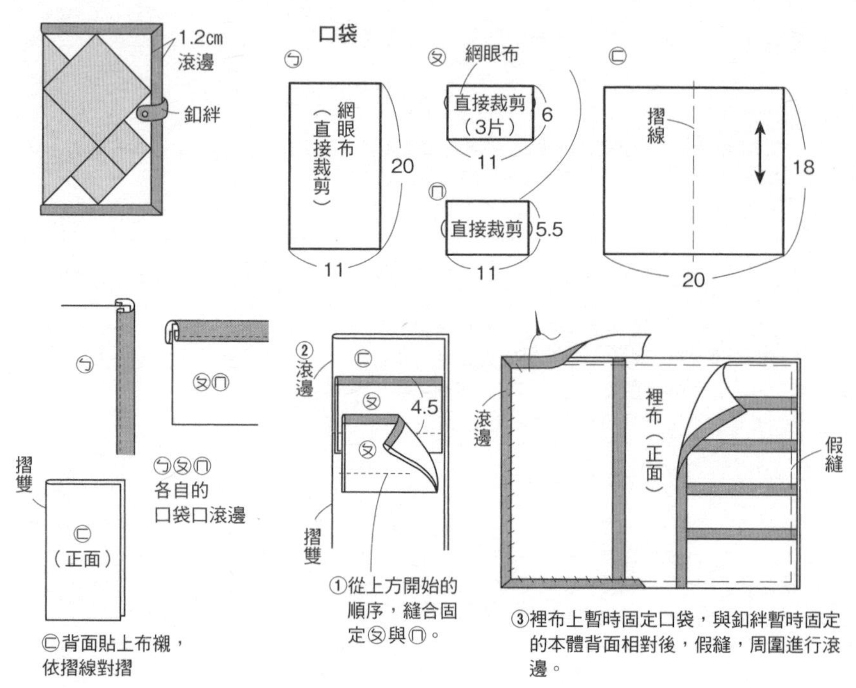

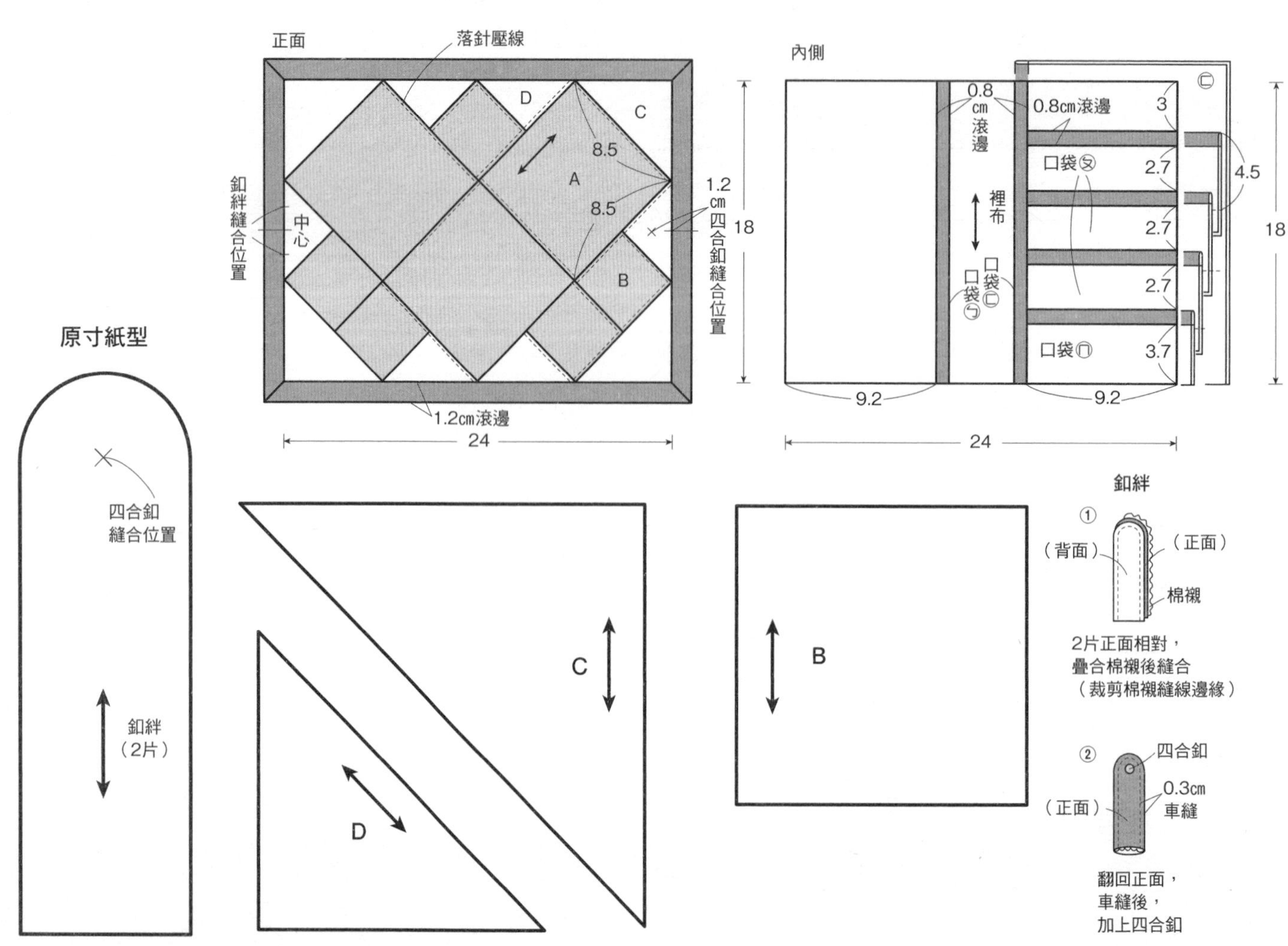

P47 .... No.53

卡片夾

材料（1個的用量）

各式拼接用零碼布　裡布30×15cm　口袋㋐用布40×15cm　㋑用布20×15cm　卡片插槽㋒用布40×15cm　㋓用布40×30cm　單膠棉襯30×25cm　直徑1cm壓釦1組　寬1.6cm鈕釦1個

作法順序

製作卡片插槽→拼接後製作表布，貼上直接裁剪的棉襯（依喜歡圖案壓線）→貼合好棉襯的裡布上，暫時固定口袋，與表布正面相對後，縫合周圍→翻回正面，卡片插槽口袋縫合固定於本體→加上鈕釦與壓釦。

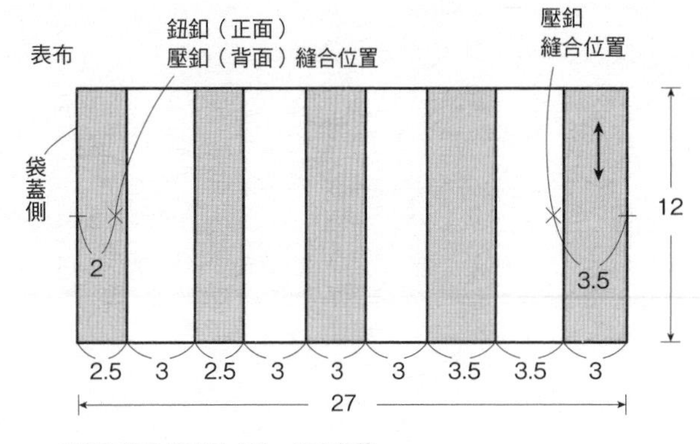

※裡布使用相同尺寸的一片布裁剪

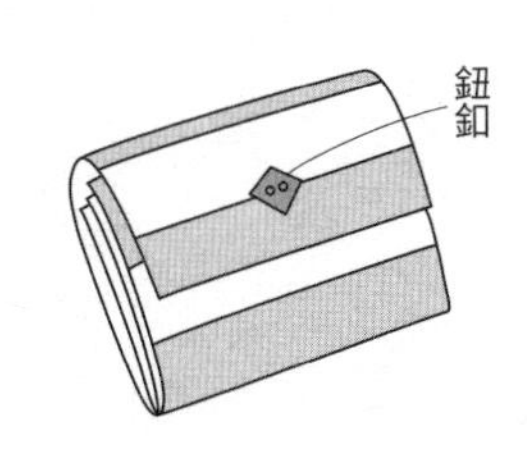

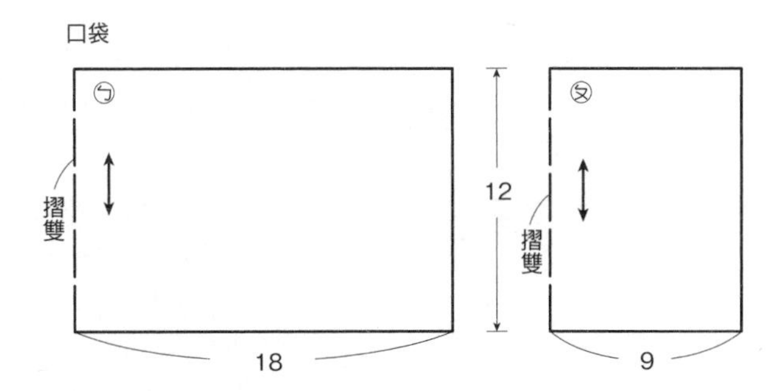

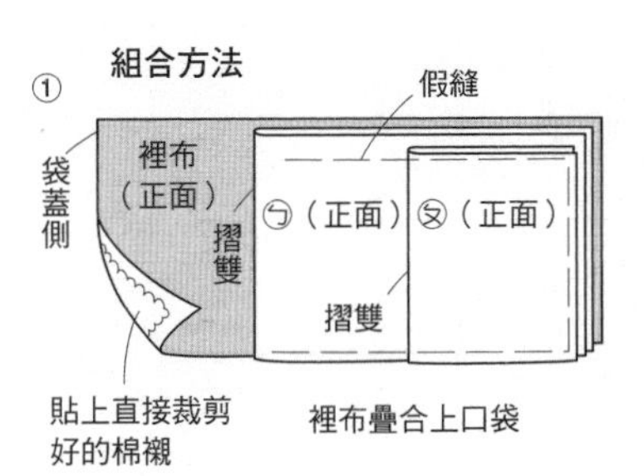

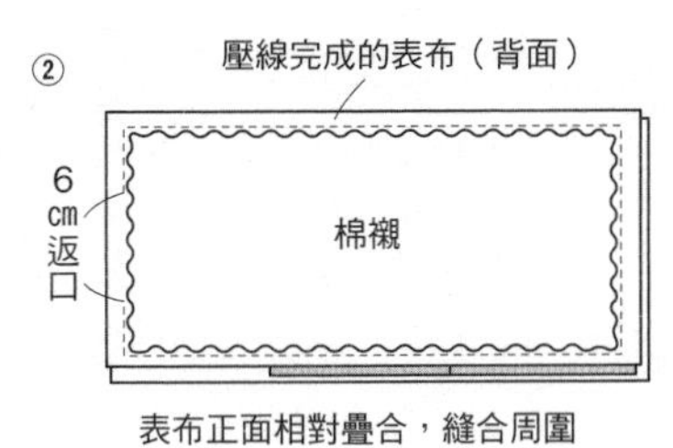

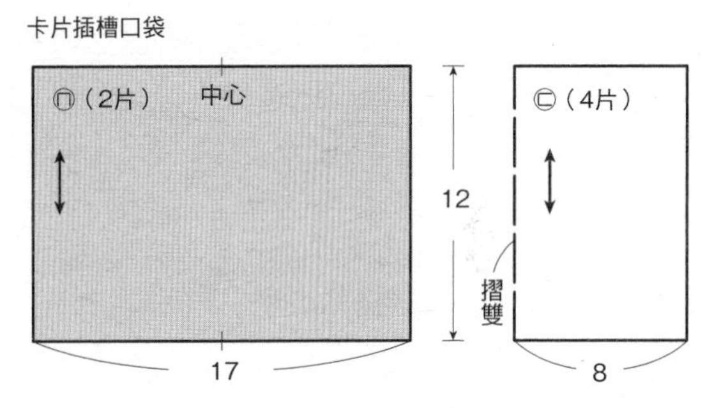

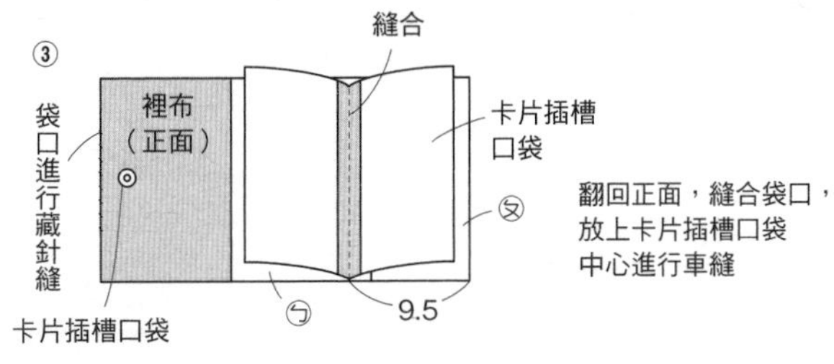

卡片插槽口袋

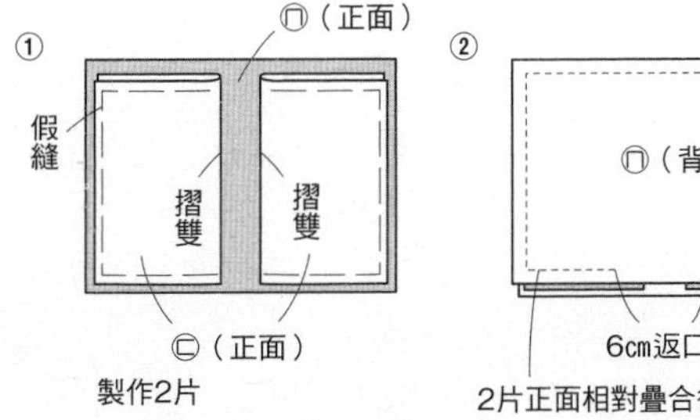

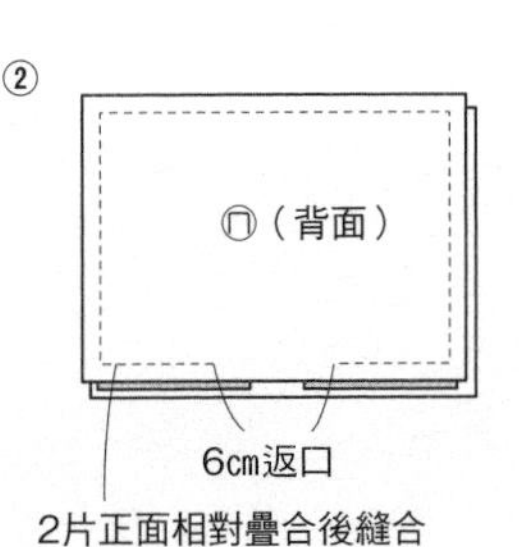

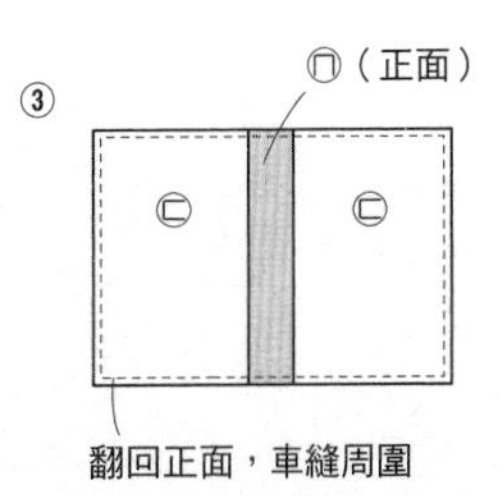

P46 ……… No.52

卡片夾

材料

各式拼接、貼布縫用零碼布　單膠棉襯25×25㎝　胚布40×25㎝（含口袋㋡部分）　口袋㋜用布20×15㎝　滾邊用寬3.5㎝斜紋布90㎝　薄紗布60×15㎝　10㎝拉鍊1條　寬1㎝蒂羅爾織帶75㎝　長1.4㎝串珠1個　寬0.2㎝蠅子10㎝　金屬繡線、5號・25號繡線各適量

作法順序

拼接A至J，進行貼布縫與刺繡後，製作表布→貼合棉襯，疊合胚布，壓線→製作口袋㋡㋜，疊合於內側→製作卡片口袋，縫於內側→暫時固定釦繩，滾邊周圍（滾邊的邊角參考P.104，包邊方式組裝）→加上串珠。

※F・G・J的原寸紙型與貼布縫圖案參考P.93。

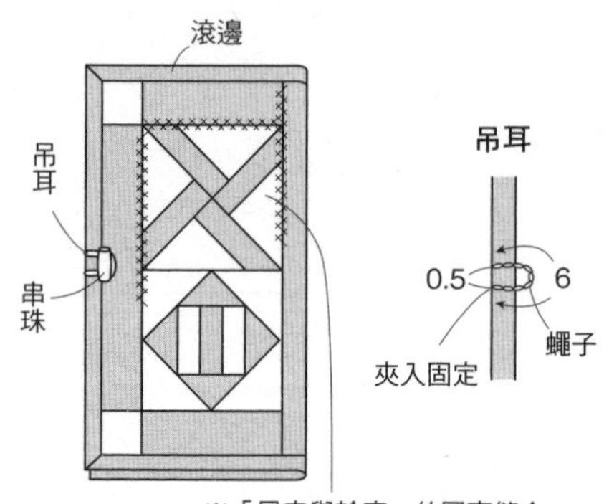

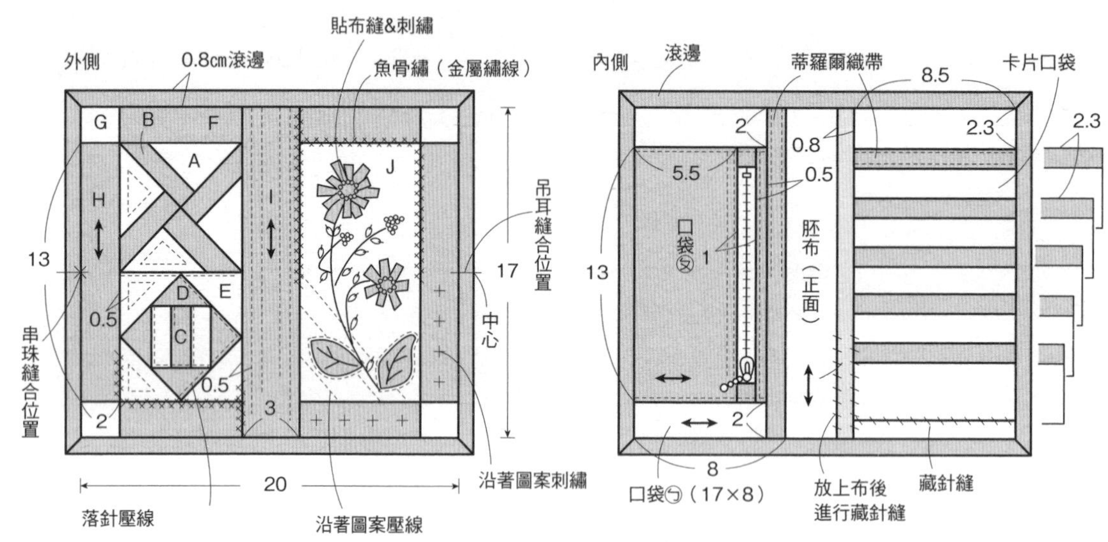

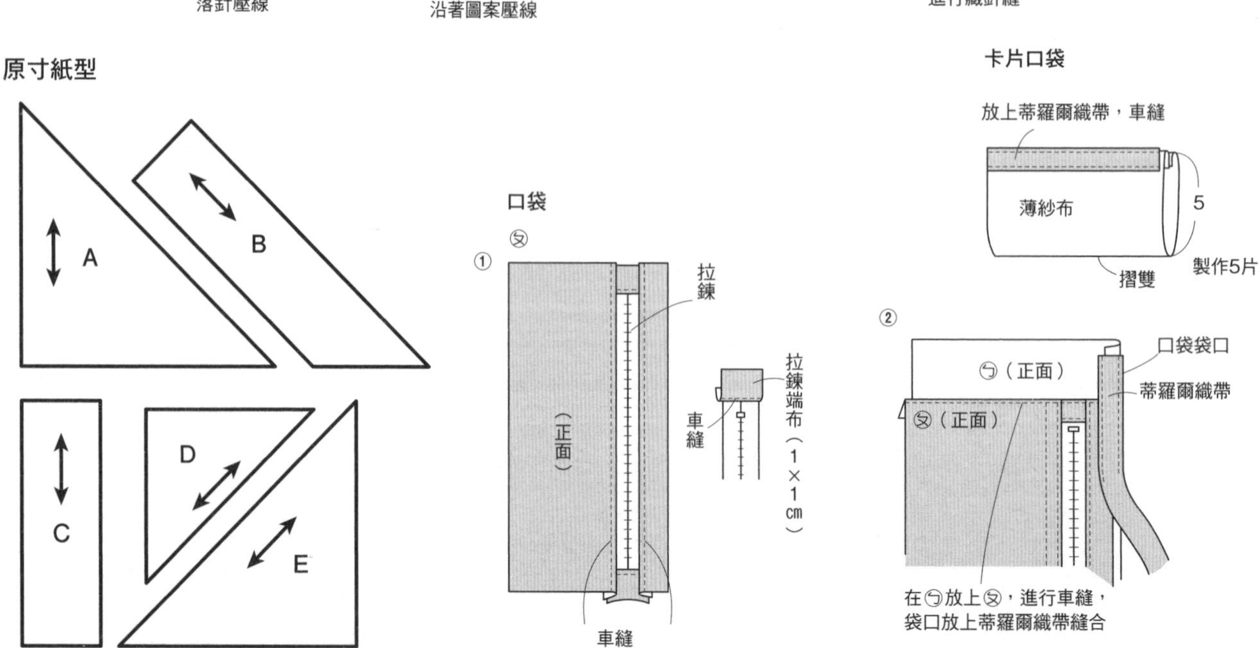

P45 .... No.50

手冊套

材料

各式拼接用零碼布　D用布20×15㎝　內口袋用布50×25㎝（含胚布）　滾邊用寬4㎝斜紋布100㎝　棉襯30×25㎝　貼布襯20×20㎝　寬9㎝蕾絲20㎝　寬1.5㎝蕾絲10㎝　0.6㎝寬釦繩用緞帶15㎝　直徑2.3㎝鈕釦1個

作法順序

拼接A至D，製作表布→疊合棉襯及胚布，壓線→口袋貼上貼布襯，口袋袋口以三摺邊縫合，縫上蕾絲→本體與口袋疊合後縫合隔間，暫時固定釦繩，滾邊周圍→裝上釦繩。

作法重點

○滾邊的邊角以包邊方式組合（參考P.104）

○圖案的縫合順序參考P.102。

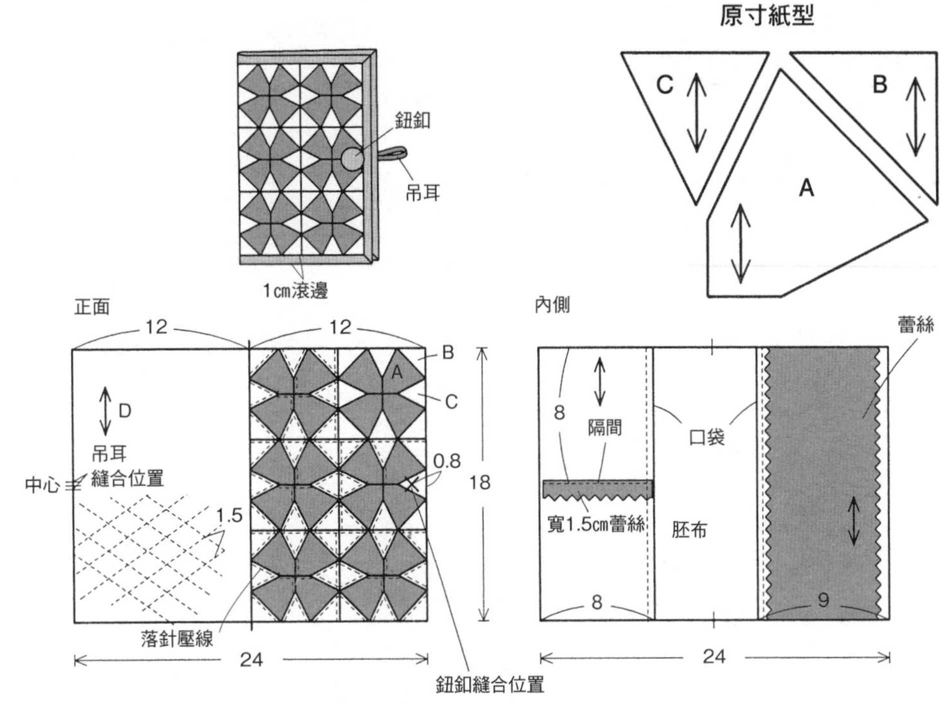

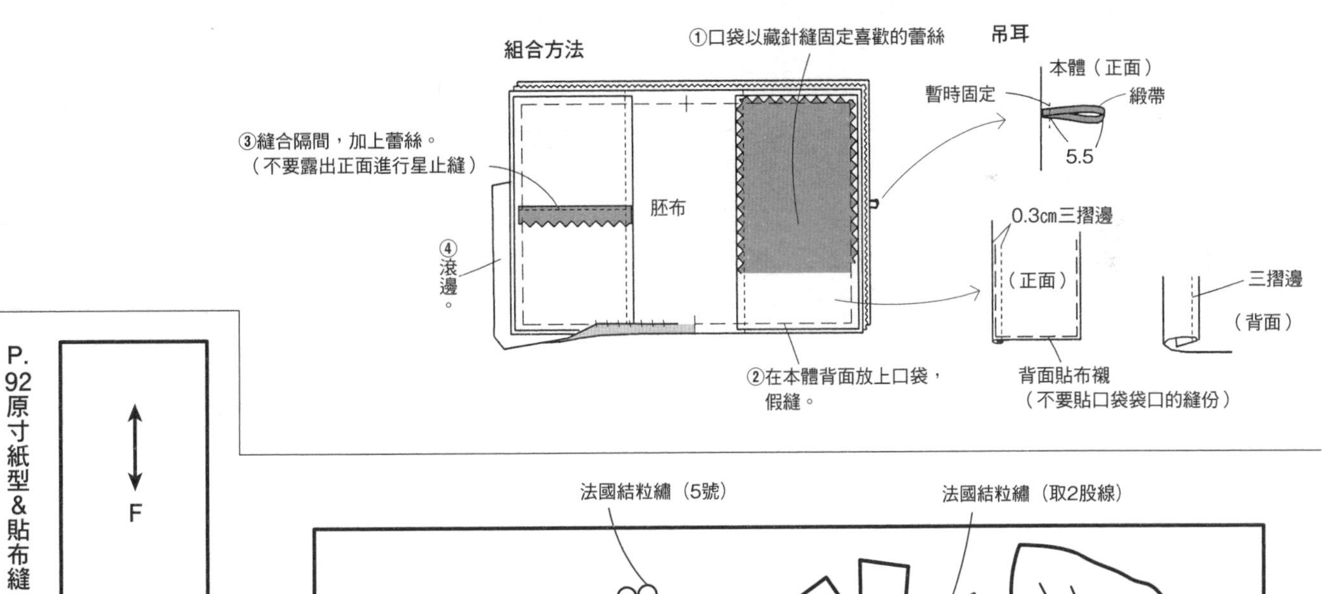

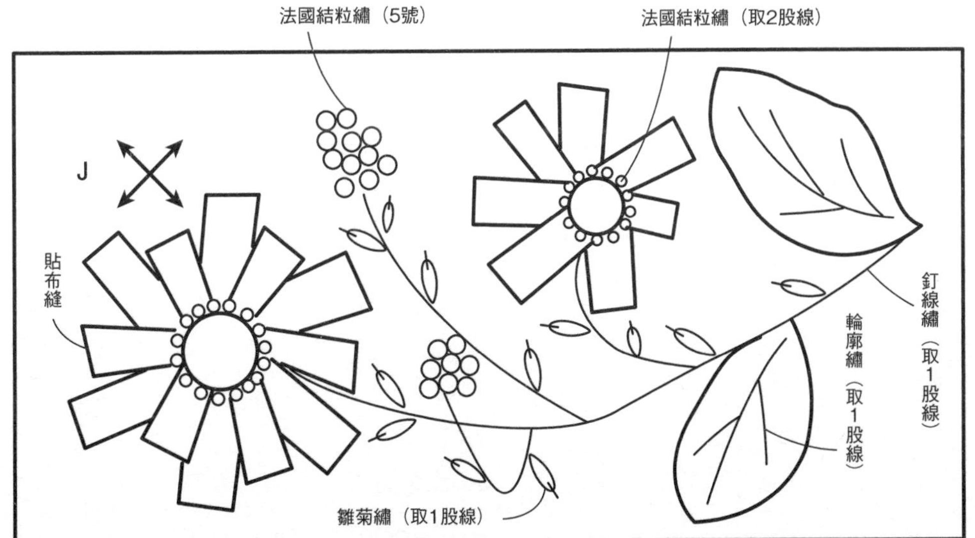

P49 .... No.56

花束造型波奇包

材料

各式拼接・B・H用零碼布　淡紫色印花布35×30㎝（含G・G胚布）　棉襯・胚布各40×25㎝　19㎝拉鍊1條

作法順序

拼接A（參考P.102）後，B進行貼布縫→與C至F連接後，製作前片表布→疊合棉襯，與胚布正面相對後，預留返口，縫合→翻回正面後，縫合返口，壓線→後片如圖所示製作→前片與後片正面相對，脇邊進行捲針縫→縫上拉鍊→抓出皺褶，放入本體的底部縫合。

作法重點

○棉襯依縫線邊緣裁剪。

※前片&後片，H原寸紙型A面⑩

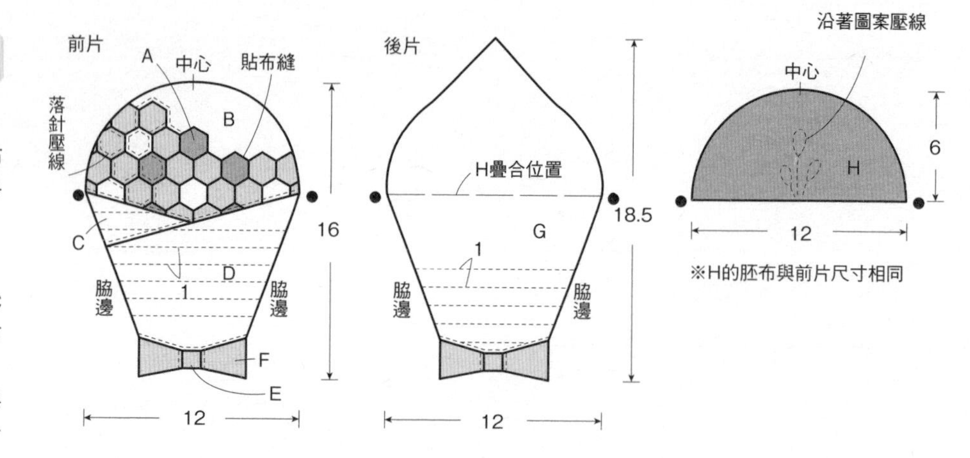

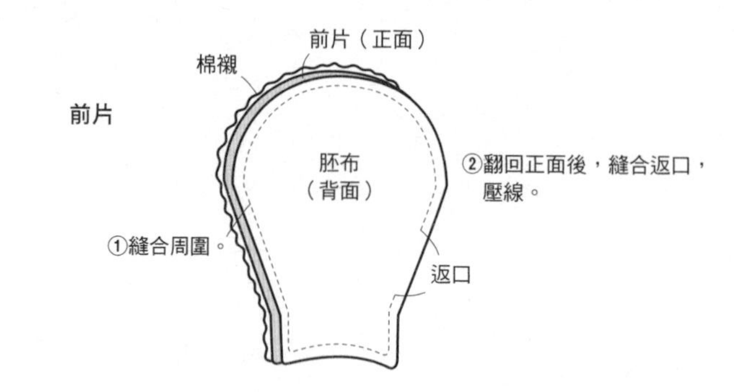

後片

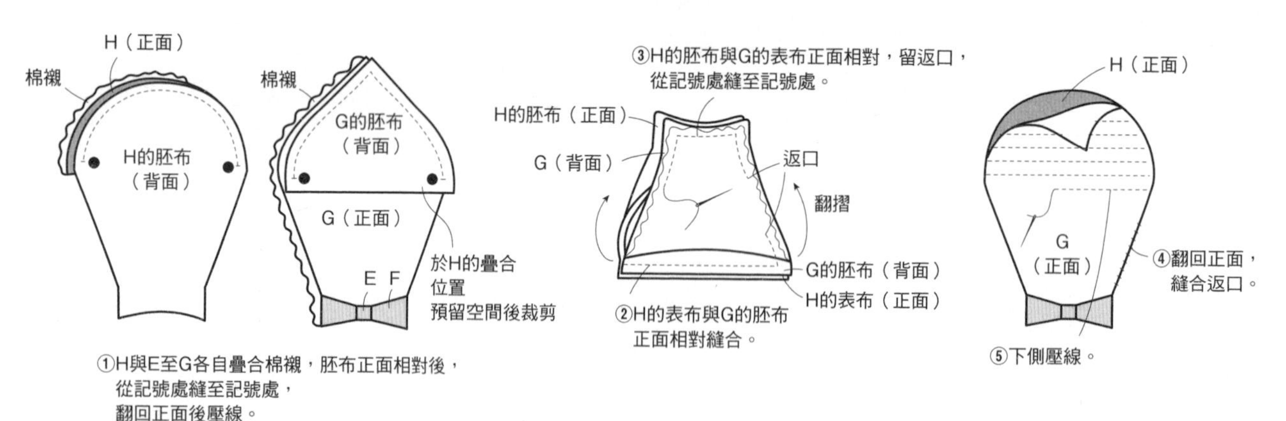

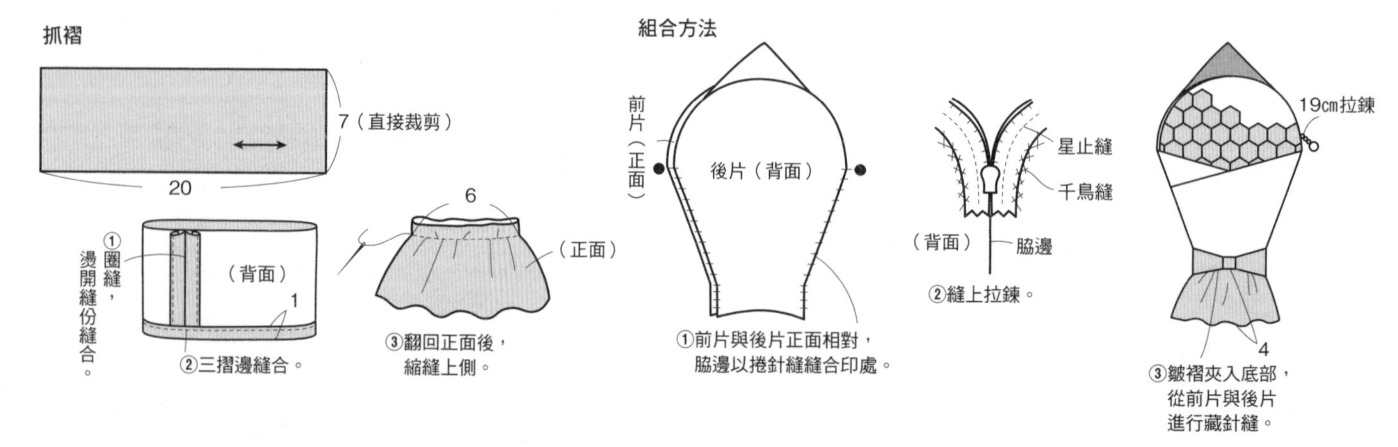

p49 .... No.57

水果籃造型波奇包

材料

各式拼接、貼布縫用零碼布（含拉鍊裝飾）　A用布35×10cm　棕色印花布55×25cm　棉襯・胚布各40×20cm　20cm拉鍊1條（鍊頭拉把使用圓球款）　直徑0.3cm串珠16個　手工藝用棉花適量

作法順序

進行拼接與貼布縫後，製作表布→疊合棉襯，與裡布正面相對後，留返口縫合→翻回正面後，縫合返口，壓線→從底部中心正面相對摺合，以捲針縫縫至止縫處→縫合側身→縫上拉鍊→縫上串珠及拉鍊裝飾。

※原寸紙型A面①

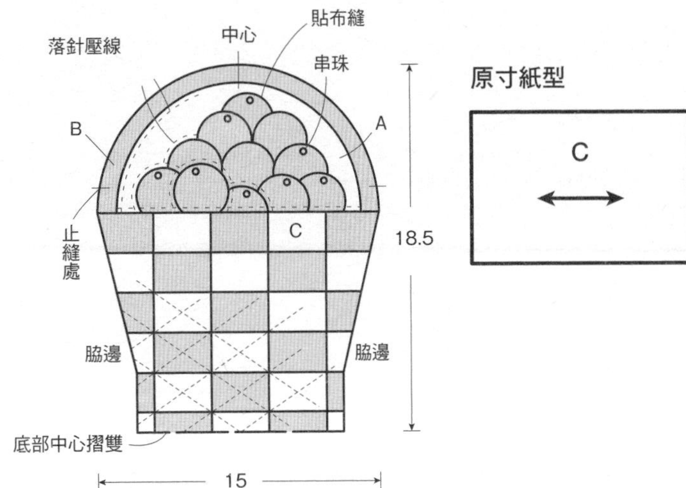

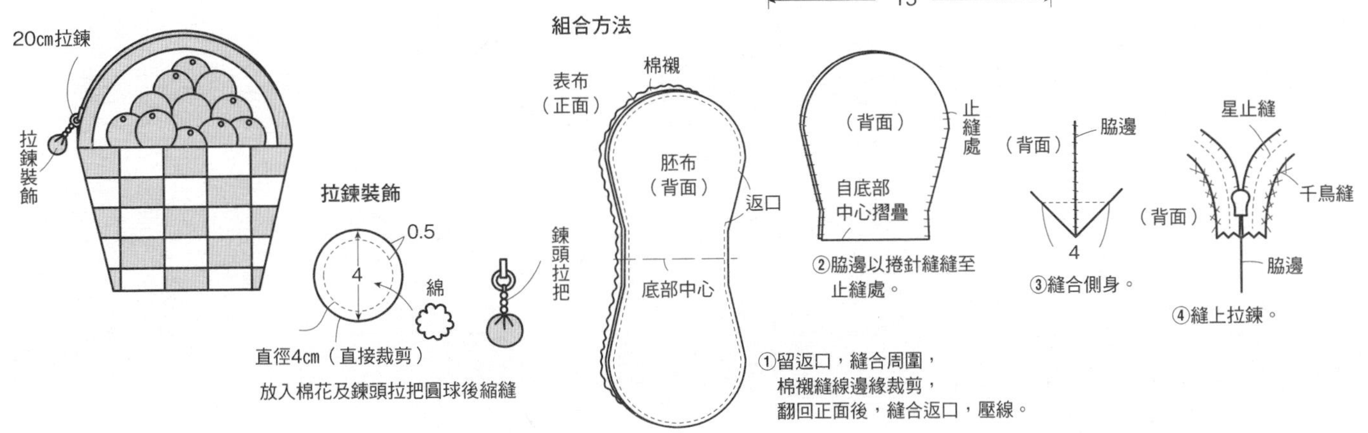

繡法

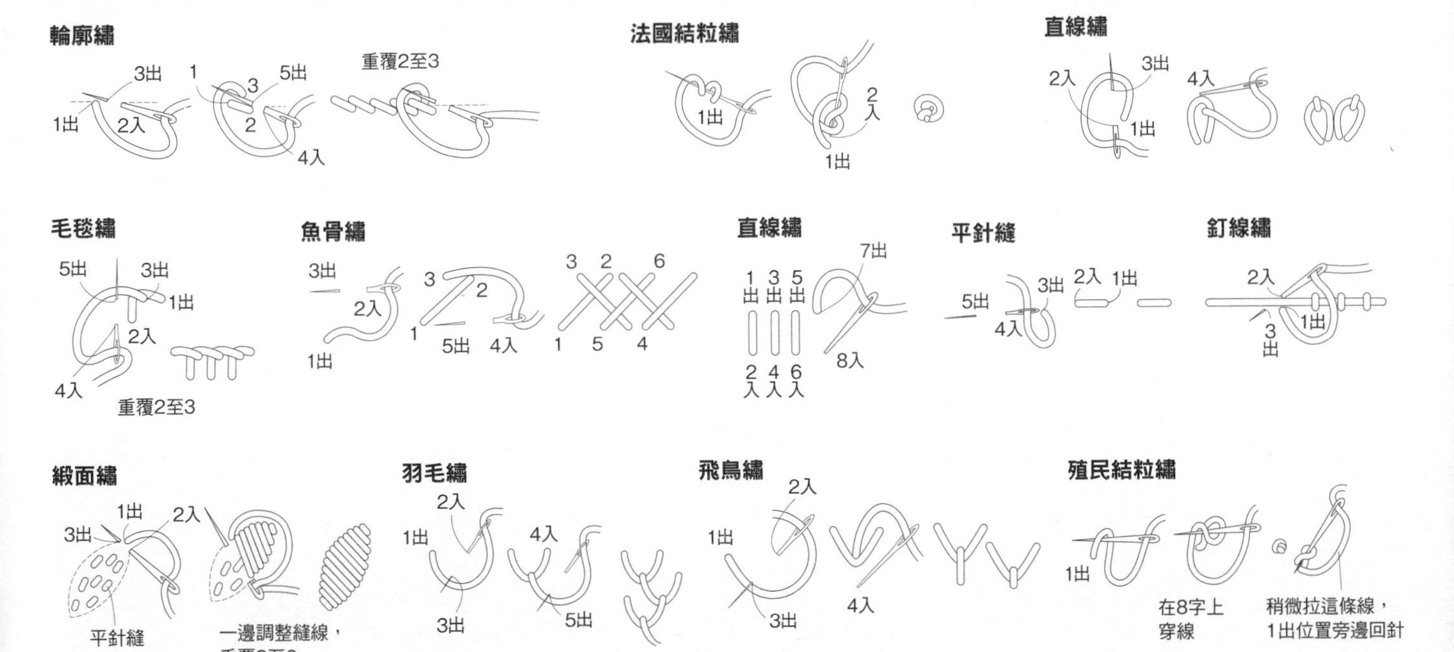

P52 ……… No.63至No.67

零錢袋

材料（1個的用量）

各式零碼布　身體用布・裡布・雙膠棉襯各15×15cm 9cm拉鍊1條（鍊頭拉把圓球款）單膠棉襯・25號繡線・厚紙・手工藝用棉花適量　直徑0.3cm串珠2個（兔子以外的眼睛）直徑0.5cm串珠（熊的鼻子）、寬0.6cm串珠（小狗的鼻子）、寬0.6cm鈕釦（兔子的鼻子）各1個　麻繩10cm（小豬的尾巴）

作法順序

製作臉部及底部→製作身體，縫上拉鍊→以藏針縫連接臉部及底部→製作尾巴，縫上拉鍊的鍊頭拉把。

作法重點

○小豬的尾巴在麻繩上沾附洗衣機用漿衣精，以細的棒子捲出形狀，接合底部時夾入。

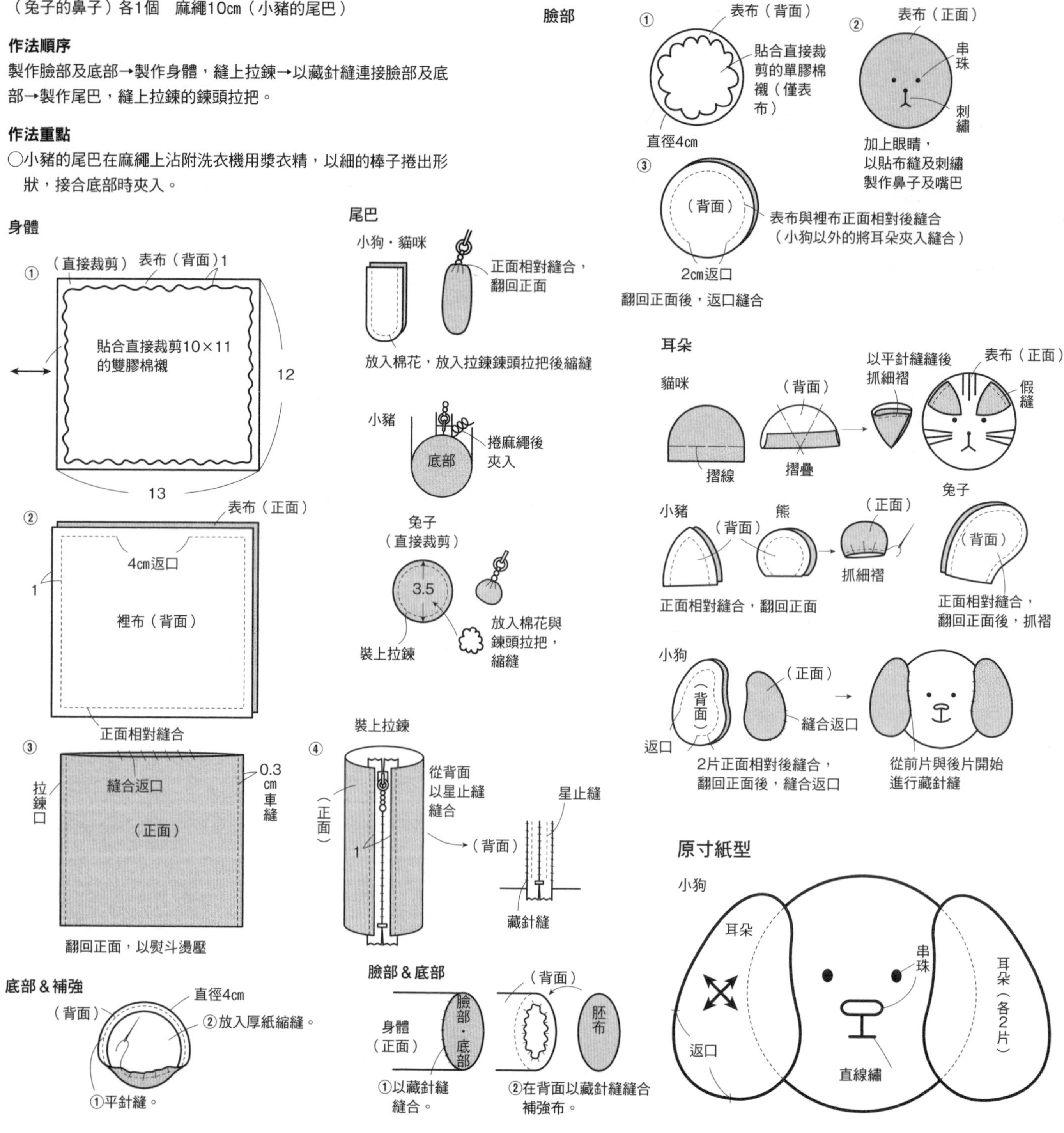

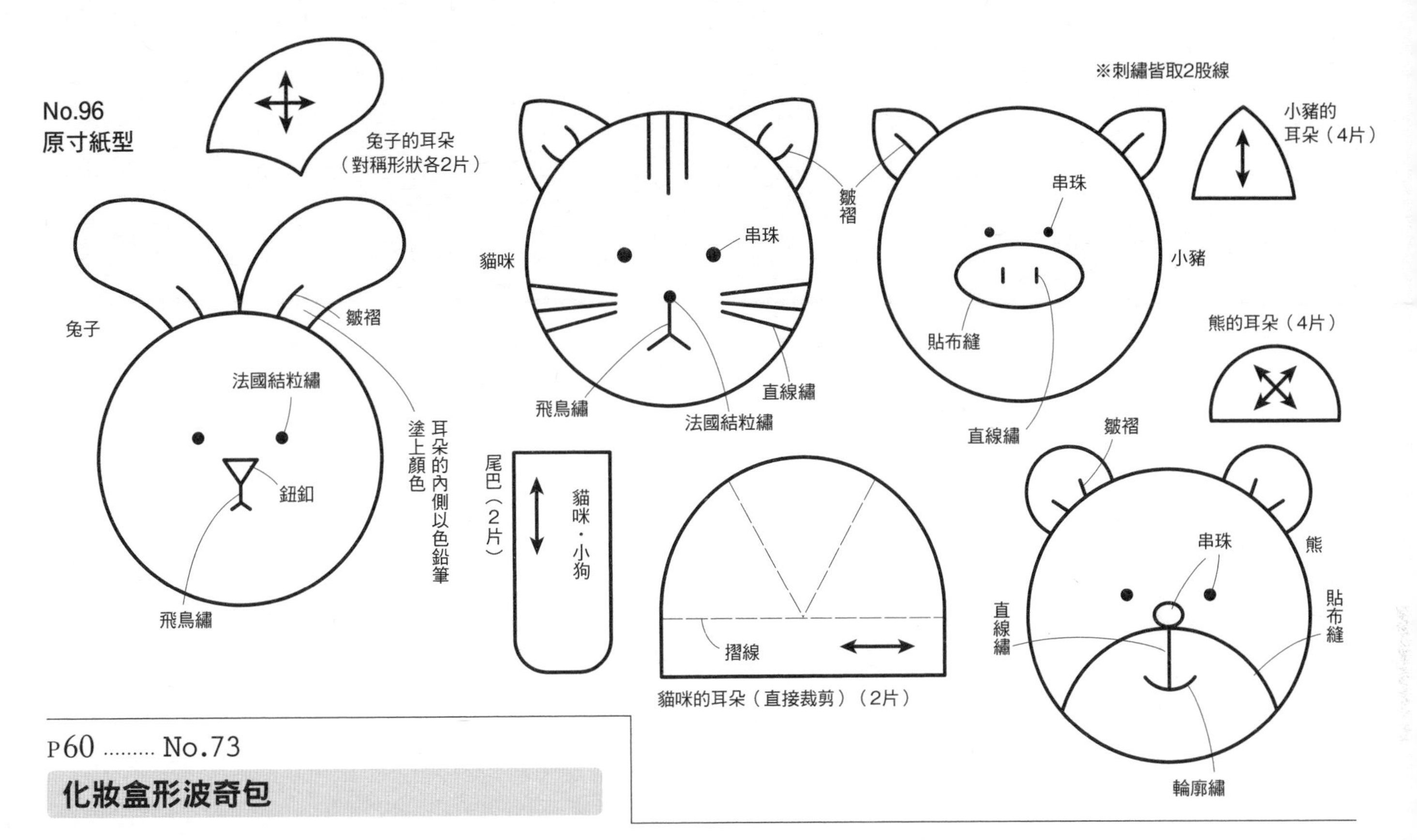

P60 .... No.73

化妝盒形波奇包

材料

各式貼布縫・拼接用零碼布　袋蓋用先染格紋布35×25cm（含E部分）單膠棉襯・胚布各40×35cm　寬19cm扭轉式口金1個　1cm寬蕾絲35cm　寬4cm造型蕾絲1個　寬1.2cm花朵形狀造型蕾絲6個　粉紅色繡線（MOCO）適量

作法順序

完成貼布縫及刺繡後，再製作袋蓋，A至E拼接後製作側面（此時袋蓋加上蕾絲）→袋蓋與側面接合後，製作表布→參考P.60製作本體，壓線→→ 加上造型蕾絲→加上口金（參考P.56）。

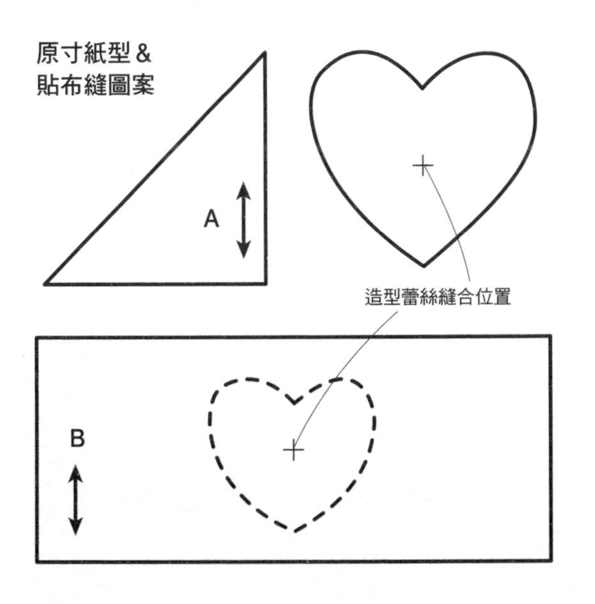

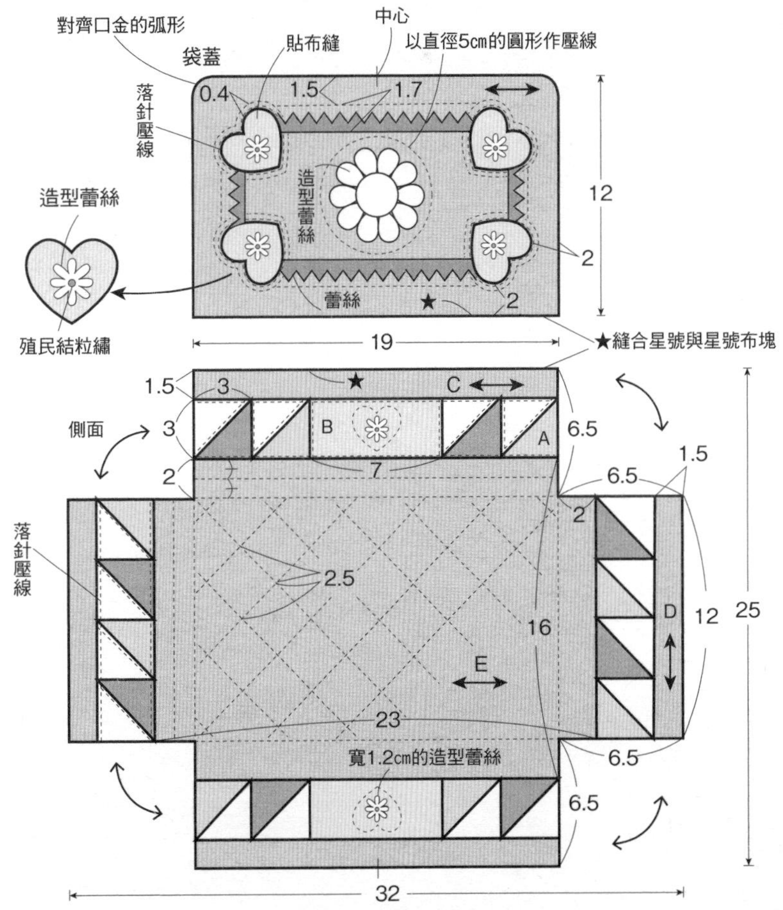

P50 ……… No.58至No.60

紅包袋

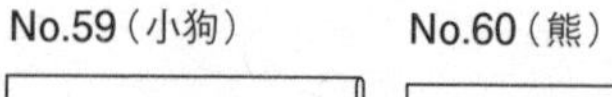

材料（1個的用量）

各式貼布縫用零碼布　台布35×20㎝（含胚布部分）棉襯35×10㎝　直徑1.5㎝壓釦1組　25號繡線適量

作法順序

台布完成貼布縫及刺繡後，製作表布→疊合棉襯，與胚布正面相對後，留返口，縫合周圍→翻回正面後，縫合返口，壓線→底部中心背面相對對摺，兩脇邊進行藏針縫→縫上壓釦。

作法重點

○動物的臉部，耳朵請以腮紅拍上色彩。

○周圍棉襯以摺雙方式裁剪。

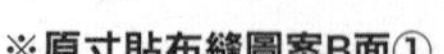

※原寸貼布縫圖案B面①

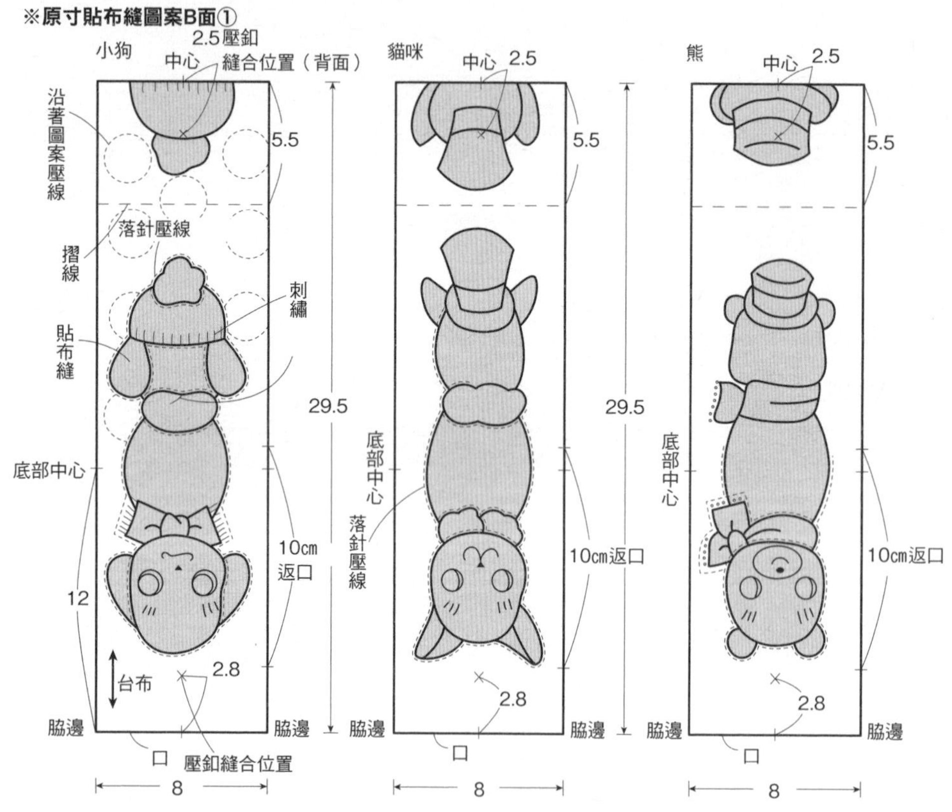

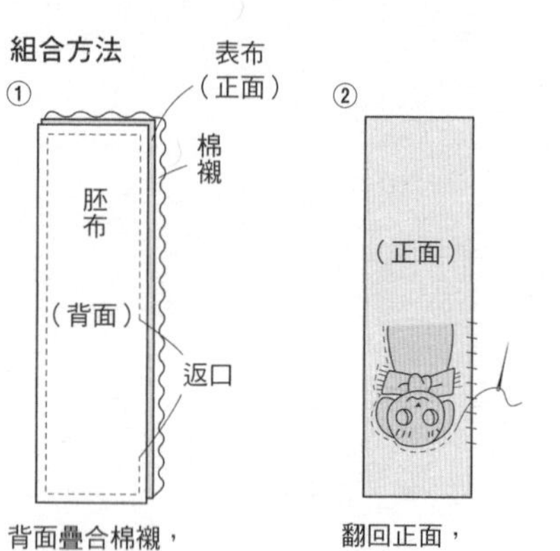

P.71
鋁製口金包

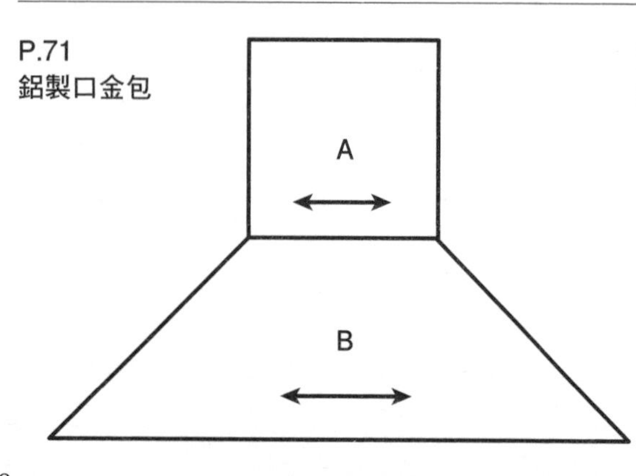

P.66
鋁製口金波奇包

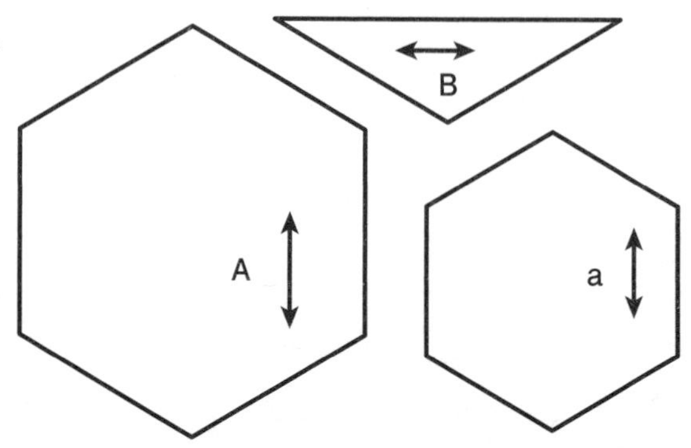

P62 .... No.75

彈簧口金波奇包

材料

各式拼接用零碼布（含口布部分） 棉襯・胚布各30×25cm 裡袋用布25×20cm 寬1cm長9cm彈簧口金1個 1.5cm寬蕾絲25cm 5號繡線適量

作法順序

拼接A至E，製作圖案（參考P.102）連接F至I，製作前片的表布→疊合棉襯及胚布，壓線→後片也依相同方式製作，進行刺繡→前片與後片正面相對後，縫合脇邊及底部→製作裡袋，放入本體→製作口布，縫合（此時夾入蕾絲縫合）→穿過口金。

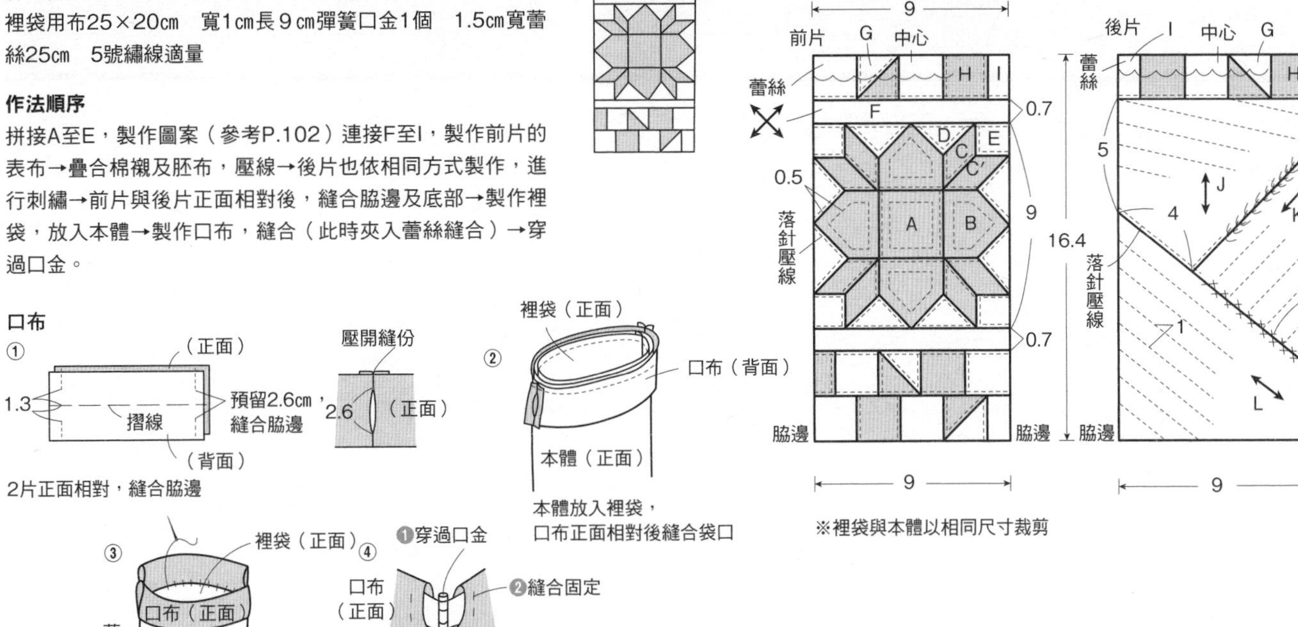

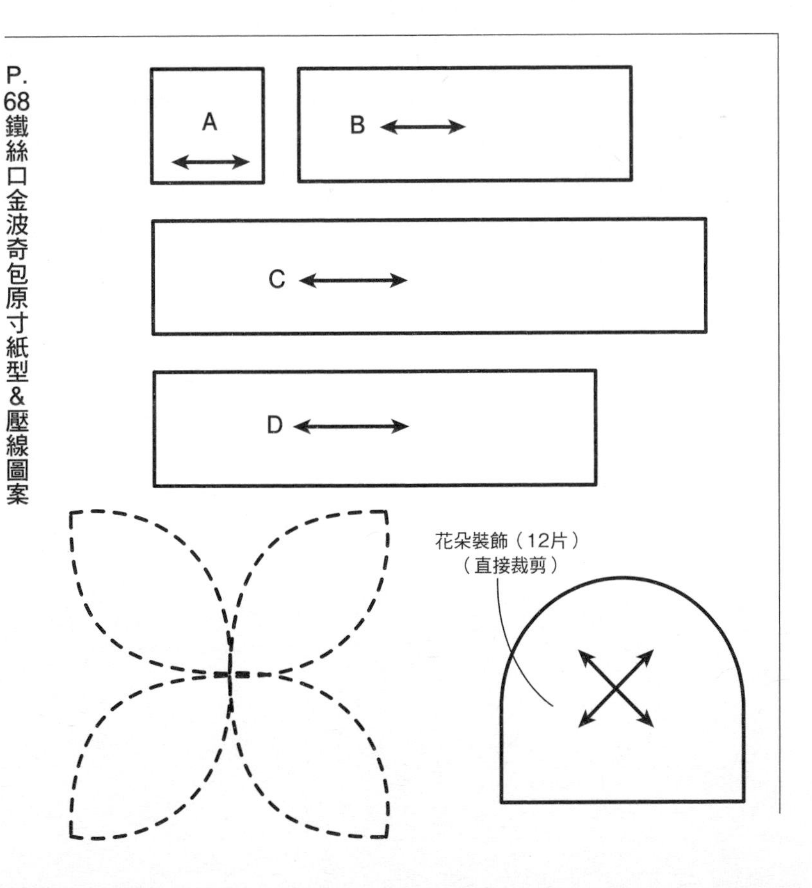

原寸紙型

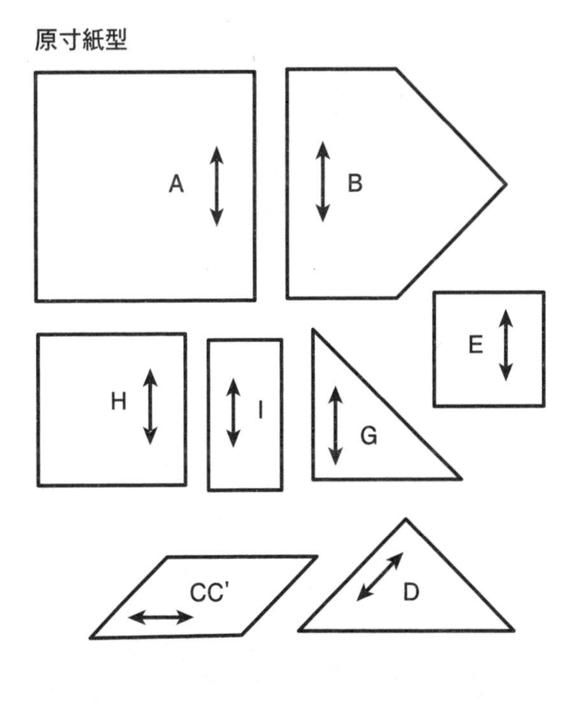

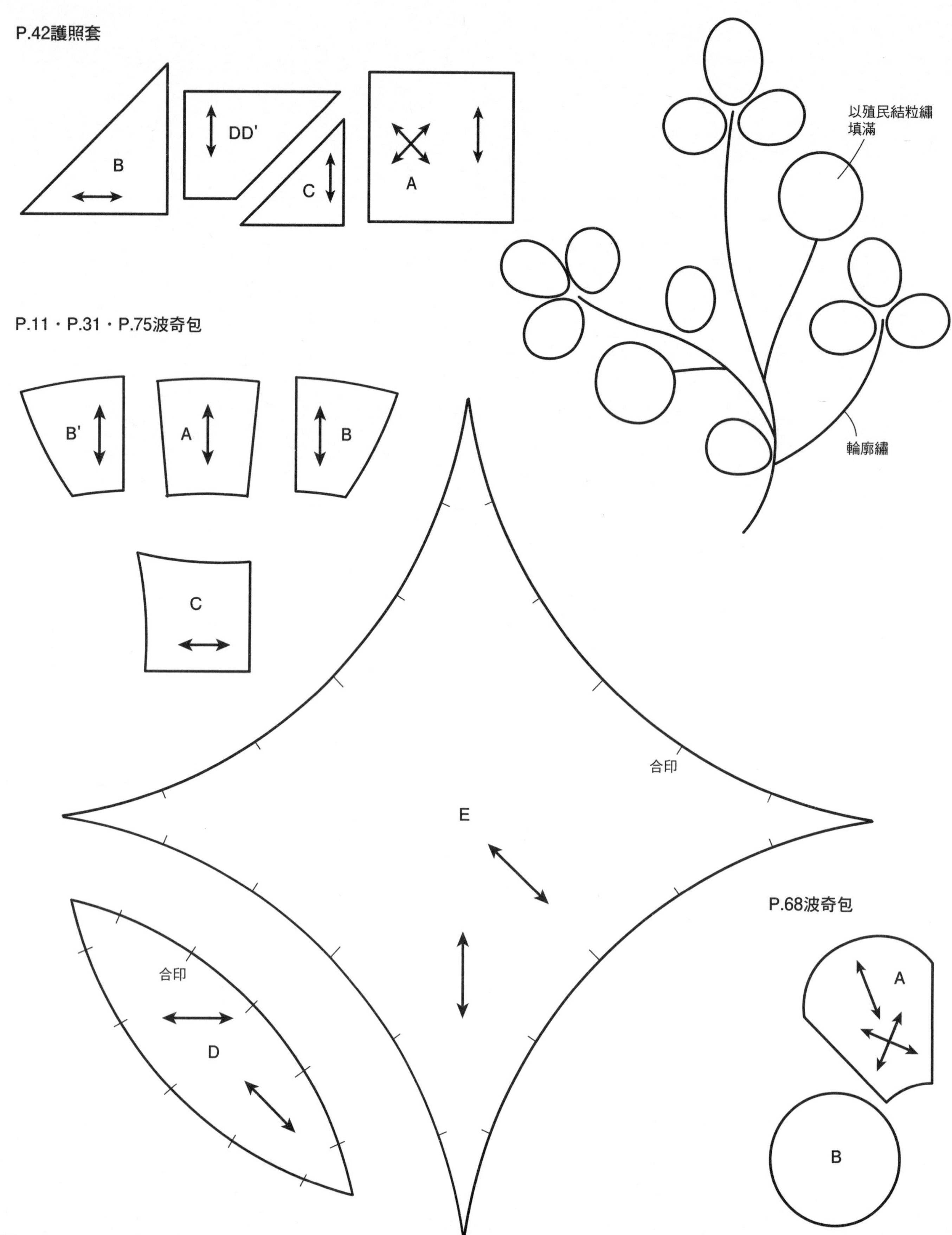
P.42護照套
B
DD'
C
A
以殖民結粒繡
填滿
輪廓繡
P.11・P.31・P.75波奇包
B'
A
B
C
合印
E
合印
D
P.68波奇包
A
B

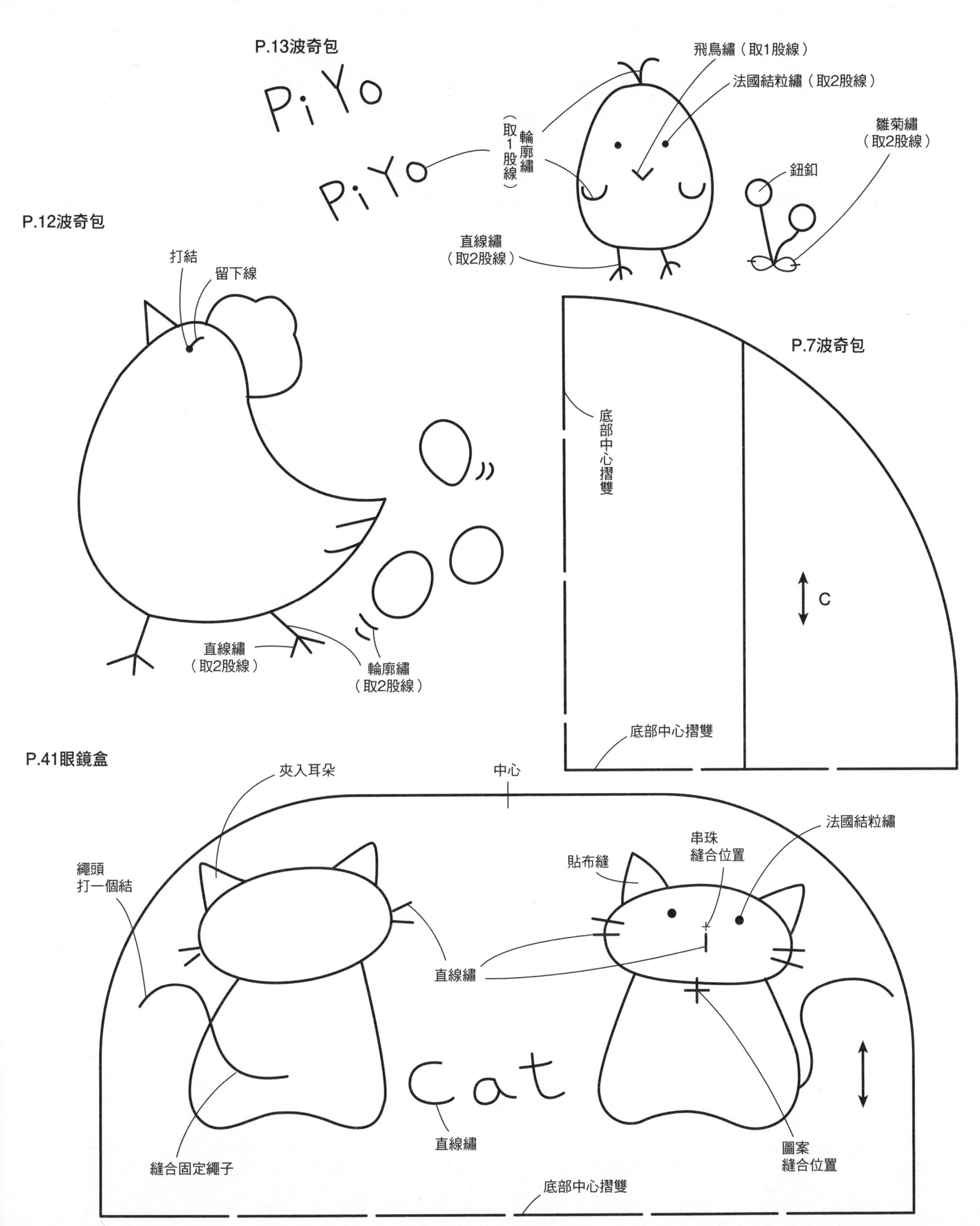
P.13波奇包
PiYo
PiYo
飛鳥繡（取1股線）
法國結粒繡（取2股線）
輪廓繡（取1股線）
雛菊繡（取2股線）
鈕釦
直線繡（取2股線）
P.12波奇包
打結
留下線
直線繡（取2股線）
輪廓繡（取2股線）
P.7波奇包
底部中心摺雙
C
底部中心摺雙
P.41眼鏡盒
夾入耳朵
中心
繩頭打一個結
貼布縫
串珠縫合位置
法國結粒繡
直線繡
Cat
直線繡
縫合固定繩子
圖案縫合位置
底部中心摺雙

拼布圖案的縫合順序

※箭號是指縫份倒向

線軸（作法P.71）

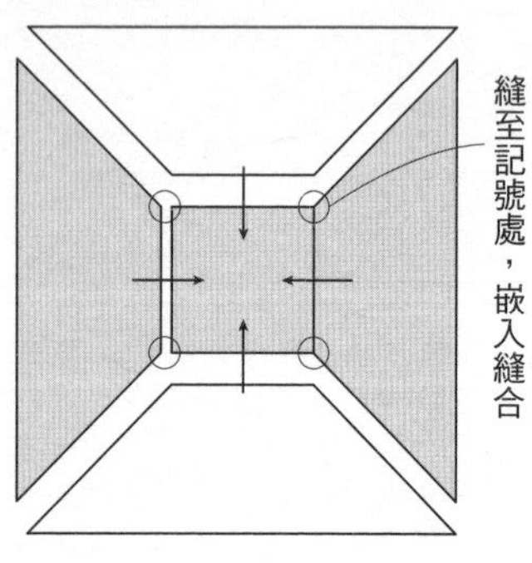

風車&輪廓（作法P.92）

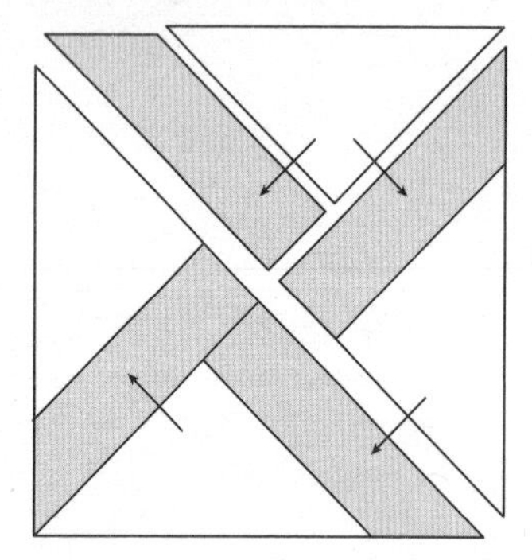

風向計（作法P.99）

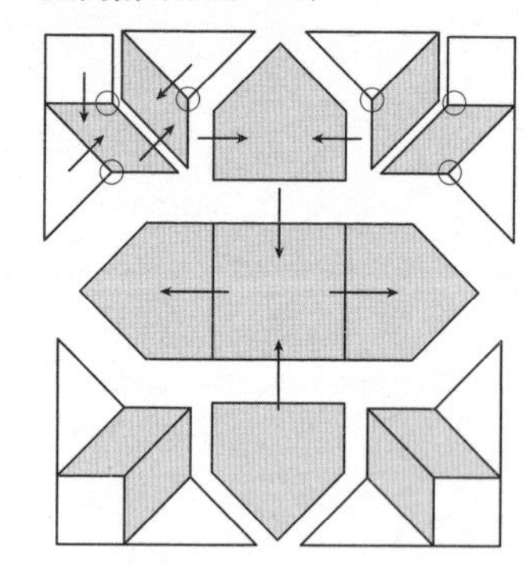

復古花束（作法P.15）

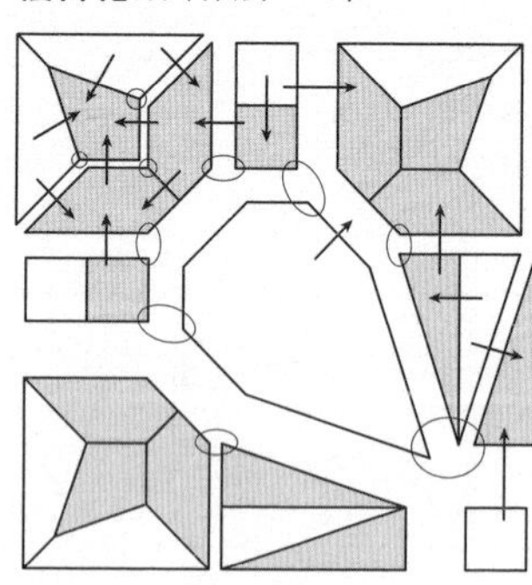

轉動之石（作法P.85）

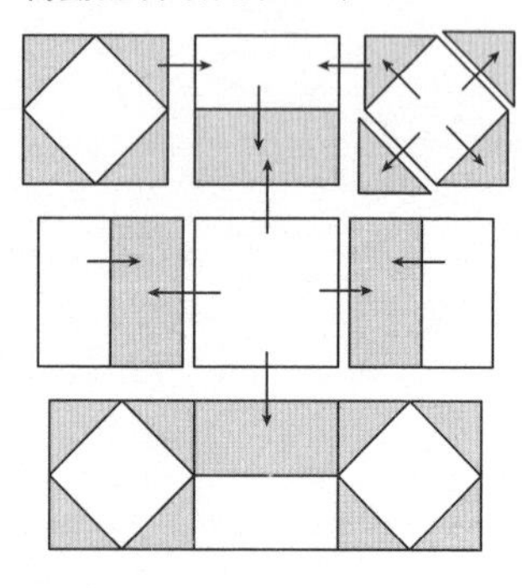

束縛之星（作法P.78）

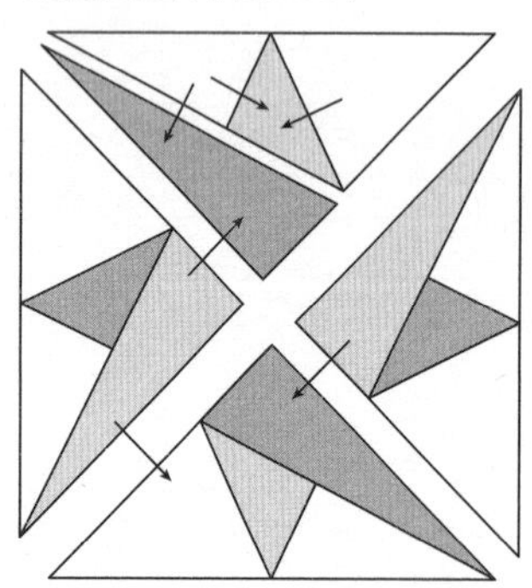

芍藥（作法P.84）

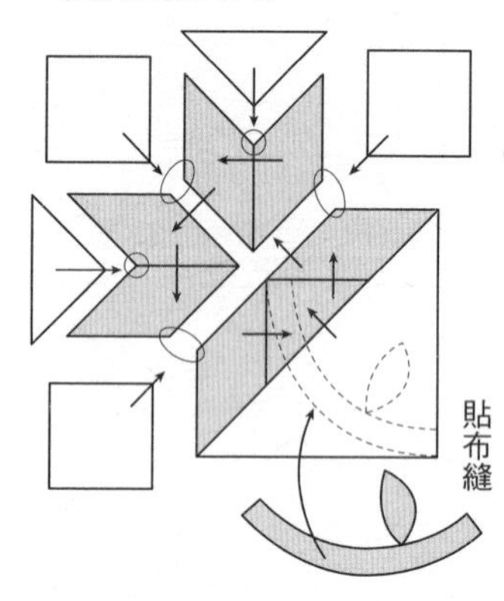

鬱金香（作法P.55）

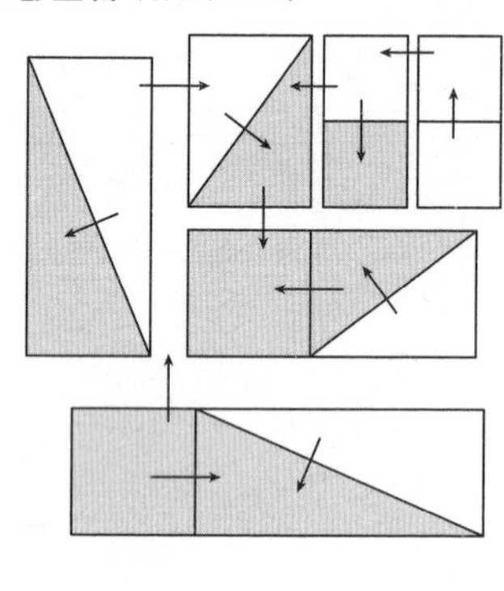

德勒斯登圓盤（作法P.68）

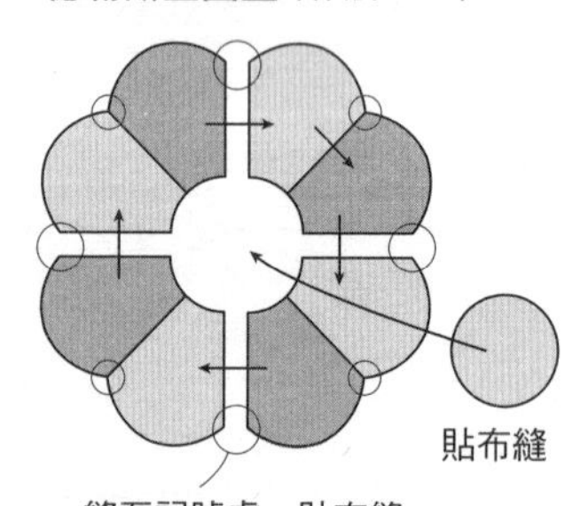

愛心（作法P.77）

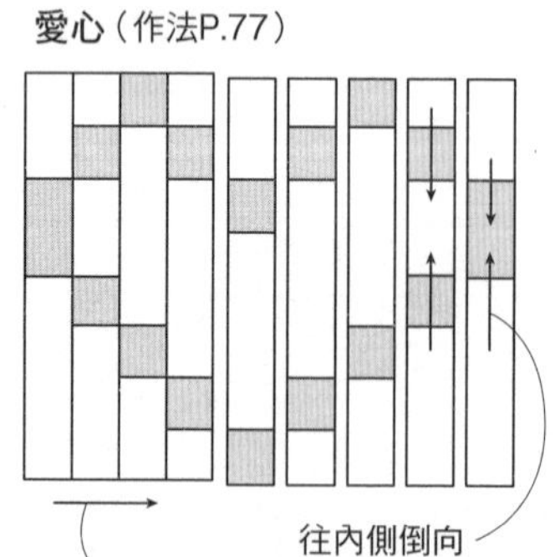

飛舞之鵝（作法P.64）

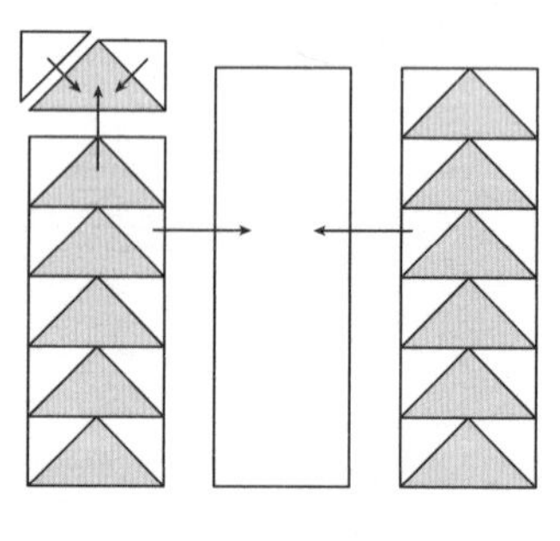

五月花（作法P.93）

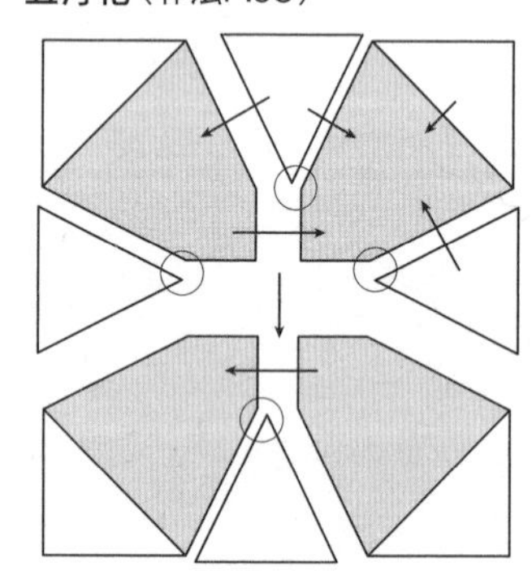

樹木（作法P.34）

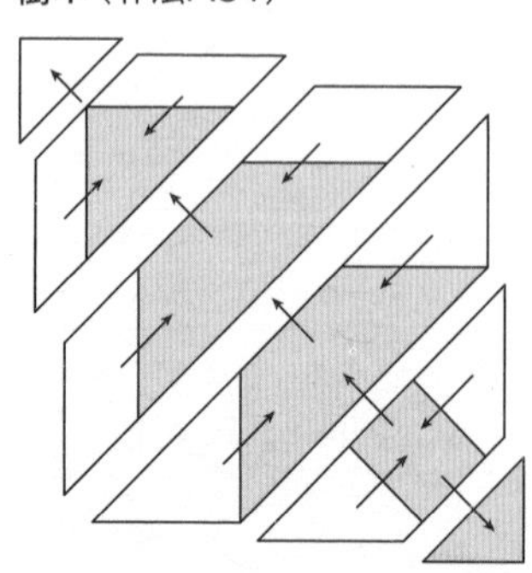

六角形圖案拼接（作法P.27・P.66・P.71・P.88・P.94）

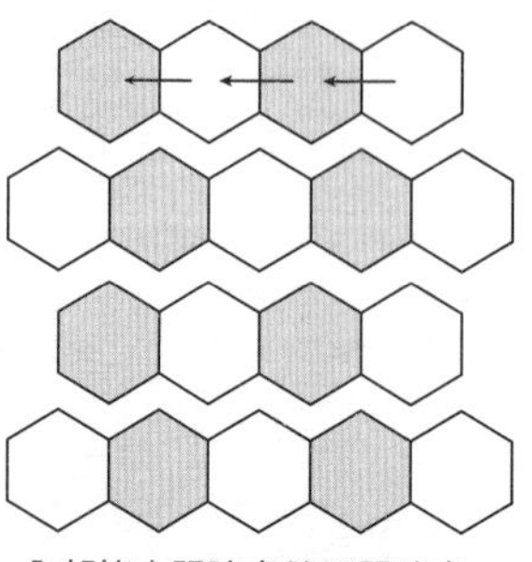

全部皆由記號處縫至記號處，使用嵌入式縫合

縫份的倒向

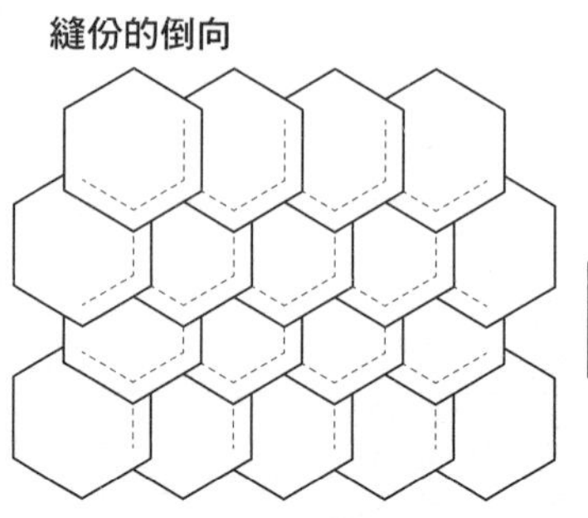

往同一方向作單邊倒向

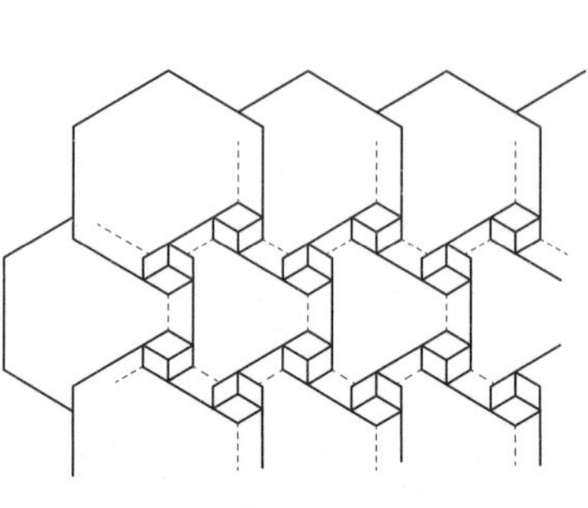

風車形狀倒向

基本技巧

■製作紙型與作記號

關於紙型

紙型用太薄的紙會很難使用，請準備厚一點的紙。自己製圖的紙型，或是書本影印的紙型，請貼於厚紙板上保持厚度，以剪刀或美工刀沿著線條剪開使用。各個紙型都必須將布紋方向記號與合印記號畫清楚，片數的號碼寫上也很好操作。

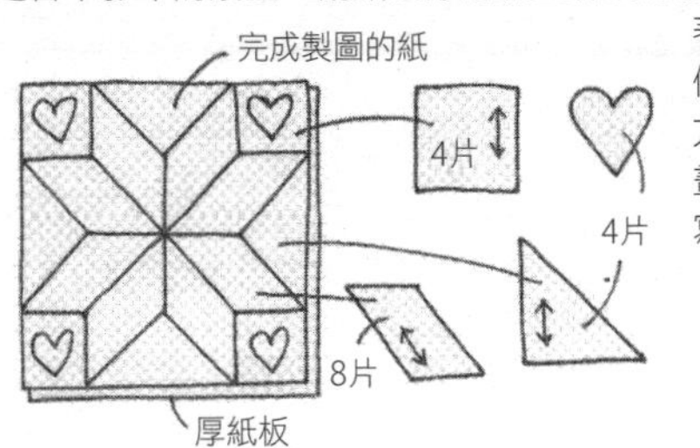

關於作記號與布片

將紙型放於布上，以2B左右鉛筆的尖端作記號。普通的布片記號於布的背面，貼布縫的布片記號於正面。縫份預留0.7cm（貼布縫0.3至0.5cm）為大概的基準，以目測裁剪大概的縫份也OK。裁剪下來的布片稱為「布片」將布片相互拼接縫合稱之為「拼縫布片（布塊）」。

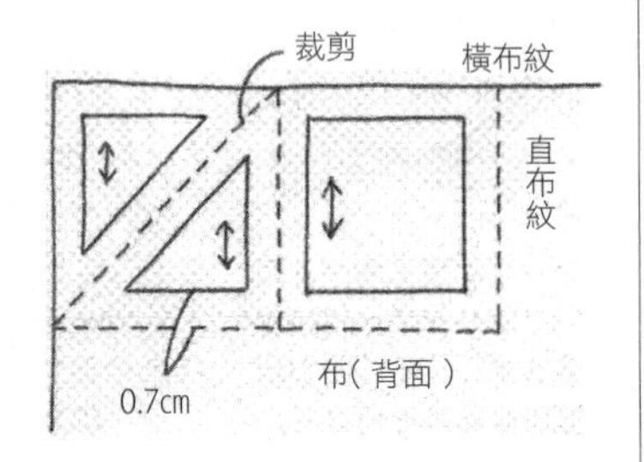

■貼布縫的方法

一邊將縫份塞進內側，一邊進行藏針縫

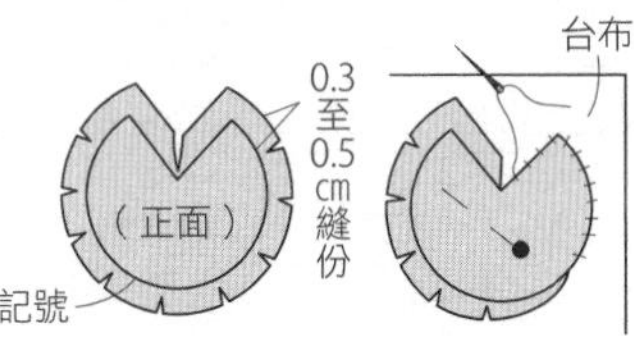

於表布的正面作記號縫份預留0.3至0.5cm後裁剪，凹陷處與弧度處的縫份剪牙口（凹陷處剪記號外側0.1cm為止、弧度處剪更少一點點）。放於台布上，沿著記號一邊以針尖將縫份塞進內側一邊進行藏針縫。

作出形狀後進行藏針縫

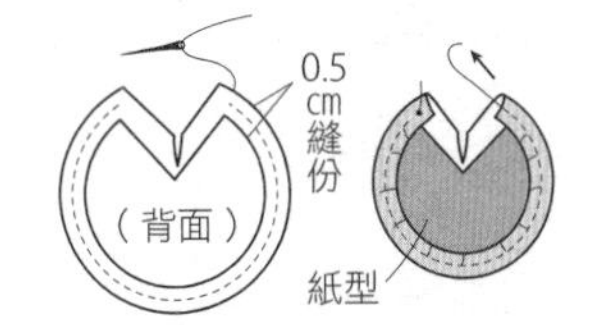

布片的背面作記號，預留0.5cm縫份後裁剪，凹處的縫份剪牙口，弧度的縫份平針縫。為了止縫結不會輕易穿出，打大一點的結。將平針縫的線靠著紙型拉緊，以熨斗整燙後，摺入直線部分的縫份。線不要拆除將紙型取出，放於台布進行藏針縫。

■下水處理

布買回來後，使用前先以水洗浸泡過。這個動作叫作「下水處理」，是製作前的基本作業。布料過水後會產生縮份，縮份的多寡會因材質不同而有所差異。假使布料沒有過水直接使用，完成作品洗滌後，將會成為產生皺摺與扭曲變形的原因。還有「下水處理」也含有將歪斜布紋整理整齊的意義。

■關於布紋

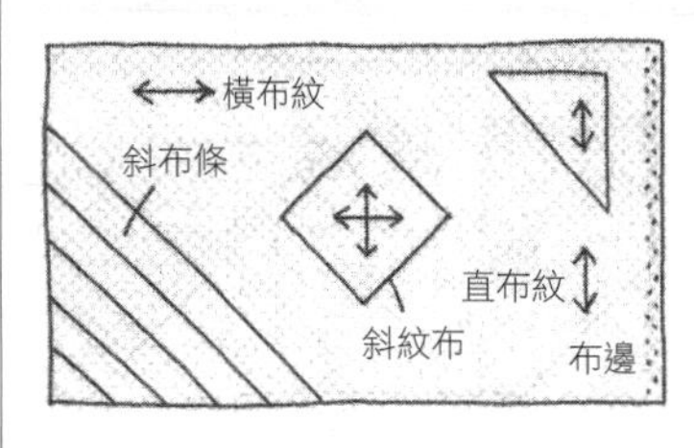

紙型中間的記號就是「布紋」。布紋是指布料的縱橫織紋。布紋如果縱橫有正向交錯，布料就不會歪斜。拼布時，各布片畫有布紋方向記號，請依照布料的直布紋或橫布紋方向裁剪。沒有依據布紋方向記號裁剪時，容易產生斜紋布。斜紋布會有適度的伸縮性，較適合貼布縫的布片或者是滾邊條。

■珠針的固定方法

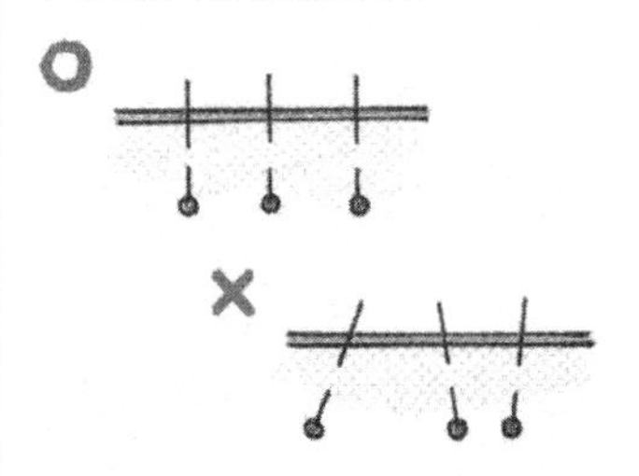

布片縫合時，以珠針疏縫固定是非常重要的一件事。將拼縫布片的2枚布片，對齊記號正面相對疊合、兩端的記號－>中央的順序固定。將貼布縫的布片放於台布上，珠針挑起少量的布固定。只有些微的歪斜，也是布片錯位的原因，所以務必對齊完成線，以垂直的角度將珠針下針固定。

■拼縫布片的基本方法

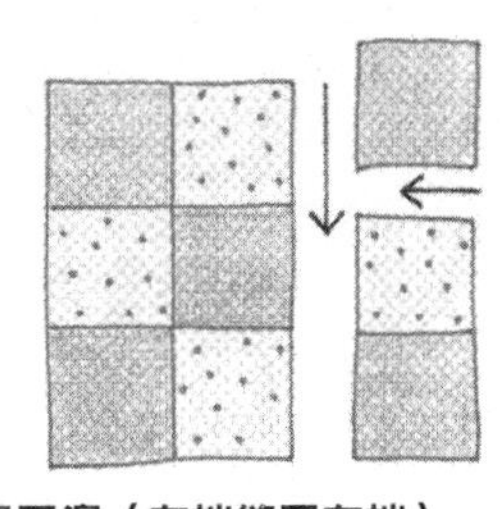

邊至邊（布端縫至布端）

四角形的版型等的縫合方法。布片從一端縫合拼接至另一端，幾片布片拼接成布塊後，再將布塊拼接縫合成主體表布。

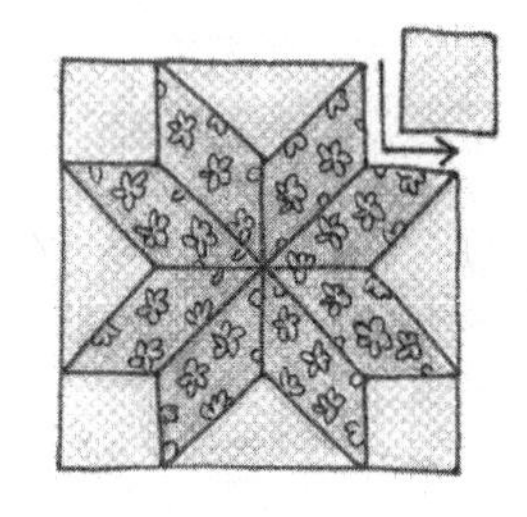

鑲崁拼縫

邊至邊無法完成的版型。小部分縫合至記號為止，再於布片之中夾入另一布片，以鑲崁的方式將圖形拼接縫合。

■始縫結與止縫結的方法

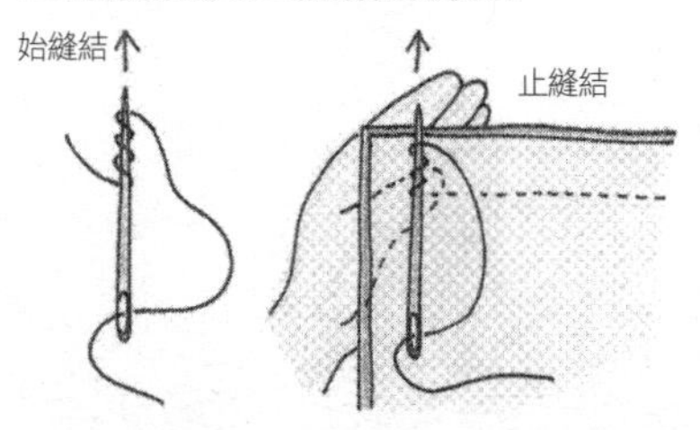

針尖端將線繞捲2至3圈，捲好部分以大拇指一邊壓住一邊將針抽出。

■基本縫法

記號到記號的縫合

縫合從記號到記號。兩端鑲崁縫合時（參考右上），使用此方法。

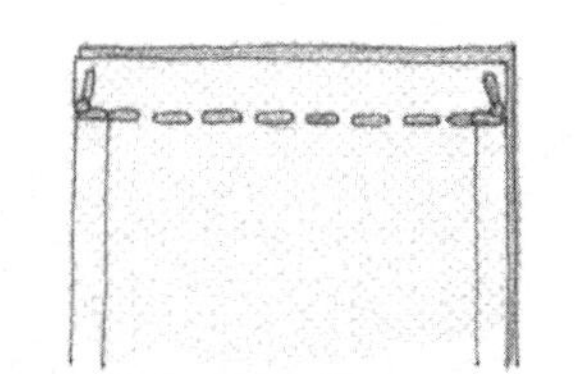

從布端縫合至布端

兩端縫合邊至邊（參考上圖），從布的邊端縫合至另一邊端，兩側各一針回針縫。

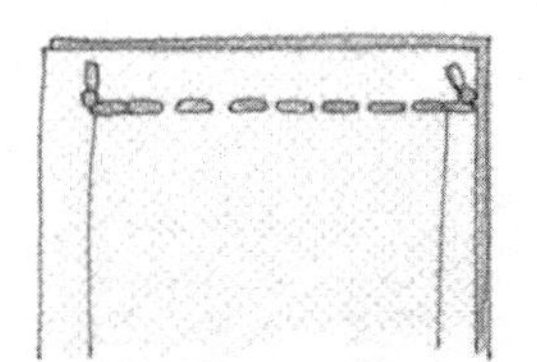

布端開始縫合至記號

只有單邊要縫合鑲崁拼縫時，鑲崁拼縫側縫合至記號。

P.80

■斜布條的作法

市售的斜布條也很方便，但是若用喜愛的布料作斜布條，更能襯托作品的美。製作斜布條有兩種方式：需要少量時「先剪後縫」需要大量時「先縫後剪」，運用這兩種方式即可方便作業。

先剪後縫

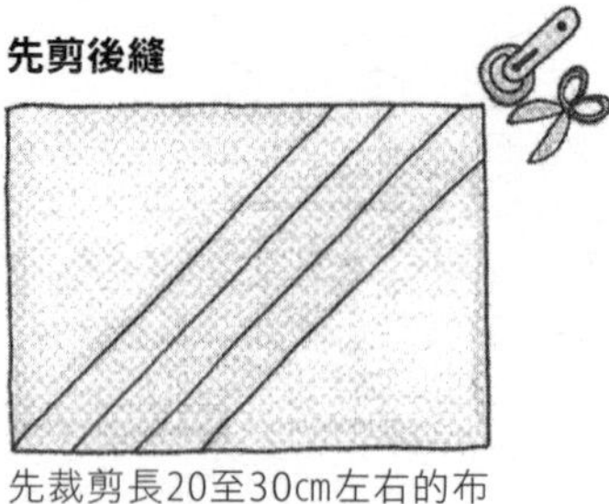

先裁剪長20至30cm左右的布料後，再剪45度角的對角線與必須要的寬幅布條。

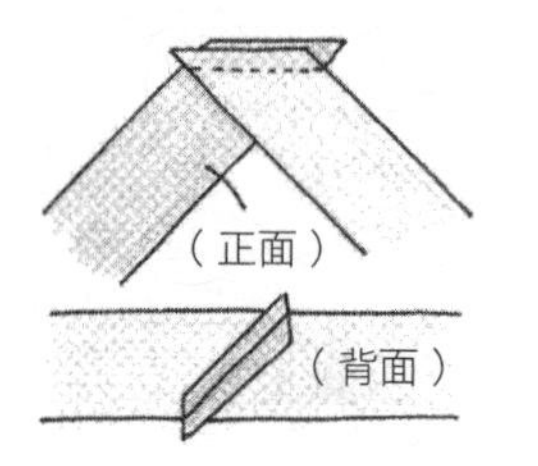

長度不夠時，再將布條接縫使用，要將縫份燙開。

先縫後剪

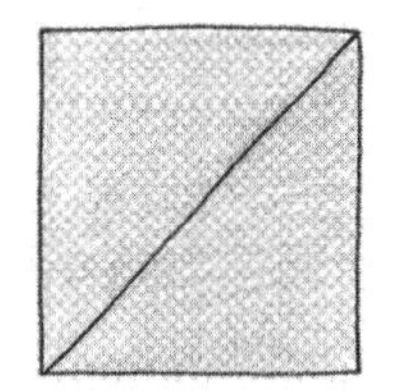

布料先剪正方形後，再裁剪45度的對角線。

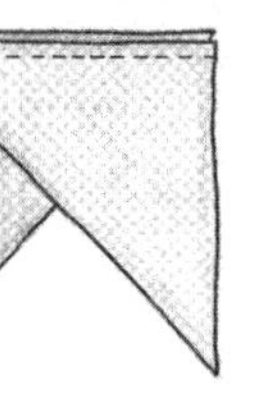

將裁剪好的布料如圖正面相對縫合，建議以縫紉機縫合。

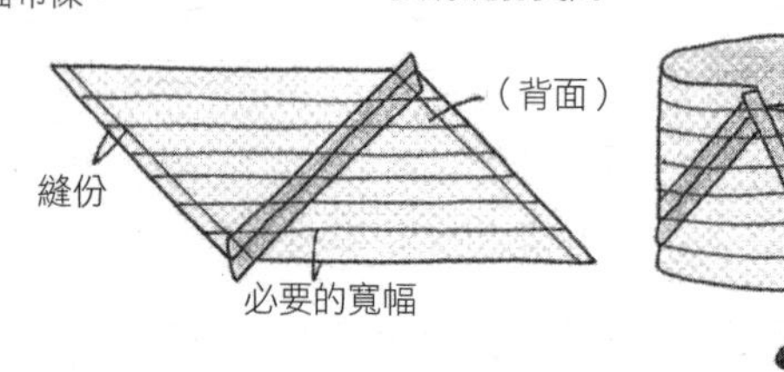

將縫份燙開，沿著布端（上下）畫上必要的寬幅記號，將布端（左右）錯開一段後縫合，以剪刀沿著記號線裁剪。

■滾邊的作法

完成邊框

①

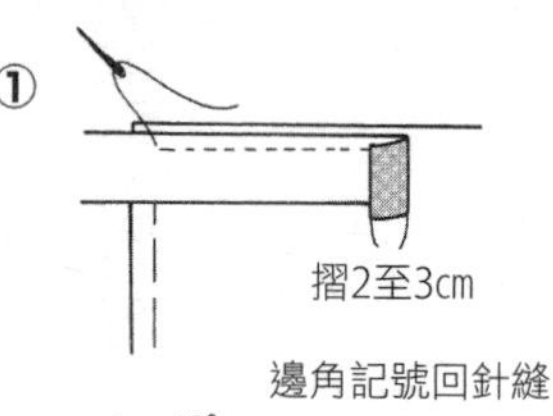

邊角記號回針縫

②

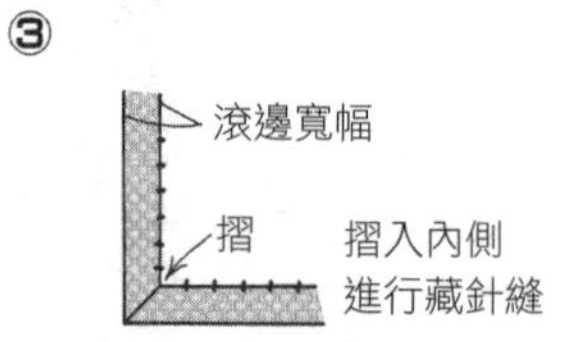

將滾邊條從另一端沿著邊，從記號開始縫合。

③

滾邊寬幅

摺

摺入內側進行藏針縫

■疏縫方法

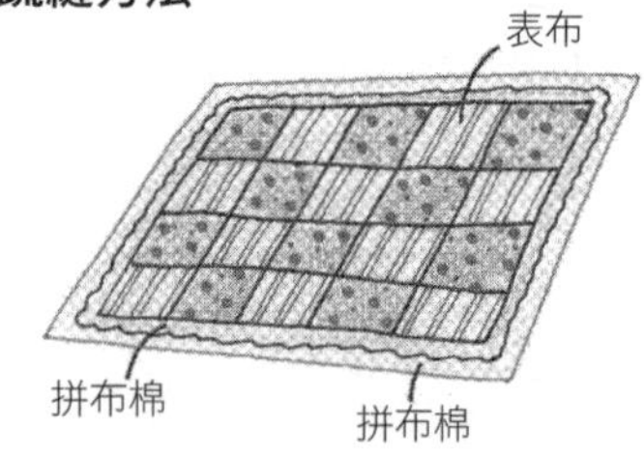

疏縫方法

基本上從中心開始向外以放射線狀從中心往外縫成米字狀疏縫。

疏縫前的準備

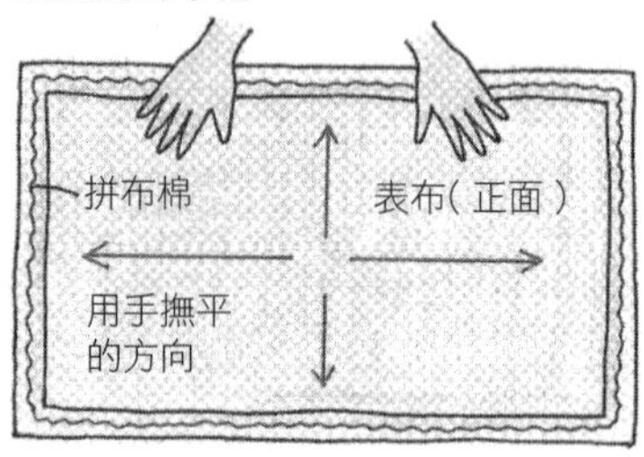

依照裡布、拼布棉、表布的順序重疊，從上層將全體平均的以手掌撫平。

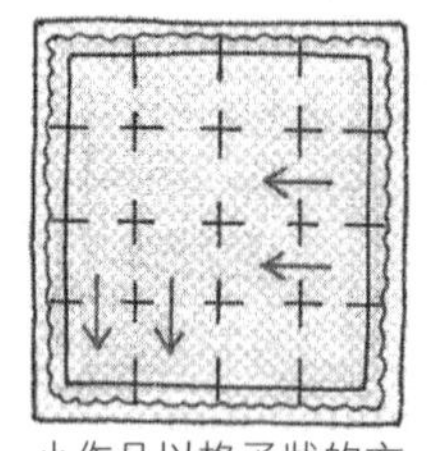

小作品以格子狀的方式疏縫也OK。

■壓線的方法

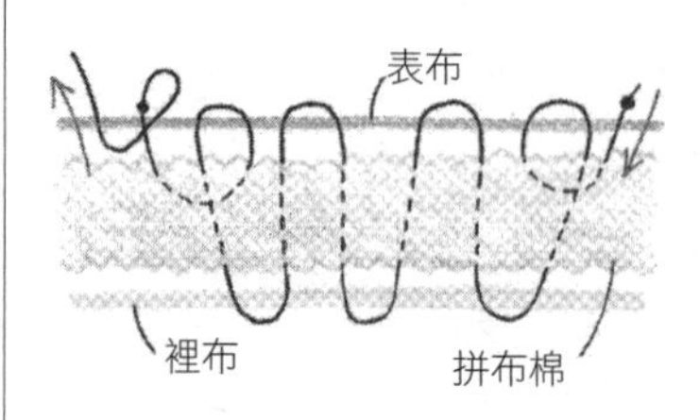

第一針從離開一點的位置將針穿入，將始縫結拉緊陷入拼布棉內。第一針回針後開始壓線，結束地方也同樣回一針，將止縫結用力拉緊隱藏於裡面。

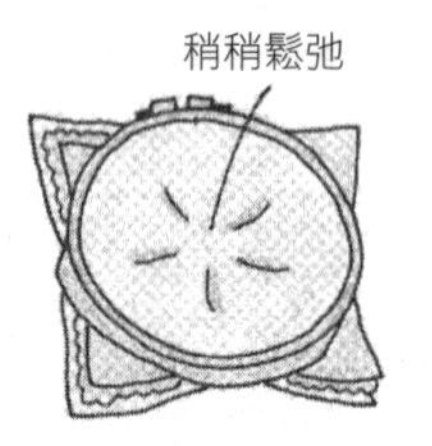

以繡框撐開，壓線會比較漂亮。不要繃太緊，以拳頭撐一下的鬆緊度剛剛好。

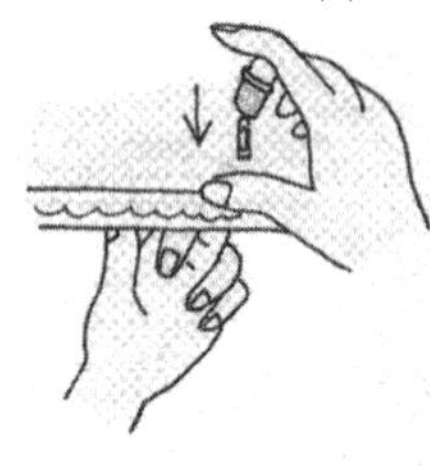

頂針戴於兩手的中指。以慣用手的頂針將針頭壓入，垂直的向下刺入。

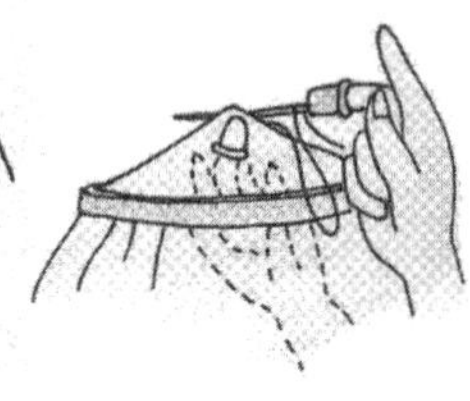

下面的頂針當成受針方，接下來從下面3層一起挑針。針趾最好維持一致。

■縫份的處理方式

A 以裡布包捲處理

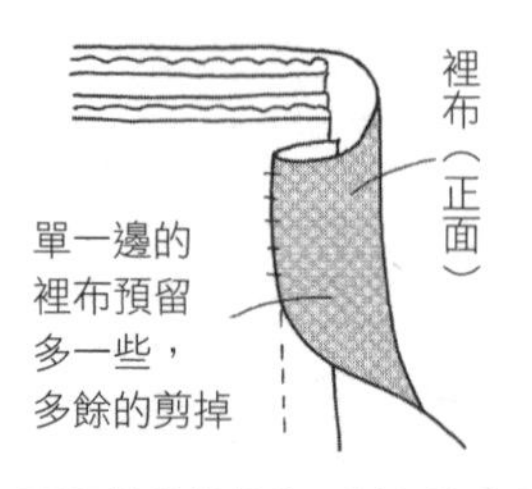

預留裁剪縫份後，以包捲的方式將多餘的裡布縫份向內摺，以較細的針趾進行藏針縫。

B 對齊縫合

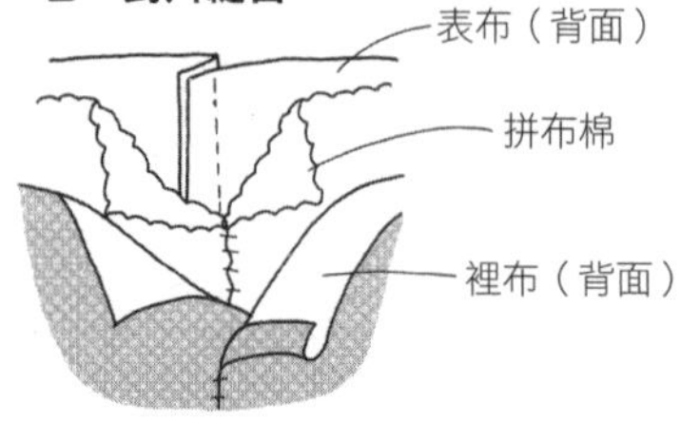

邊端的壓線事先預留3至5cm。只將表布正面相對縫合，縫份倒向單邊。拼布棉對齊縫合，再將裡布進行藏針縫。

■各式縫法

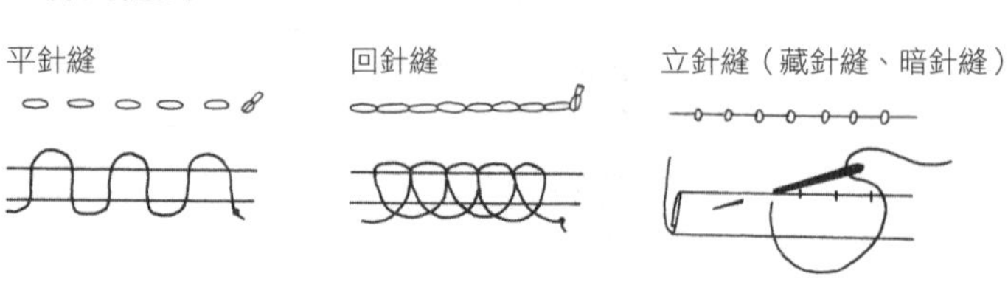

星止縫

捲針縫

布邊縫

兩側的布交錯挑針。

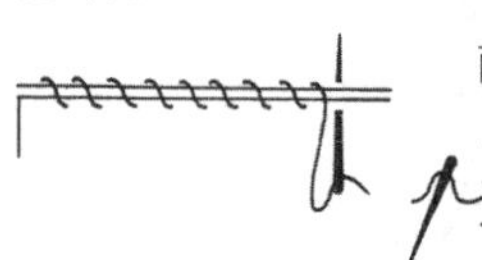

對照布端是平行挑針。

拼布美學 PATCHWORK 40

完全拼接圖解！
可愛風×生活感の拼布波奇包
82款初學者也能輕鬆完成的手作布小物

授　　權／BOUTIQUE-SHA
譯　　者／楊淑慧
發 行 人／詹慶和
總 編 輯／蔡麗玲
執行編輯／黃璟安
編　　輯／蔡毓玲・劉蕙寧・陳姿伶・李宛真・陳昕儀
封面設計／周盈汝
美術設計／陳麗娜・韓欣恬
內頁排版／造極
出 版 者／雅書堂文化事業有限公司
發 行 者／雅書堂文化事業有限公司
郵政劃撥帳號／18225950
戶　　名／雅書堂文化事業有限公司
地　　址／新北市板橋區板新路206號3樓
電　　話／(02)8952-4078
傳　　真／(02)8952-4084
網　　址／www.elegantbooks.com.tw
電子信箱／elegant.books@msa.hinet.net

2018年12月初版一刷　定價420元

Lady Boutique Series No.4465
SHITATEKATA GA SHASHINE DE WAKARU PATCHWORK POUCH

經銷／易可數位行銷股份有限公司
地址／新北市新店區寶橋路235巷6弄3號5樓
電話／(02)8911-0825
傳真／(02)8911-0801

國家圖書館出版品預行編目(CIP)資料

完全拼接圖解！可愛風 x 生活感の拼布波奇包：82 款初學者也能輕鬆完成的手作布小物 / BOUTIQUE-SHA 著；楊淑慧譯．-- 初版．-- 新北市：雅書堂文化，2018.12
面；　公分．--（拼布美學；40）
譯自：仕立て方が写真でわかるパッチワークポーチ
ISBN 978-986-302-465-1(平裝)

1. 拼布藝術 2. 手工藝

426.7　　107020271

◎原書製作團隊

編輯／關口尚美 神谷夕加里
編輯協助／國谷望
製圖／共同工藝社
攝影／腰塚良彥（P.26、P.34）山本和正
排版／多田和子

◎材料提供

タカギ織維株式会社（P.57）
株式会社ナカジマ（P.41）